Allgemeine und physikalische Chemie

von

Prof. Dr. Werner Schulze
Freie Universität Berlin

Zweiter Teil

Sechste, erweiterte Auflage

Mit 49 Figuren

Sammlung Göschen Band 698/698 a

Walter de Gruyter & Co · Berlin 1968

vormals G. J. Göschen'sche Verlagshandlung · J. Guttentag,
Verlagsbuchhandlung · Georg Reimer · Karl J. Trübner · Veit & Comp.

Inhaltsverzeichnis

Seite

B. Chemische Gleichgewichte mit Elektrolyten

C. Elektromotorische Kräfte

IV. GESCHWINDIGKEIT CHEMISCHER REAKTIONEN

I. Heterogene Einstoffsysteme

1. Umwandlung der Aggregatzustände

Alle Stoffe können die drei Aggregatzustände fest, flüssig, gasförmig annehmen. Welcher der drei Zustände vorliegt, richtet sich nach den Werten von Temperatur und Druck, unter denen sich das System befindet. Die normale Reihenfolge ist die oben angegebene, wenn man bei konstantem Druck die Temperatur allmählich steigert. Ein fester Stoff „schmilzt" also erst zu einer Flüssigkeit und beginnt dann zu „sieden", wobei er in den Gaszustand übergeht. Gelegentlich (Jod, As_2O_3) findet auch ein direkter Übergang vom festen in den gasförmigen Zustand statt, es erfolgt eine *Sublimation*.

Kinetisch sind diese Tatsachen leicht deutbar. Das Gittergefüge des Kristalls gerät bei Steigerung der Temperatur infolge der immer heftiger werdenden Schwingungen der Bausteine in Unordnung und bricht zuletzt auseinander. Bei kristallisierten Stoffen erfolgt dies bei einer bestimmten Temperatur, der Schmelztemperatur (Schmelzpunkt, bezeichnet mit Fp.).

Geht nach weiterer Temperatursteigerung die entstandene Flüssigkeit in den Gaszustand über, so sind die Schwingungen zwischen den Flüssigkeitsmolekeln derart heftig geworden, daß die zwischenmolekularen Kräfte nicht ausreichen, um die Teilchen zusammenzuhalten. Ihre kinetische Energie wird so groß, daß sie die Flüssigkeitsoberfläche durchstoßen und in den Gasraum übergehen.

2. Energieumsätze bei Phasenumwandlungen

Die Wärmezufuhr ΔQ, die notwendig ist, um ein Mol eines Stoffes zu schmelzen, zu sublimieren oder zu verdampfen, wird zum größten Teil (ΔU) zur Erhöhung der inneren Energie des Stoffes (Überwindung der zwischenmolekularen Anziehungskräfte) verwendet. Ein Teil setzt sich jedoch wegen der Volumänderung des Stoffes in

Arbeit ΔA um. Man unterscheidet daher z. B. „Innere" Verdampfungswärme und die Verdampfungsarbeit. Nach dem I. Hauptsatz muß gelten

$$\Delta U = \Delta Q + \Delta A$$

Innere Verdampfungswärme = gesamte Verdampfungswärme + Verdampfungsarbeit.

Für den Fall der Verdampfung (bei konstantem Druck) kann man die Arbeit schreiben als

$$\Delta A = -p \underbrace{(V_{gas} - V_{fl})}_{= V_{End} - V_{Anfang}}$$

und hierin V_{fl} als sehr klein gegen V_{gas} vernachlässigen. Ferner darf man meist für den Dampf die ideale Gasgleichung $p \cdot V = RT$ anwenden, so daß sich für Umsatz eines Mols ergibt

$$\Delta A = -RT$$

Bezeichnen wir die Innere molare Verdampfungswärme als Λ, so folgt für die gesamte Verdampfungswärme Q_v

$$Q_v = \Lambda + RT.$$

Beim Schmelzen sind im Gegensatz zum Verdampfen und Sublimieren sowohl Ausdehnung als auch Kontraktion möglich, je nachdem

$$v_{fest} \lesseqgtr v_{flüssig} \text{ ist.}$$

Alle Phasenumwandlungswärmen sind *latente* Wärmen, d. h. die Wärmezufuhr macht sich nicht als Temperaturerhöhung bemerkbar. So bleibt die Temperatur eines Gemisches aus Eis und flüssigem Wasser so lange beim Wert der „Schmelztemperatur" 0° C stehen, wie noch Eis vorhanden ist, selbst wenn man Wärme zuführt. Das gleiche gilt für die allmähliche Erstarrung einer flüssigen Schmelze (eines reinen Stoffes!). Man beobachtet einen „Haltepunkt" der Temperatur, wie dies in Fig. 1 am Beispiel einer *Erstarrungskurve* gezeigt ist.

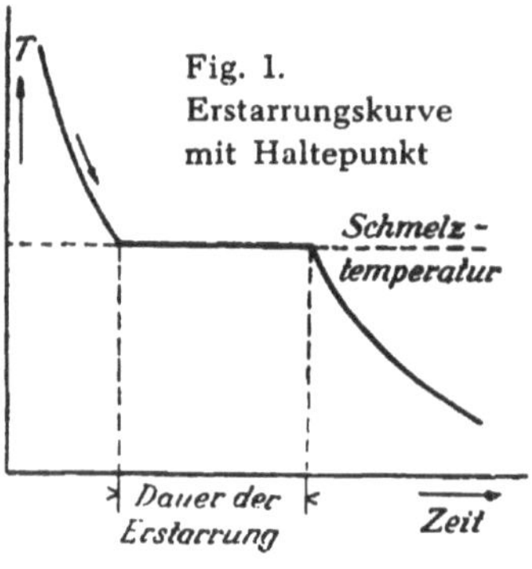

Fig. 1. Erstarrungskurve mit Haltepunkt

3. Phasengleichgewicht reiner Stoffe

Bei welcher Temperatur das Sieden oder Schmelzen stattfindet, wann also flüssige und gasförmige oder feste und flüssige Phase im Gleichgewicht nebeneinander vorhanden sind, hängt (außer vom Stoff) auch von dem herrschenden Druck ab. Wasser siedet bei 100° C nur unter einem Druck von 1 Atm. Bei geringeren Drucken sinkt die Siedetemperatur, was bei der Vakuumdestillation ausge-

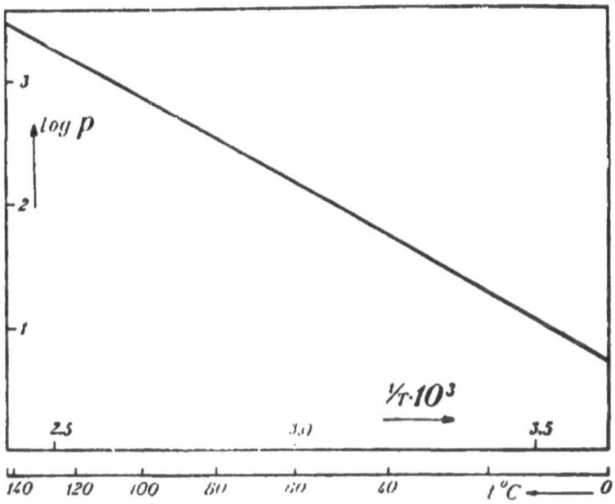

Fig. 2. Dampfdruck des Wassers

nutzt wird. Zersetzliche Substanzen werden durch die zum Destillieren ausreichende tiefere Temperatur dann geschont.

Ebenso hängt auch die Schmelztemperatur vom Druck ab, allerdings nur sehr wenig. Deswegen wird der Druck bei Angabe der Schmelztemperatur meist nicht erwähnt.

Für die *Dampfdruckkurve*, die die Abhängigkeit des Siededruckes (= Dampfdruck) von der Siedetemperatur darstellt, hat August experimentell als gute Annäherung (vgl. Fig. 2) die Formel

$$\log p = A - \frac{B}{T} \quad (\textit{Augustsche Formel})$$

gefunden.

Den Verlauf der *Schmelzdruckkurve* kann man auf Grund des Le Chatelierschen Prinzips erläutern. Eis und flüssiges Wasser sind bei 0 ° C und 1 Atm. Druck im Gleichgewicht. Erhöht man nun den Druck, so weicht das System diesem äußeren Zwang aus, indem die Phase mit dem größeren spezifischen Volumen (hier Eis; Dichte = 0,91) sich in diejenige mit dem kleineren spezifischen Volumen umwandelt. Eis von 0 ° C schmilzt also bei Drucken größer als 1 Atm. vollständig. D. h. sein Schmelzpunkt sinkt, die Verfestigung kann erst bei tieferen Temperaturen einsetzen. Bei Wasser bewirken 100 Atm. Druckerhöhung rd. 1° Gefrierpunktssenkung. Wasser ist eine Ausnahme. Normalerweise ist die Flüssigkeit voluminöser als der Festkörper, daher bewirkt *im allgemeinen Drucksteigerung eine Erhöhung der Gefriertemperatur.*

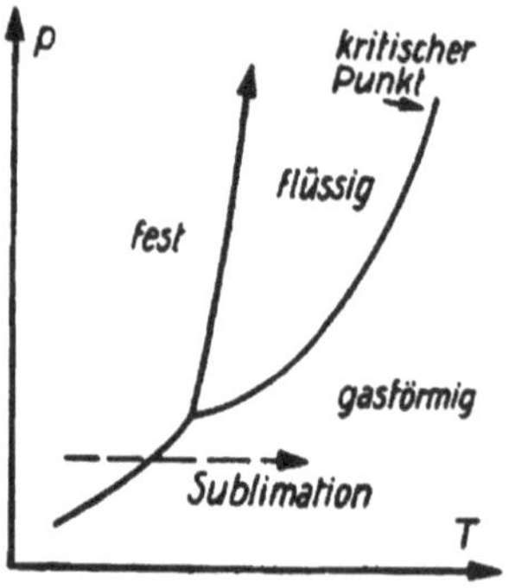

Fig. 3. Schema eines Zustandsdiagrammes

Auch die Sublimation kann man durch eine *Sublimationsdruckkurve* beschreiben. Alle drei Kurven für das Phasengleichgewicht sind schematisch in Fig. 3 dargestellt, die man als *Zustandsdiagramm* des betreffenden Stoffes bezeichnet. Die drei Kurven schneiden sich in einem Punkt, dem *Tripelpunkt.* Bei dem Wertepaar von p und T des Tripelpunktes sind nämlich alle drei Phasen fest, flüssig und gasförmig nebeneinander beständig, denn der Tripelpunkt liegt sowohl auf der Schmelzdruckkurve, der Dampfdruckkurve und der Sublimationsdruckkurve. Die Kurven selbst trennen die einphasigen Gebiete voneinander, wie in der Figur angedeutet ist.

Das Zustandsdiagramm zeigt sofort, daß es für das *Eintreten einer Sublimation* nötig ist, daß das betrachtete System sich *bei einem p-Wert* befindet, der *unterhalb des Tripelpunkts-Druckes* liegt. Dann wird bei einer T-Steigerung das Gebiet der flüssigen Phase gar nicht berührt.

4. Kritischer Punkt

Die Dampfdruckkurve endet bei einem für jeden Stoff charakteristischen T-Wert, der *kritischen Temperatur*. Oberhalb dieser Temperatur ist es, auch bei Anwendung noch so hohen Druckes, unmöglich, ein Gas in den flüssigen

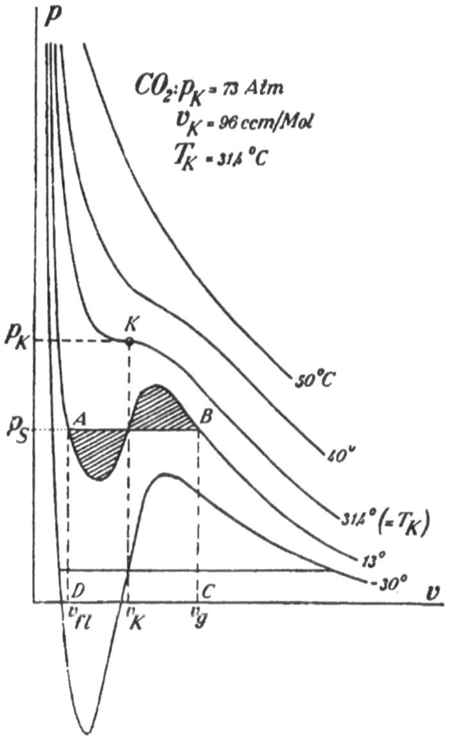

Fig. 4. van der Waalssche Gleichung (CO_2).

Zustand zu überführen. Kinetisch ist dies leicht verständlich, da die kinetische Energie der „Temperaturbewegung" auch bei noch so großer Annäherung der Teilchen dann nicht mehr durch die (durch den gewählten Stoff gegebenen) zwischenmolekularen Anziehungskräfte unwirksam gemacht werden kann.

Eine quantitative Beschreibung der kritischen Erscheinungen ermöglicht die van der Waalssche Gleichung, die die Charakteristika von Flüssigkeit und Gas berücksichtigt. Zeichnet man in ein (p,V)-Diagramm Isothermen ein, wie dies für CO_2 in Fig. 4 geschehen ist, so erkennt man, daß für höhere Temperaturen die Hyperbelform des Boyle-Mariotteschen Gesetzes angenähert wird, während bei tieferen Temperaturen die Isothermen ein Maximum und ein Minimum enthalten. Der steile linke Teil dieser Kurven entspricht dem flüssigen Zustand (kleine Volumänderung bei 1 Atm. Druckänderung = geringe Kompressibilität der Flüssigkeiten), der rechte Teil entspricht dem Gaszustand (stärkere Komprimierbarkeit). Der zwischen Maximum und Minimum liegende Kurventeil ist physikalisch nicht verwirklichbar, da dort einer Drucksteigerung auch eine Volumvergrößerung entsprechen müßte. In diesem Gebiet muß irgendwo das Nebeneinander beider Phasen realisiert sein. Für diesen Fall des Phasengleichgewichts wird experimentell ein k o n s t a n t e r Dampfdruck beobachtet. Die Isotherme muß also (in Fig. 4) waagerecht verlaufen. Bei welchem Druck p sie für die betr. Isotherme verläuft, kann man aus der Bedingung ermitteln, daß die Arbeit bei Überführen eines Mols vom flüssigen in den gasförmigen Zustand im realen Fall (Rechteck $A\,B\,C\,D$) gleich der sein muß, die man aus der durch die van der Waalssche Isotherme, den Senkrechten $A\,D$ und $B\,C$ sowie $D\,C$ begrenzten Fläche berechnet. Es muß also sein

$$-p\,(v_g - v_{fl}) = -\int_{v_{fl}}^{v_g} p_l \cdot dV$$

p_l = Druck aus der van der Waalsschen Gleichung.

Die in der Figur schraffierten Flächen müssen also einander gleich werden.

Es ist bisweilen möglich, Teile der van der Waalsschen Kurve zwischen A und dem Minimum bzw. zwischen dem

Maximum und B infolge von Übersättigungserscheinungen zu verwirklichen. Eine auf die Siedetemperatur erhitzte Flüssigkeit zeigt bisweilen „Siedeverzug" und läßt sich über den Siedepunkt erhitzen, bis dann explosionsartig die Umwandlung in den Gaszustand einsetzt.

Alle Kurven der van der Waalsschen Gleichung, welche ein Maximum und Minimum besitzen, enthalten ein der Umwandlung flüssig-gasförmig entsprechendes geradliniges Stück. Je höher nun die Temperatur gewählt wird, um so kleiner fällt dieses Stück aus (vgl. Fig. 4), bis es bei einer Temperatur, der kritischen Temperatur T_k gerade ganz verschwunden ist. Die oberhalb T_k liegenden Kurven haben keine Extrema mehr und nähern sich mehr und mehr der Hyperbelform des Boyle-Mariotteschen Gesetzes, stellen also mit zunehmender Genauigkeit den idealen Gaszustand dar. Am kritischen Punkt gibt es zwischen Flüssigkeit und Gas keine Unterschiede mehr, z. B. fallen die das spezifische Volumen der Flüssigkeit (v_{fl}) bzw. des Gases (v_g) charakterisierenden Punkte A und B zusammen, d. h. die Dichten von Gas und Flüssigkeit sind gleich geworden. Ebenso gehen die übrigen physikalischen Eigenschaften ineinander über.

5. Mathematische Analyse der van der Waalsschen Gleichung

Mathematisch gesprochen entspricht dem kritischen Punkt eine waagerechte Wendetangente. Die van der Waalssche Gleichung stellt eine Gleichung 3. Grades in v dar; sie läßt sich schreiben

$$v^3 - \left(b + \frac{RT}{p}\right) \cdot v^2 + \frac{a}{p} \cdot v - \frac{ab}{p} = 0.$$

Eine Gleichung dritten Grades hat nun im allgemeinen drei Lösungen, von denen zwei imaginär sein können, was von dem Wert des Koeffizienten $b + RT/p$, also von der Temperatur abhängt. Es entsprechen den 3 reellen Wurzeln drei Schnittpunkte (z. B. der Geraden AB) mit der Kurve, während bei großen und kleinen Werten von p nur ein reeller Schnittpunkt vorhanden ist. Im kritischen Punkt, bei Vorliegen einer waagerechten Wendetangente, fallen alle drei Wurzeln der Gleichung zusammen, wodurch die allgemeine Form der Gleichung dritten Grades mit den Lösungen v_1, v_2 und v_3:

$$(v - v_1) \cdot (v - v_2) \cdot (v - v_3) = 0$$

übergeht in

$$(v - v_k)^3 = 0 .$$

v_k, die Lösung der Gleichung, ist das kritische Volumen. Durch Ausmultiplizieren folgt

$$v^3 - 3v_k \cdot v^2 + 3v_k^2 \cdot v - v_k^3 = 0.$$

Am kritischen Punkt hat diese Gleichung die gleiche Lösung wie die van der Waalssche Gleichung

$$v^3 - \left(b + \frac{RT_k}{p_k}\right) \cdot v^2 + \frac{a}{p_k} \cdot v - \frac{ab}{p_k} = 0.$$

Beide Gleichungen müssen aber identisch sein, d. h. die Koeffizienten von v^2, v und das absolute Glied müssen bzw. einander gleich sein. Das ergibt die Beziehungen

$$3v_k = b + \frac{RT_k}{p_k}; \quad 3v_k^2 = \frac{a}{p_k}; \quad v_k^3 = \frac{ab}{p_k}.$$

Aus diesen Beziehungen kann man entweder die kritischen Größen durch a, b und R oder aber a, b und R durch die kritischen Größen ausdrücken. Man erhält

$$v_k = 3b; \; p_k = \frac{a}{27 \cdot b^2}; \; T_k = \frac{8a}{27b} \cdot \frac{1}{R}$$

bzw.

$$b = \frac{v_k}{3}; \quad a = 3v_k^2 \cdot p_k \, ; \; R = \frac{8}{3} \cdot \frac{v_k p_k}{T_k}.$$

Setzt man an Stelle der Konstanten a, b und R die kritischen Größen in die van der Waalssche Gleichung ein, so folgt

$$\left(p + \frac{3p_k v_k^2}{v^2}\right) \cdot \left(v - \frac{v_k}{3}\right) = \frac{8}{3} \cdot \frac{p_k v_k}{T_k} \cdot T.$$

Durch die kritischen Größen ist also das Verhalten des Stoffes im gesamten Bereich von p, v und T bestimmt, vorausgesetzt, daß die van der Waalssche Gleichung für den betrachteten Stoff gilt.

Rechnet man p, v und T nicht in absoluten Zahlenangaben, sondern gibt auf den kritischen Punkt bezogene relative Größen $\mathfrak{p} = p/p_k$, $\mathfrak{v} = v/v_k$, $\mathfrak{T} = T/\;_k$ an, so erhält die obige Gleichung eine wesentlich einfachere Form

$$\left(\mathfrak{p} + \frac{3}{\mathfrak{v}^2}\right) \cdot (3\mathfrak{v} - 1) = 8 \cdot \mathfrak{T}.$$

In dieser geänderten Schreibweise hat man alle Besonderheiten der einzelnen Stoffe in die Maßeinheiten für p, v und T hineingesteckt; denn die Bezeichnung $\mathfrak{p} = p/p_k$ heißt ja: p gemessen in Einheiten von p_k. Es sollte also diese sogenannte reduzierte Zustandsgleichung für alle Flüssigkeiten bzw. Gase gelten und Stoffe, die gleiche Werte von $\mathfrak{p}$, $\mathfrak{v}$ und $\mathfrak{T}$ besitzen, müssen sich in übereinstimmenden Zuständen befinden (Theorem der übereinstimmenden Zustände). Das ist näherungsweise für eine ganze Reihe von Flüssigkeiten der Fall, gilt beispielsweise jedoch nicht für die Flüssigkeiten Wasser und Alkohol. Diese zeigen auch sonst in ihrem Verhalten Unterschiede gegenüber den normalen Flüssigkeiten, was auf die Art der zwischen ihren Molekeln wirkenden Kräfte zurückzuführen ist (assoziierte Flüssigkeiten).

6. Clausius-Clapeyronsche Gleichung

Die thermodynamische Behandlung des Phasengleichgewichts reiner Stoffe knüpft am einfachsten an $\mathfrak{A}$ an, denn wir können den Phasenübergang von ein Mol des Stoffes A aus dem flüssigen in den gasförmigen Zustand auch als chemischen Umsatz ansehen gemäß der Reaktionsformel

$$A_{flüssig} \rightarrow A_{gas}.$$

Die Reaktionsarbeit $\mathfrak{A}$ dieser Reaktion ist im allgemeinen eine Funktion von p und T. Dies gilt sowohl für Übergänge außerhalb des Gleichgewichts wie auch im Gleichgewicht. Wir betrachten nun einmal den Phasenübergang bei benachbarten Temperaturen T und $T + dT$ und nehmen an, daß die zugehörigen Drucke p und $p + dp$ gerade so ausgesucht sind, daß in beiden Fällen Gleichgewicht vorliegt. (Das sind dann benachbarte Punkte z. B. der Dampfdruckkurve im Zustandsdiagramm.) Beide Male hat $\mathfrak{A}$ den gleichen, konstanten Wert, nämlich $\mathfrak{A} = 0$. Wegen dieser Konstanz von $\mathfrak{A}$ (nicht, weil $\mathfrak{A}$ zufällig Null ist!) muß sein

$$d\mathfrak{A} = \frac{\partial \mathfrak{A}}{\partial p}\, dp + \frac{\partial \mathfrak{A}}{\partial T}\, dT = 0.$$

Aus dem G-Stammbaum ersetzen wir die partiellen Differentialquotienten dieser Gleichung durch $\mathfrak{V}$ bzw. $-\mathfrak{S}$ und erhalten durch Umformen

$$\boxed{\frac{dp}{dT} = \frac{\mathfrak{S}}{\mathfrak{V}}}$$ (*Clausius-Clapeyronsche Gleichung*)

D. h. die Änderung des Gleichgewichtsdruckes p mit der Temperatur T ist durch den Quotienten aus Reaktionsentropie und Reaktionsvolumänderung gegeben.

Für die Verdampfung ist

$$\mathfrak{V} = v_{gas} - v_{fl}$$

und

$$\mathfrak{S} = \frac{Q_v}{T}.$$

Q_v ist hier die äußere Verdampfungswärme, da $\mathfrak{S}$ bei konstantem p definiert ist, und die Entropie durch die *gesamte* ausgetauschte Wärme Q_v bestimmt ist.

Also folgt

$$\boxed{\frac{dp}{dT} = \frac{Q_v}{T \cdot (v_{gas} - v_{fl})}}$$

Als Vereinfachung kann man immer annehmen

$$v_{fl} \ll v_{gas} \text{ und } v_{gas} = RT/p.$$

Daher ergibt sich

$$\frac{1}{p}\frac{dp}{dT} = \frac{Q_v}{RT^2}$$

oder

$$\frac{d\ln p}{dT} = \frac{Q_v}{RT^2}$$

Die Integration unter Vernachlässigung der Temperaturabhängigkeit von Q_v liefert

$$\ln p = -\frac{Q_v}{RT} + konst.$$

Dies entspricht der Augustschen Formel und wir erkennen, daß dort (Seite 9) die Konstante

$$B = \frac{Q_v}{R \cdot 2{,}303} \quad \text{ist.}$$

Die Steigung der Augustschen Geraden ist also durch die äußere Verdampfungswärme Q_v bestimmt.

Für den *Schmelzvorgang* gilt die allgemeine Clausius-Clapeyronsche Gleichung ebenfalls. Nur ist jetzt

$$\mathfrak{V} = v_{flüssig} - v_{fest} \quad \text{und} \quad \mathfrak{S} = \frac{Q_F}{T}$$

zu setzen. Damit folgt als Differentialgleichung für die T-Abhängigkeit des Schmelzdruckes:

$$\frac{dp}{dT} = \frac{Q_F}{T(v_{fl} - v_{fest})}$$

Das Vorzeichen von $v_{fl} - v_{fest}$ bestimmt also die *Neigung der Schmelzdruckkurve.*

Für die *Sublimation* kann man die gleichen Betrachtungen wie für die Verdampfung anstellen, also setzen $v_{fest} \ll v_{gas}$ und $v_{gas} = RT/p$, weswegen die Formel für den Sublimationsdruck in Abhängigkeit von der Temperatur (vereinfacht) lautet

$$\ln p = -\frac{Q_S}{RT} + const.$$

$[Q_S =$ äußere Sublimationswärme$]$

Für die Verdampfungsentropie $\mathfrak{S} = \frac{Q_v}{T}$ gilt die von *Pictet und Trouton* gefundene *Regel*, daß im allgemeinen $\mathfrak{S}$ am Siedepunkt der Stoffe unter 1 Atm. Druck gleich 21,7 ist. Abweichungen von dieser Regel deuten darauf hin, daß in Flüssigkeit und Gas nicht dieselbe Molekülgröße vorliegt. Stoffe (wie HOH, Alkohole), deren Formelmoleküle (HOH) sich im flüssigen Zustand zu Zweier-, Dreier- usw. -Assoziaten zusammenlagern und die im Dampf Monomoleküle HOH aufweisen, benötigen zum Verdampfen noch eine zusätzliche Wärmezufuhr zum Aufspalten der Assoziate. Daher wird $\mathfrak{S} > 21{,}7$. Liegen die gleichen Assoziate wie im flüssigen auch im Gaszustand vor (Beispiel Essigsäure mit Doppelmolekülen im Dampf), so ist bei Verdampfung eines Formelmols CH_3COOH noch gar nicht ein ganzes Mol der wirklichen Doppelmoleküle verdampft, also resultiert $\mathfrak{S} < 21{,}7$.

II. Heterogene Mehrstoffsysteme

7. Freiheitsgrade eines Systems

Für beliebige Phasengleichgewichte auch bei Mehrstoffsystemen gilt die sog. Phasenregel. Sie gibt an, wieviel Bestimmungsstücke man bei einem Gleichgewichtszustand gegebener Phasenzahl und gegebener Zusammensetzung noch frei wählen kann, ohne daß das Gleichgewicht so gestört wird, daß Aufbrauch einer oder gar mehrerer Phasen eintritt.

Als einfaches Beispiel betrachten wir zunächst ein aus Wasser bestehendes System, von dem wir verlangen, daß die flüssige und die gasförmige Phase nebeneinander bestehen sollen. Das können wir in einem ziemlich breiten p- und T-Bereich realisieren. Bei g e g e b e n e r Temperatur ist dies System jedoch nur bei einem bestimmten Druck, dem Dampfdruck des Wassers, im Gleichgewicht. Abweichungen bedingen das Verschwinden entweder der flüssigen (p zu klein) oder der gasförmigen Phase (p zu groß). Die Temperatur ist dabei zwischen Schmelztemperatur und kritischer Temperatur beliebig wählbar. Deswegen sagt man, das System besitzt *einen Freiheitsgrad*, d. h. ein willkürlich wählbares Bestimmungsstück.

Die Bedingung, daß drei Phasen (festes, flüssiges und gasförmiges Wasser) im Gleichgewicht sein sollen, ist nur für e i n e ganz bestimmte Temperatur und e i n e n dazugehörigen Druck realisierbar, nämlich am Tripelpunkt ($p = 4{,}5$ Torr; $t = 0{,}0075°$ C). Ein derartiges System, das aus einem Bestandteil und drei Phasen besteht, hat also *keinen Freiheitsgrad* mehr.

8. Gibbs'sche Phasenregel

Auch in den kompliziertesten Fällen von heterogenen Mehrstoffsystemen kann man die Zahl der Freiheitsgrade mittels der Phasenregel vorausberechnen. Zu ihrer Ableitung (und auch bei der späteren Anwendung) ermitteln wir zunächst die Zahl B der Bestandteile, also die kleinste Zahl von Stoffen, aus denen das System aufgebaut werden kann. Es sei weiter vorgeschrieben, daß das aus B Bestandteilen zusammengesetzte System P Phasen bilden soll. Gefragt ist nach der Zahl F der Freiheitsgrade. Null Freiheitsgrade liegen dann vor, wenn das System bereits durch Angabe der Bestandteile und der Zahl der Phasen völlig (d. h. auch hinsichtlich p und T) festgelegt ist, wie das beim 3-phasigen System Wasser der Fall ist.

Der Zustand einer Phase ist offenbar völlig bestimmt, wenn man die Konzentrationen sämtlicher in ihr vorkommenden Bestandteile und außerdem Druck und Temperatur kennt. Diese Größen sind also für jede der P Phasen festzulegen. Nehmen wir an, daß jeder der B Bestandteile in allen P Phasen vorkommt, so sind also $B \cdot P$ Konzentrationsangaben und Druck und Temperatur (die für alle Phasen die gleichen sind), insgesamt also $B \cdot P + 2$ Angaben zur völligen Kennzeichnung des Systems erforderlich.

Nicht alle dieser Größen sind indessen willkürlich wählbar; denn erstens gilt für jede Phase eine Zustandsgleichung, welche die Bestimmungsstücke dieser Phase miteinander verknüpft und *ein* Bestimmungsstück durch die anderen auszudrücken gestattet. Das sind also P Bestimmungsstücke, die nicht mehr frei wählbar sind. Nach Berücksichtigung dieser Zustandsgleichungen sind also nur noch $B \cdot P + 2 - P$ Bestimmungsstücke des Systems frei wählbar.

Außerdem gilt für jeden Bestandteil B, daß seine Konzentrationen in allen P Phasen im Gleichgewicht sein müssen. Ist z. B. die Konzentration eines Bestandteils B_1 in der Phase 1 gegeben, so stellen sich in den übrigen $P - 1$ Phasen bestimmte Konzentrationen dieses

Bestandteils ein, deren jede mit der Konzentration von B_1 in der Phase 1 durch eine Gleichung verknüpft ist. Das sind also für jeden Bestandteil $P-1$ Gleichungen, für alle B Bestandteile daher $B\cdot(P-1)$ Gleichungen, so daß nunmehr weitere $B\cdot(P-1)$ Bestimmungsstücke nicht mehr willkürlich gewählt werden können; denn aus n Gleichungen können nur genau n Unbekannte berechnet werden. Insgesamt bleiben also bei einem gegebenen System aus B Bestandteilen und P Phasen frei wählbar $F=B\cdot P+2-P-B\cdot(P-1)$ Bestimmungsstücke. F ist also die Zahl der Freiheitsgrade. Durch Umformung ergibt sich

$$\boxed{P+F=B+2}$$

als allgemeiner Ausdruck für die Phasenregel.

9. Dampfdruckerniedrigung

Die Charakteristika der Phasengleichgewichte lassen sich am besten an einfachen Zweistoff-Systemen verstehen. Für das Gleichgewicht flüssig-gasförmig denken wir an eine Lösung von Rohrzucker in Wasser. In der Gasphase tritt dann allein Wasser auf. Experimentell findet man, daß der Dampfdruck des Wassers über der Lösung kleiner ist als er bei gleicher Temperatur über reinem Wasser gefunden wird.

Diese experimentelle Beobachtung läßt sich als notwendig begründen durch folgendes Gedankenexperiment, das man auch realisieren kann: Wir denken uns ein Gefäß mit einer solchen Lösung und eines mit reinem Wasser unter einer Glasglocke abgesperrt. Würden wir einmal annehmen, daß der Dampfdruck des Wassers über der Lösung größer wäre als über reinem Wasser, so müßte dauernd Wasser aus der Lösung in das Gefäß mit reinem Wasser destillieren, d. h. die Lösung müßte sich entmischen; und zwar so lange, bis der Dampfdruck in beiden Gefäßen gleich geworden ist. In Wirklichkeit kondensiert immer Wasser in die Lösung hinein.

Ganz allgemein zeigen Stoffe in Mischphasen gegenüber den betreffenden reinen Stoffen gleicher Temperatur immer eine Dampfdruckerniedrigung.

Raoult hat experimentell gefunden, daß für verdünnte Lösungen die relative Dampfdruckerniedrigung $\frac{p_0 - p}{p_0}$ gleich dem Molenbruch x_2 des gelösten Stoffes, also unabhängig vom gelösten Stoff selbst ist:

$$\frac{p_0 - p}{p_0} = \frac{\Delta p}{p_0} = \frac{n_2}{n_1 + n_2} = x_2 \quad (\textit{Raoultsches Gesetz}).$$

Dabei bedeutet p_0 den Dampfdruck des reinen Stoffes und p den Dampfdruck des gleichen Stoffes über der Lösung. Diese Beziehung gilt um so besser, je niedriger die Konzentration x_2 des gelösten Stoffes ist; und zwar gilt sie in einer Unzahl von Fällen bis zu etwa $x_2 = 0{,}01$. Bei höheren Konzentrationen treten gewöhnlich Abweichungen von diesem Grenzgesetz sowohl im positiven als auch im negativen Sinne auf, die ihre Ursache in den Eigenschaften der Molekeln der Komponenten und den von ihnen ausgehenden Kraftwirkungen haben.

10. Siedepunktserhöhung

Reines Wasser siedet unter 760 mm Druck bei 100° C, d. h. der Dampfdruck des Wassers ist bei dieser Temperatur gleich 760 mm. Eine Lösung, die Wasser als Lösungsmittel enthält, besitzt bei 100° einen geringeren Dampfdruck; sie siedet daher unter 760 mm Druck noch nicht bei 100°, sondern erst bei derjenigen höherliegenden Temperatur, bei welcher der Dampfdruck des Wassers über der Lösung 760 mm beträgt. Ganz allgemein zeigen flüssige Lösungen gegenüber den betreffenden reinen Stoffen Siedepunktserhöhungen.

Raoult fand, daß die Siedepunktserhöhung ΔT_s ähnlich wie die Dampfdruckerniedrigung zwar nicht gleich, aber direkt proportional der gelösten Molzahl ist, falls verdünnte Lösungen vorliegen:

$$\Delta T_s = E_s \cdot c,$$

wo E_s eine nur vom jeweiligen Lösungsmittel abhängige Konstante, die „molare Siedepunktserhöhung" und c die in 1000 g Lösungsmittel gelöste Anzahl Mole bedeutet.

Bei verdünnten Lösungen sind die üblichen Konzentrationsmaße Molarität und Molenbruch einander proportional, da dann in der im Molenbruch vorkommenden Summe $n_1 + n_2$ die Größe n_2 sehr klein gegenüber n_1 ist, so daß man für solche verdünnten Lösungen schreiben kann

$$x_2 = \frac{n_2}{n_1 + n_2} \approx \frac{n_2}{n_1}.$$

Der Molenbruch ist die in 1 Mol Lösungsmittel vorhandene Anzahl Mole des Gelösten, während die Molarität gegeben ist durch die Molzahl Gelöstes auf 1000 g Lösungsmittel. 1000 g Wasser sind 55,5 Mole; also gilt $x_2 = c/55{,}5$. Die Form des Raoultschen Gesetzes bleibt also immer die gleiche, ob man die Konzentration nun in Molenbrüchen oder Molaritäten angibt. Nur der Zahlenwert von E_s ist vom Konzentrationsmaß abhängig.

Bedeutet c die Molzahl des Gelösten auf 1000 g Wasser, so hat E_s für Wasser den Wert $E_s = 0{,}52°$. Eine 1-molare wäßrige Lösung siedet also, falls das RAOULTsche Gesetz gilt, erst bei 100,52° C.

Den *thermodynamischen Zusammenhang* zwischen Dampfdruckerniedrigung und Siedepunktserhöhung kann man mittels der CLAUSIUS-CLAPEYRONschen Gleichung finden, da diese auch für das Phasengleichgewicht eines Stoffes in Mehrstoffsystemen gilt. In die Dampfdruckformel geht dann die Verdampfungswärme des Stoffes aus der Lösung ein.

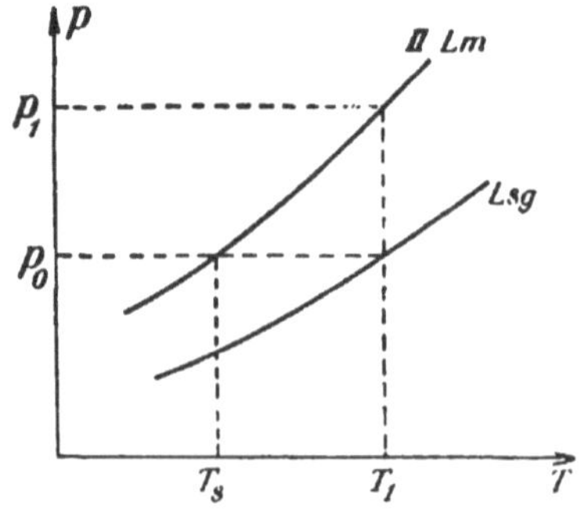

Fig. 5. Siedepunktserhöhung und Dampfdruckerniedrigung.

In Fig. 5 sei Kurve II die Dampfdruckkurve des reinen Lösungsmittels, das unter dem Druck p_0 bei T_s° siedet. T_1 sei der Siedepunkt der Lösung unter dem gleichen Druck p_0. Bei dieser Temperatur T_1 würde das überhitzte reine Lösungsmittel den Dampfdruck p_1 haben, so daß also die Lösung gegenüber dem Lösungsmittel (bei der Siedetemperatur der Lösung) die Dampfdruckerniedrigung $p_1 - p_0$ aufweist. Diese ist mit der Siedepunktserhöhung $T_1 - T_s$ in Zusammenhang zu bringen.

Auf Kurve II gilt für Punkt (p_1, T_1):

$$ln\, p_1 = -\frac{L}{RT_1} + C_{II}$$

und für Punkt (p_0, T_s):

$$ln\, p_0 = -\frac{L}{RT_s} + C_{II}.$$

Durch Subtraktion beider Gleichungen erhält man

$$ln\, \frac{p_1}{p_0} = -\frac{L}{R} \cdot \left(\frac{1}{T_1} - \frac{1}{T_s}\right).$$

Wenn man nun beachtet,

daß $\frac{p_1}{p_0} = 1 + \frac{p_1 - p_0}{p_0}$ ist, wo $\frac{p_1 - p_0}{p_0}$ einen gegen 1 sehr kleinen Wert hat, so folgt wegen $\ln(1+x) \approx x$

$$\Delta T_s = \frac{p_1 - p_0}{p_0} \cdot \frac{RT_s^2}{L}.$$

Diese Beziehung gilt für alle verdünnten Lösungen, gleichgültig, ob das Raoultsche Gesetz erfüllt ist oder nicht. Nehmen wir dessen Gültigkeit für die Dampfdruckerniedrigung an und führen die Konzentration c in Molen pro 1000 g Lösungsmittel ein, so folgt

$$\Delta T_s = c \cdot \frac{RT_s^2 \cdot M}{1000 \cdot L}.$$

Die molare Siedepunktserhöhung ist also gegeben durch den Siedepunkt des Lösungsmittels, dessen Verdampfungswärme L beim Siedepunkt und das Molgewicht des Lösungsmittels. Für Wasser erhält man mit $L = 9720$ cal/Mol und $T_s = 373{,}2°$ K für E_s den Wert $E_s = 0{,}512°$, der an verdünnten Lösungen auch beobachtet wird.

11. Gefrierpunktserniedrigung

Auch die Lage des Phasengleichgewichtes fest-flüssig wird bei Mehrstoffsystemen gegenüber Einstoffsystemen verändert. Für den Fall, daß die feste Phase nur den einen Partner (Wasser im Fall der wäßrigen Rohrzuckerlösung) enthält, beobachtet man immer eine Erniedrigung des Gefrierpunktes des Systems gegenüber dem betr. Einstoffsystem.

Trägt man den Dampfdruck p des reinen Wassers gegen die Temperatur T auf, so erhält man die in Fig. 6 gezeichnete Kurve II. Die einer Lösung gegebener Konzentration zukommende Dampfdruckkurve III verläuft überall unterhalb dieser Kurve und ist ihr annähernd parallel. Die Dampfdruckkurve des festen Eises sei durch Kurve I dargestellt. Am Schnittpunkt der Kurven I u. II ($t = 0°C$) sind reines Wasser und Eis im Gleichgewicht, da dort beiden Phasen gleichen Dampfdruck haben. Die Lösung besitzt jedoch bei dieser Temperatur einen geringeren Dampfdruck als Eis von gleicher Temperatur; daher müßte Eis in die Lösung destillieren, bis beide Dampfdrucke gleich geworden sind. Feste Phase und Lösung sind also bei 0° C nicht im Gleichgewicht. Das ist erst bei der niedrigeren Temperatur der Fall, bei welcher sich die Kurven I und III schneiden. Erst bei dieser Temperatur scheidet sich aus der Lösung festes Eis aus, d. h. die Lösung gefriert. Lösungen zeigen also gegenüber dem betreffenden Lösungsmittel eine Gefrierpunktserniedrigung.

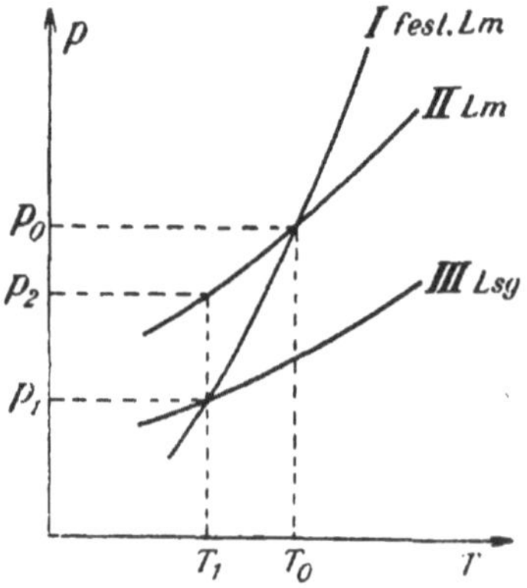

Fig. 6. Zusammenhang der osmotischen Größen.

Raoult stellte fest, daß ebenso wie die Siedepunktserhöhung auch die Gefrierpunktserniedrigung ΔT_e verdünnter Lösungen ($x_2 < 0{,}01$) unabhängig vom gelösten Stoff proportional der Molzahl des Gelösten ist:

$$\Delta T_e = E_e \cdot c.$$

Wählt man c in Molen pro 1000 g Wasser, so hat E für wäßrige Lösungen den Wert $E_e = 1{,}86°$. Eine 1-molare wäßrige Lösung gefriert also nicht bei 0° C, sondern erst bei — 1,86° C.

Dabei ist natürlich Voraussetzung, daß aus der Lösung wirklich reines Lösungsmittel (hier Eis) auskristallisiert. Aus benzolischen Lösungen von Jod scheidet sich beim Gefrieren z. B. kein reines Benzol, sondern auch festes Jod mit ab. Dann gelten die Raoultschen Gesetze natürlich nicht.

Die quantitativen Zusammenhänge lassen sich mittels Figur 6 formulieren. Für jede der Kurven gilt die CLAUSIUS-CLAPEYRONsche Gleichung, z. B. in der Form $\ln p = -(Q/RT) + C$. Natürlich ist bei jeder der Kurven für Q und C ein anderer Wert zu benutzen. Für Kurve I ist als Wärme die Sublimationswärme Σ einzusetzen, während die Konstante mit C_I bezeichnet sei. Also:

Kurve I: $$\ln p = -\frac{\Sigma}{RT} + C_I\,.$$

In Kurve II ist Q die Verdampfungswärme L des reinen Lösungsmittels:

Kurve II: $$\ln p = -\frac{L}{RT} + C_{II}.$$

In Kurve III kann eine gegenüber L veränderte Verdampfungswärme L_m des Lösungsmittels aus der Lösung vorliegen:

Kurve III: $$\ln p = -\frac{L_m}{RT} + C_{III}.$$

Auf Kurve I gilt nun für den Punkt (p_1, T_1):

(a) $$\ln p_1 = -\frac{\Sigma}{RT_1} + C_I$$

und für den Punkt (p_0, T_0):

(b) $$ln\, p_0 = -\frac{\Sigma}{RT_0} + C_I.$$

Dabei ist T_0 der Gefrierpunkt des reinen Lösungsmittels und p_0 der zugehörige Dampfdruck, während T_1 den Gefrierpunkt der Lösung und p_1 den betreffenden Dampfdruck bezeichnet. p_2 bedeutet weiterhin den Dampfdruck des unterkühlten reinen Lösungsmittels bei der Gefriertemperatur der Lösung (T_1). Die Lösung zeigt also gegenüber dem reinen Lösungsmittel beim Gefrierpunkt der Lösung die Dampfdruckerniedrigung $p_2 - p_1$.

Auf Kurve II gilt für den Punkt (p_2, T_1):

(c) $$ln\, p_2 = -\frac{L}{RT_1} + C_{II}$$

und für den Punkt (p_0, T_0):

(d) $$ln\, p_0 = -\frac{L}{RT_0} + C_{II}.$$

Durch Subtraktion der Gl. (b) von (a) bzw. der Gl. (d) von (c) werden zunächst die Konstanten C_I und C_{II} eliminiert, wodurch man die Beziehungen erhält:

$$ln\frac{p_1}{p_0} = -\frac{\Sigma}{R}\cdot\left(\frac{1}{T_1} - \frac{1}{T_0}\right)$$

und

$$ln\frac{p_2}{p_0} = -\frac{L}{R}\cdot\left(\frac{1}{T_1} - \frac{1}{T_0}\right).$$

Aus diesen beiden Gleichungen entfernt man durch nochmalige Subtraktion die Größe p_0 und erhält

$$ln\frac{p_1}{p_2} = -\frac{T_0 - T_1}{T_1 \cdot T_0}\cdot\frac{\Sigma - L}{R}.$$

Dabei ist jedesmal die Rechenregel für Logarithmen benutzt worden: $\ln a - \ln b = \ln\frac{a}{b}$. Eine Sublimation ist nun offenbar gleichbedeutend mit Schmelzen und nachfolgender Verdampfung; daher muß für die betreffenden

Wärmen gelten $\Sigma = Q_s + L$, wenn Q_s die Schmelzwärme bedeutet. Wir können also $\Sigma - L$ durch Q_s ersetzen. Ferner beachten wir, daß

$$\frac{p_1}{p_2} = \frac{p_1 - p_2 + p_2}{p_2} = 1 + \frac{p_1 - p_2}{p_2}$$

ist, und daß $p_1 - p_2$ eine gegen p_2 kleine Größe ist. Nach der Rechenregel für kleine x $\ln(1 + x) \approx x$ folgt dann

$$\frac{p_2 - p_1}{p_2} = -\frac{T_0 - T_1}{T_1 \cdot T_0} \cdot \frac{Q_s}{R}.$$

Für T_1 rechts im Nenner können wir bei verdünnten Lösungen ohne großen Fehler auch T_0 einsetzen und erhalten

$$\frac{p_2 - p_1}{p_2} = \frac{Q_s}{RT_0^2} \cdot (T_0 - T_1).$$

Diese Beziehung gilt immer, gleichgültig, welche Konzentrationsabhängigkeit die Dampfdruckerniedrigung aufweist. Wenn man die Gültigkeit des Raoultschen Gesetzes für die Dampfdruckerniedrigung $\frac{p_2 - p_1}{p_2} = x_2 = \frac{n_2}{n_1 + n_2}$ annimmt, so ergibt sich

$$T_0 - T_1 = \Delta T = \frac{n_2}{n_1 + n_2} \cdot \frac{RT_0^2}{Q_s}.$$

Drücken wir die Konzentration in Molen c pro 1000 g Lösungsmittel aus und vernachlässigen (für verdünnte Lösungen) n_2 neben n_1 im Nenner des Molenbruches x_2, so folgt

$$\frac{n_2}{n_1 + n_2} \approx \frac{n_2}{n_1} = \frac{c \cdot M}{1000}$$

also

$$\Delta T = c \cdot \frac{RT_0^2 \cdot M}{1000 \cdot Q_s}.$$

Der Faktor von c auf der rechten Seite der Formel ist die molare Gefrierpunktserniedrigung E_e. Sie ist also abhängig von der Schmelzwärme, der Schmelztemperatur und dem Molgewicht des Lösungsmittels. Für Wasser erhält man mit $Q_s = 1434$ cal/Mol, $R = 1{,}98$ cal/Grad, $T_0 = 273{,}2°$ K und $M = 18{,}02$ den Wert $E_e = 1{,}86°$, der auch beobachtet wird.

12. Osmotischer Druck

Denken wir uns, wie auf S. 20, das Lösungsmittel und eine Lösung in 2 Gefäßen unter einer Glasglocke abgeschlossen, so destilliert zufolge des über der Lösung geringeren Wasserdampfdruckes mit der Zeit das gesamte Lösungsmittel in die Lösung hinein; beide Phasen sind also nicht im Gleichgewicht. Man braucht nun nicht den Umweg über die Gasphase zu machen, sondern kann das Bestreben des Lösungsmittels, in die Lösung zu gelangen, auch dann beobachten, wenn die flüssigen Phasen Lösungsmittel und Lösung direkt aneinander grenzen und nur durch eine Wand getrennt sind, die zwar für das Lösungsmittel, nicht aber für die Molekeln des gelösten Stoffes durchlässig ist. Man beobachtet dann, daß das Lösungsmittel in die Lösung hineinströmt, ähnlich wie Luft in ein Vakuum hineinströmt. Es müßte also auf die Oberfläche der Lösung ein Druck ausgeübt werden, damit das Lösungsmittel nicht durch die Trennungswand in die Lösung eindringt und dadurch deren Konzentration vermindert. Dieser Druck wird nach van't Hoff als „osmotischer Druck" bezeichnet und ist eine charakteristische Eigenschaft aller Lösungen. Auch der osmotische Druck erscheint also als eine Folge der Dampfdruckerniedrigung.

Der osmotische Druck läßt sich bei Vorliegen geeigneter halbdurchlässiger (semipermeabler) Membranen sehr einfach messen, wenn man das die Lösung enthaltende Gefäß mit einem Rohraufsatz versieht. Der Spiegel der Lösung steigt dann infolge des Einströmens von Lösungsmittel so lange, bis dem osmotischen Druck durch den hydrostatischen Druck der überstehenden Flüssigkeitssäule das Gleichgewicht gehalten wird. Solche Versuche wurden erstmalig von dem Botaniker Pfeffer durchgeführt, der tierische Membranen (Schweinsblase) benutzte und in der angegebenen Weise den osmotischen Druck wäßriger Rohrzuckerlösungen maß. Van't Hoff hat dann bei Durchsicht vieler Versuchsergebnisse gefunden, daß der osmotische Druck einer verdünnten Lösung gegebener Konzentration zahlenmäßig so groß ist, wie der Druck eines Gases

der gleichen Konzentration (z. B. Mole/Liter), das *allein* das gleiche Volumen wie die untersuchte Lösung einnimmt, weswegen also für den osmotischen Druck verdünnter Lösungen näherungsweise eine der Zustandsgleichung der idealen Gase ähnliche Formel gilt:
$P \cdot V = n \cdot RT$ (n = Molzahl Gelöstes im Volumen V).
Diese Beziehung gilt nur für verdünnte Lösungen und stellt nichts anderes als eine Analogie dar. Die kinetische Vorstellung vom Zustandekommen des Gasdruckes durch die Stöße der Gasteilchen auf die Wände läßt sich wegen des Vorhandenseins von Kräften zwischen Lösungsmittel und Gelöstem nicht auf den osmotischen Druck übertragen. Bei den hier vorliegenden flüssigen Lösungen üben ja auch die Molekeln des Lösungsmittels Stöße auf die Wand aus.

13. Molekulargewichtsbestimmung

Da die Gefrierpunktserniedrigung, Siedepunktserhöhung und Dampfdruckerniedrigung verdünnter Lösungen nur von der Zahl, nicht aber von der Natur der gelösten Mole abhängen, besitzen wir in der Messung dieser „osmotischen" Größen ein Mittel, das Molekulargewicht eines Stoffes zu bestimmen, falls die molekulare Siedepunktserhöhung E_s oder die molekulare Gefrierpunktserniedrigung E_e für ein geeignetes Lösungsmittel bekannt ist. Man mißt zunächst die Gefrierpunktserniedrigung ΔT_e eines Stoffes mit bekanntem Molgewicht. In der Gleichung S. 25 sind dann bekannt ΔT_e und c (in Mol/1000 g Lösungsmittel), so daß E_e berechenbar ist. Alsdann stellt man eine verdünnte Lösung des Stoffes mit dem unbekannten Molekulargewicht her; deren Konzentration kann natürlich zunächst nur durch Gramm-Angaben in 1000 g Lösungsmittel angegeben werden. Sind a Gramm der Substanz mit dem unbekannten Molekulargewicht M in 1000 g Lösungsmittel gelöst worden, so sind in 1000 g Lösungsmittel a/M Mole des Stoffes enthalten. Also ist in der Gleichung S. 25 zu setzen $c = a/M$. Somit folgt:

$$\Delta T_e = E_e \cdot \frac{a}{M}.$$

Mißt man nun die Gefrierpunktserniedrigung ΔT_e für diese Lösung, so sind in der obigen Gleichung ΔT_e, E_e und a bekannt, so daß M berechnet werden kann aus der umgeformten Gleichung

$$M = \frac{E_e}{\Delta T_e} \cdot a.$$

Eine ganz ähnliche Gleichung gilt für die Siedepunktserhöhung

$$M = \frac{E_s}{\Delta T_s} \cdot a.$$

In der organischen Chemie wird für dies häufig angewandte Verfahren zur Molgewichtsbestimmung meist Kampfer wegen seiner guten lösenden Eigenschaften und seiner großen molaren Gefrierpunktserniedrigung von $E_e = 39^\circ$ als Lösungsmittel benutzt.

14. Partialdruckkurven

Für den Dampfdruck des Lösungsmittels über verdünnten Lösungen gilt das Raoultsche Gesetz, daß die relative Dampfdruckerniedrigung gleich dem Molenbruch des Gelösten ist. Besitzt nun der gelöste Stoff ebenfalls einen Dampfdruck, so ist auch er in der Gasphase vertreten. Handelt es sich um Stoffe, die ideale Lösungen bilden, so ist der Verlauf der Dampfdruckkurven im ganzen Mischungsbereich durch das Raoultsche Gesetz gegeben. Wenn man die Partialdrucke der beiden vermischten Stoffe gegen den Molenbruch aufträgt, so erhält man Geraden, wie dies in Fig. 7 schematisch dargestellt ist. Auch der Gesamtdruck P ist durch eine Gerade gegeben; denn für p_A gilt $p_A = p_A^0\,(1 - x_B)$, für p_B gilt $p_B = p_B^0 \cdot x_B$. Also folgt $P = p_A + p_B = (p_B^0 - p_A^0) \cdot x_B + p_A^0$; das ist aber wieder eine Gerade. — Praktisch gibt es nur wenig Systeme, die sich diesem Verhalten weitgehend nähern. Ein Beispiel bildet das flüssige System Sauerstoff-Stickstoff bei tiefen Temperaturen.

Sind die vermischten Stoffe A und B chemisch einander „feindlich", d. h. die Kräfte zwischen den A-Molekeln und zwischen den B-Molekeln größer als die zwischen A- und B-Molekeln, so erhalten wir eine kleinere Dampfdruckerniedrigung als dem Raoultschen Gesetz entspricht. D. h., der Gesamtdruck wie auch die Teildrucke liegen oberhalb der in Fig. 7 gezeichneten Geraden, wie das in Fig. 8 für das System Äthanol-Heptan wiedergegeben ist. Solche

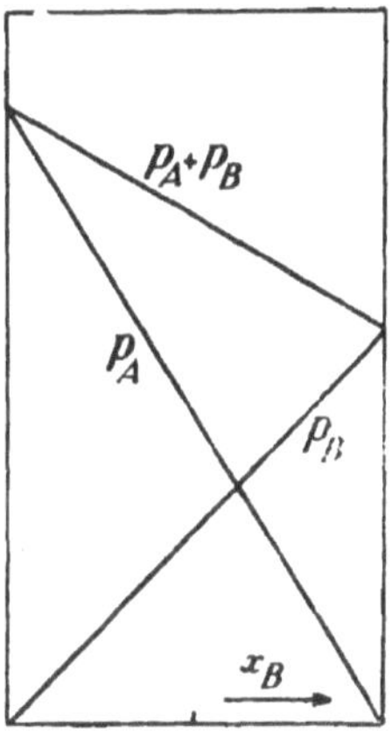

Fig. 7.
Dampfdrucke einer idealen Mischung

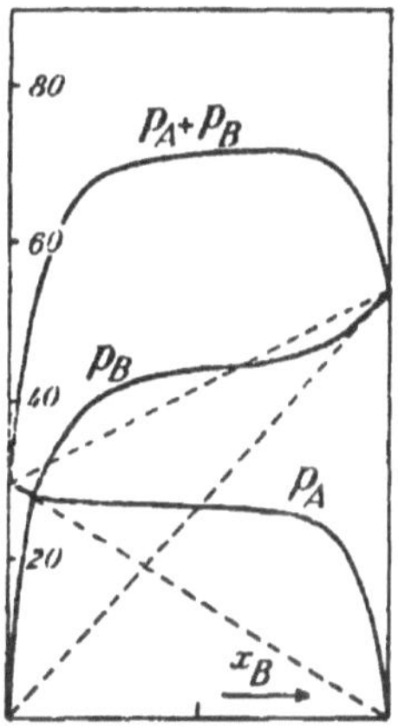

Fig. 8.
Dampfdrucke des Systems Äthanol-Heptan.

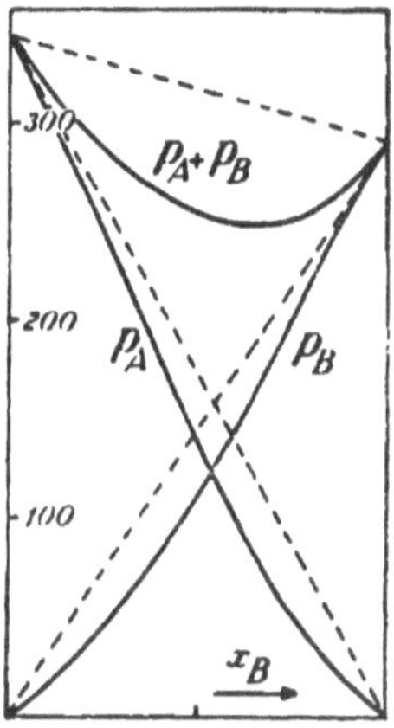

Fig. 9.
Dampfdrucke des Systems Aceton-Chloroform.

Systeme zeigen wenig Neigung, sich zu vermischen, und tatsächlich trennen sich Äthanol und Heptan unterhalb 65° in zwei flüssige Phasen.

Bilden die vermischten Stoffe chemische Verbindungen miteinander, so scheiden die umgesetzten Anteile der Stoffe für die verdampfenden Molekeln aus, und man erhält einen kleineren Dampfdruck als dem Raoultschen Gesetz entspricht. Fig. 9 gibt die Dampfdrucke von Mischungen aus Aceton und Chloroform wieder, aus denen sich eine Verbindung im Verhältnis 1 : 1 bildet.

15. Siedediagramme

Ein solches Dampfdruckdiagramm kann man nun für jede Temperatur ermitteln bis zu Temperaturen, bei denen die Lösung (z. B. bei einem Druck von 760 mm) anfängt zu sieden. Man erhält so eine Kurvenschar für die Gesamtdrucke, wie sie in Fig. 10 wiedergegeben ist. Legt man nun durch $p = 760$ mm eine Waagerechte, so geben deren Schnittpunkte mit den p-Kurven die Siedetemperaturen der Mischung und ihre jeweilige Zusammensetzung an. Trägt man diese Molenbrüche gegen die Temperaturen auf, so erhält man die „Siedekurve", aus der die Siedetemperatur jeder Mischung ersichtlich ist. Für Zwecke der Trennung von Gemischen durch Destillation interessiert die Zusammensetzung der Gasphase, die mit einer Lösung gegebener Konzentration im Gleichgewicht ist. Diese ist leicht aus den Partialdrucken der vermischten Stoffe mit Hilfe der Gasgesetze zu ermitteln: Es ist nämlich $p_A = n_A \cdot RT/V$ und $p_B = n_B \cdot RT/V$; also $p_A/(p_A + p_B) = n_A/(n_A + n_B) = x'_A$, wobei p_A und p_B die Partialdrucke, n_A und n_B die Molzahlen der gasförmig vorhandenen Stoffe im Volumen V bezeichnen. x'_A ist dann der Molenbruch von A in der Gasphase. Trägt man die auf diese Weise ermittelte Zusammensetzung der Gasphase in das Siedediagramm ein, so ergibt sich z. B. die „Gas"-Kurve der Fig. 10. Aus dieser Figur ist nunmehr erstens die Siedetemperatur als Funktion der Zusammensetzung der flüssigen Mischung und zweitens die Zusammensetzung

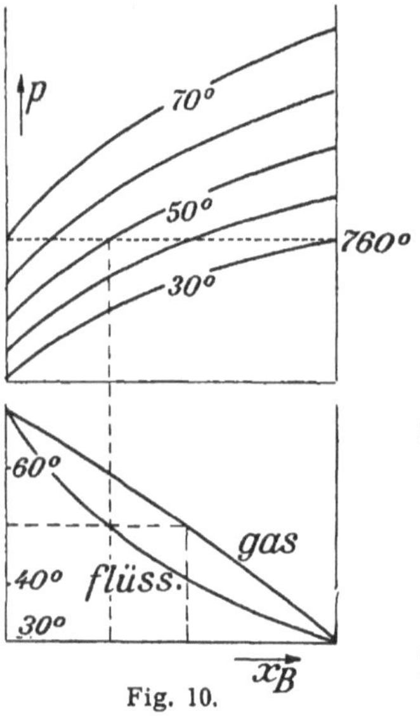

Fig. 10.
Entstehung der Siedekurve.

der entweichenden Gasphase zu ersehen. Das sind die beiden Angaben, die bei der Destillation von Interesse sind.

Liegt eine Mischung vor, deren Gesamtdampfdruck ein Maximum aufweist, wie das in Fig. 8 gezeichnet ist, so hat diejenige Mischung, welche die Zusammensetzung des Maximums besitzt, den niedrigsten Siedepunkt aller Mischungen. Die zugehörige Siedekurve hat also ein Minimum (Beispiel: Alkohol-Wasser). Ein solches Gemisch ist durch Destillation niemals zu trennen, da die entweichenden Dämpfe die gleiche Zusammensetzung aufweisen wie die flüssige Mischung. — Einem Minimum des Gesamtdampfdruckes entspricht analog eine maximale Siedetemperatur, und auch diese Mischungen sind durch Destillation nicht zu trennen. Es handelt sich um „konstant siedende Gemische" (azeotrope Gemische).

16. Schmelzdiagramme

Ähnlich wie die Siedepunkte kann man auch die Schmelzpunkte von Mischungen gegen deren Zusammensetzung auftragen. Im einfachsten Fall erhält man dann eine Schmelzkurve der Form, wie sie in Fig. 11 gezeichnet ist. Zusatz der einen Komponente zu der reinen anderen erniedrigt den Schmelzpunkt, und man erhält von den reinen

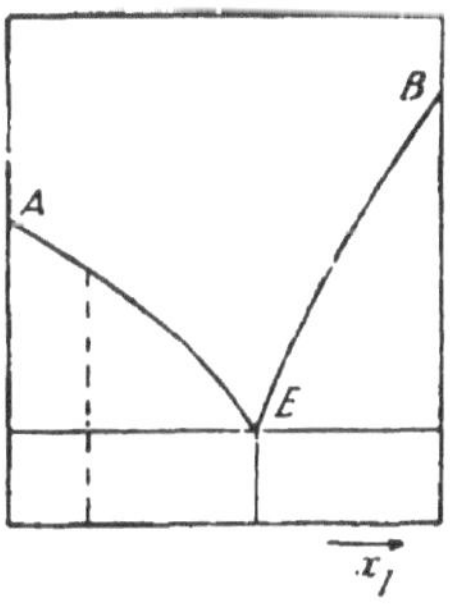

Fig. 11.
Schmelzdiagramm
mit Eutektikum.

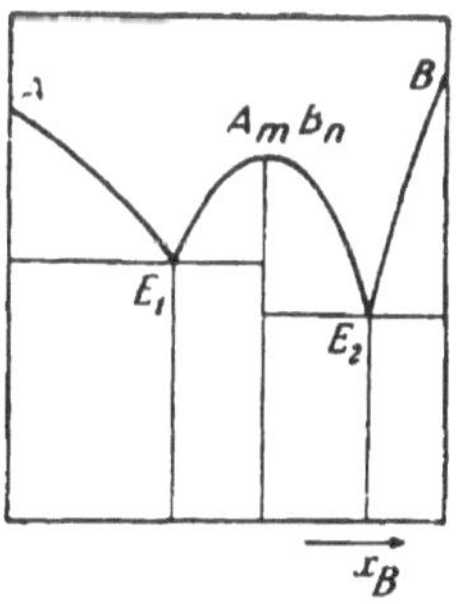

Fig. 12.
Schmelzdiagramm
bei Verbindungsbildung.

Stoffen ausgehend zwei abfallende Äste, die sich schneiden müssen. Der Punkt, an dem dies der Fall ist, zeigt die niedrigste Schmelztemperatur an („eutektischer" Punkt); die Mischung heißt **Eutektikum**. Ist eine flüssige Mischung der Zusammensetzung x_1 gegeben (vgl. Fig. 11), so kristallisiert beim Abkühlen zuerst nur die reine Komponente A aus, wodurch sich die Schmelze so lange an B anreichert, bis die Zusammensetzung des Eutektikums erreicht ist. Dann kristallisiert gleichzeitig A und B im Verhältnis der eutektischen Mischung aus.

Auch im Gleichgewicht der flüssigen Phase mit der festen Phase zeigen sich Entmischungstendenz und Verbindungsbildung durch besondere Form des Diagramms an. Bildet sich eine Verbindung, so besitzt diese einen festen Schmelzpunkt, der z. B. bei $A_m B_n$ liegen mag (vgl. Fig. 12). Zusatz von A und auch von B zur reinen Verbindung erniedrigt jeweils den Schmelzpunkt der Mischung, so daß man nicht eine, sondern zwei eutektische Mischungen erhält, wie dies in Fig. 12 schematisch dargestellt ist.

Die Untersuchung und Bestimmung solcher Zustandsdiagramme ist hauptsächlich Aufgabe der Metallographie, und man kennt eine große Zahl der verschiedensten Formen, die hier nicht behandelt werden können.

17. Chemisches Gleichgewicht bei heterogenen Gasreaktionen

Alles, was über das homogene chemische Gleichgewicht und die Gültigkeit des MWG in Band I, S. 118, gesagt wurde, gilt auch für den Fall, daß ein Teil der Reaktionsteilnehmer nicht nur in der Gasphase, sondern gleichzeitig in fester oder flüssiger Form als Bodenkörper vorliegt. Nur ist zu beachten, daß die in der Gasphase vorhandenen Konzentrationen dieser Stoffe sich nicht willkürlich vorschreiben lassen, sondern gleich den Dampfdrucken der betr. Stoffe sein müssen. Diese Konzentrationen sind also feste, nicht beeinflußbare Zahlen. In dem MWG-Quotienten der Konzentrationen $K_c = \Pi\, c_i^{\nu_i}$ sind auch diese

Konzentrationen prinzipiell enthalten. Man zieht sie jedoch wegen ihrer Konstanz in den Wert K_c mit hinein. *Im Falle heterogener Gasreaktionen ist also K_c gleich dem Produkt $\Pi c_i^{\nu_i}$ aus den Konzentrationen der nur als Gase vorhandenen Reaktionsteilnehmer definiert.* Es fehlen die kondensiert vorliegenden Ausgangsstoffe und Endprodukte.

18. Beispiel

$(CaCO_3)_{fest} \leftrightarrows (CaO)_{fest} + CO_2$. Für diese beim Kalkbrennen verlaufende Reaktion liegt nur ein einziger Stoff vor, der nicht als Bodenkörper auftritt, nämlich CO_2. Wir haben dann einfach:

$$A_{rev} = RT\left[\ln c_{CO_2} - \ln K_c\right].$$

Im Gleichgewicht ist also

$$c_{CO_2} = K_c\,,$$

d. h. die CO_2-Konzentration im Gasraum oder, was dasselbe bedeutet, der Partialdruck p_{CO_2} besitzt bei gegebener Temperatur einen festen Wert, der als sog. Zersetzungsdruck bezeichnet wird. Macht man p_{CO_2} größer als den Zersetzungsdruck, so bildet sich aus CaO und CO_2 solange $CaCO_3$, bis p_{CO_2} wieder gleich dem Zersetzungsdruck geworden ist oder das CaO völlig aufgebraucht ist. Ist p_{CO_2} kleiner als der Zersetzungsdruck, so zerfällt $CaCO_3$, bis das Gleichgewicht wiederhergestellt ist.

In der vorstehenden Ableitung des MWG für heterogene Gasreaktionen ist insofern eine Ungenauigkeit enthalten, als bei Entnahme eines auch als Bodenkörper vorliegenden Stoffes aus dem Kasten I die betreffende Menge Gas aus dem Bodenkörper nachgeliefert wird. Dadurch vermindert sich das von den gesamten Bodenkörpern eingenommene Volumen um die verdampfte Menge; deswegen vergrößert sich der Gasraum um dies Volumen, was eine Änderung der Konzentrationen der Reaktionsteilnehmer bewirkt. Diese ist nur dann zu vernachlässigen, wenn das Volumen der kondensierten Stoffe klein ist gegenüber dem der gasförmigen Stoffe. Nur unter dieser Bedingung gilt also die abgeleitete Formel.

19. Heterogene Lösungsreaktionen

Sind einige der an einer L ö s u n g s reaktion beteiligten Stoffe auch als Bodenkörper vorhanden, so gilt für diese Stoffe der Satz, daß der *Partialdruck* eines solchen Stoffes *im Gasraum* über der Lösung *gleich* sein muß *dem Dampfdruck des* betr. *reinen Stoffes* bei der gleichen Temperatur. Daher sind die in der Lösung vorhandenen Konzentrationen dieser Stoffe (analog wie bei heterogenen Gasreaktionen) fest gegebenen Größen (Sättigungskonzentration). Sie werden daher mit in K_c hineingezogen und bei Anschreiben des Konzentrationsquotienten des MWG nicht berücksichtigt.

Liegen *a l l e Stoffe als Bodenkörper* vor, so kann 𝔄 aus den bekannten Formeln berechnet werden, ist jedoch (bei gegebener Temperatur) eine feste Zahl, die nur ausnahmsweise zufällig Null sein wird. Die Reaktion verläuft dann bis zum *Aufbrauch irgendwelcher kondensierter Phasen.* Eine Gleichgewichtsbedingung für die Konzentrationen ist dann also nicht realisierbar.

20. Konzentrierte Lösungen und reale Gasmischungen

Konzentrierte Lösungen und reale Gasmischungen erfordern die Einführung der Aktivitäten an Stelle der Konzentrationen. Für eine gegebene Reaktion ist natürlich nur der aus den Aktivitäten gebildete Quotient wirklich konstant. Er wird als *thermodynamische MWG-Konstante* bezeichnet. Da analytisch nur die K o n z e n t r a t i o n e n der Stoffe zugänglich sind, muß man also Gleichgewichtsmessungen bei verschiedenen, immer kleiner werdenden Konzentrationen vornehmen, was bei Gasreaktionen durch Verminderung des Gesamtdruckes und bei Lösungsreaktionen durch Zugabe von immer mehr Lösungsmittel möglich ist. Die so erhaltenen „Konzentrations-Quotienten" (die im Idealfall die MWG-Konstante darstellen), werden dann graphisch auf die Konzentration Null (oder den Druck Null) extrapoliert. Dort stimmt der Konzentrations-Quotient mit dem Aktivitäten-Quotienten überein, und der extrapolierte Wert stellt die thermodynamische MWG-Konstante dar. Rückwärts sind dann auch über die Aktivitätskoeffizienten $f = a/c$ Aussagen möglich.

III. Elektrochemie

A. Leitfähigkeit und Überführung

21. Grundlegende Erscheinungen

Bei Prüfung der für die osmotischen Größen gültigen Gesetze hat man an organischen Stoffen sehr gute Bestätigungen dieser Gesetze erhalten können. Die hauptsächlichsten anorganischen Stoffe jedoch, die Säuren, Basen und Salze, zeigen von den Raoultschen Gesetzen erhebliche Abweichungen; und zwar ergeben sich viel zu große Gefrierpunktserniedrigungen und Siedepunktserhöhungen als nach Raoult auftreten sollten. Weiterhin unterscheiden sich Lösungen dieser Stoffe von den meisten organischen Stoffen dadurch, daß die Lösungen den elektrischen Strom leiten. Beide Erscheinungen werden durch die von Arrhenius aufgestellte Theorie der Dissoziation erklärt.

Legt man an zwei in eine wäßrige NaCl-Lösung tauchende Pt-Bleche eine Gleichspannung an, so fließt ein Strom, der zugleich an den beiden Blechen eine Gasentwicklung hervorruft. Eine solche Lösung, die den Strom leitet (oder auch nur den gelösten Stoff), bezeichnet man als „Elektrolyten", während der gesamte Vorgang „Elektrolyse" genannt wird. An der mit dem positiven Pol verbundenen Elektrode, der „Anode", scheidet sich gasförmiges Chlor ab, während an der „Kathode", dem negativen Pol, gasförmiger Wasserstoff entweicht. Beide Stoffe müssen durch den Strom zu den Blechen hingeschafft worden sein. Der Stromfluß im Elektrolyten ist also mit einem Transport von Materie verknüpft.

Um mit dem Verhalten der Elektrolyte genauere Vorstellungen verbinden zu können, müssen wir unsere Kenntnisse vom Bau der Atome etwas erweitern. In Bd. I Nr. 8 wurde nur die Tatsache nachgewiesen, daß die Materie eine atomistische Struktur besitzt. Aus dem Verhalten der Elektrolyte müssen wir nun schließen, daß die Materie elektrische Eigenschaften besitzt. Das ergibt sich auch daraus, daß man direkt Elektrizität aus Materie erzeugen kann, z. B. mittels Dynamos, elektrischen Elementen oder aus glühenden Metallfäden (Radioröhren). Es muß also Elektrizität in der Materie enthalten sein.

22. Faradaysche Gesetze

Wenn die Materie selbst atomistisch aufgebaut ist, muß auch die Elektrizität eine atomistische Struktur besitzen. Wie nämlich Faraday gefunden hat, scheiden sich bei Stromdurchgang durch einen Elektrolyten Substanzmengen ab, die den durchgegangenen Elektrizitätsmengen porportional sind. Weiterhin stellte Faraday fest, daß durch eine Elektrizitätsmenge von 96 500 Ampsek (= Ampere mal Sekunden) immer gerade ein Äquivalent abgeschieden wird, unabhängig von dem zersetzten Elektrolyten. Von einem Äquivalent wird also immer die gleiche Elektrizitätsmenge transportiert. Da nun ein Mol und infolgedessen auch ein Äquivalent aus immer der gleichen Anzahl von Atomen besteht (Loschmidtsche Zahl), wird man zu der Anschauung geführt, daß jedes Atom eines Äquivalents unabhängig von seiner Natur eine immer gleiche Elektrizitätsmenge trägt, die sogen. „Elementarladung“ *e*, deren Größe sich durch Division der Äquivalentladung (96 500 Ampsek) durch die Loschmidtsche Zahl zu $1{,}602 \cdot 10^{-19}$ Ampsek. ergibt.

23. Atomismus der Elektrizität

Es könnte nun sein, daß diese Zahl nur einen Mittelwert aus einer großen Anzahl von Atomen darstellt, während jedes einzelne Atom Ladungen wechselnder Größe trägt. Millikan hat indessen nachweisen können, daß wirklich nur Elektrizitätsteilchen dieser Ladung existieren. Bringt man kleine Öltröpfchen in ein elektrisches Feld (z. B. zwischen die Platten eines Kondensators), so sind sie außer der Schwerkraft noch der Wirkung des elektrischen Feldes ausgesetzt. Es zeigt sich nun, daß die Fallgeschwindigkeit solcher Teilchen, deren Größe durch das Zusammenwirken beider Kräfte bedingt ist, sich nur s p r u n g h a f t ändert. Das muß darauf zurückgeführt werden, daß die Ölteilchen bei Zusammenstoß mit den umgebenden Luftmolekeln Elektrizitätsteilchen aufnehmen oder abgeben. Die Größe dieser Geschwindigkeitsänderungen ist nun immer gerade so groß, wie es einer Änderung der Ladung um eine oder mehrere Elementarladungen entspricht. Die Elektrizität besteht also aus Elementarteilchen der Ladung $1{,}602 \cdot 10^{-19}$ Ampsek., die als *Elektronen* bezeichnet werden.

Zur näheren Charakterisierung eines Elektrons muß man noch seine Masse m kennen. Das Verhältnis aus Ladung e und Masse m läßt sich aus der Ablenkung von Kathodenstrahlen, die aus fliegenden Elektronen bestehen, durch elektrische Felder bestimmen. Der Sinn der Ablenkung der Elektronen im elektrischen Feld zeigt, daß die Ladung der Elektronen negativ ist. Aus solchen Messungen ergibt sich mit der bereits bekannten Ladung e des Elektrons seine Masse $m = 9{,}108 \cdot 10^{-28}$ g. Das ist ein außerordentlich kleiner Wert, denn die Masse des leichtesten bekannten Atoms, des Wasserstoffatoms, die aus Molgewicht und Loschmidtscher Zahl zu $1{,}674 \cdot 10^{-24}$ g folgt, ist 1835mal so groß wie die Masse des Elektrons.

Die in einem Atom enthaltenen Elektronen tragen also zur Masse des Atoms nur wenig bei, weswegen diese an einer anderen Stelle des Atoms konzentriert sein muß. Man bezeichnet den Sitz der Masse als den K e r n des Atoms. Die grundlegenden Kenntnisse über die Eigenschaften der Kerne verdanken wir Rutherford; er beschoß Metallfolien mit α-Teilchen und maß die Streuung dieser Teilchen beim Durchfliegen der Folie. Es zeigte sich dabei, daß die α-Teilchen nur äußerst selten von ihrer geradlinigen Bahn abgelenkt werden. Man muß daraus schließen, daß die α-Teilchen meist ungestört durch das Material hindurchfliegen können, daß also der Raum, den die (am stärksten streuende) Masse des Atoms einnimmt, nur sehr klein sein kann. Aus dem Volumen eines festen Stoffes und der Loschmidtschen Zahl ergibt sich für den Durchmesser eines Atoms etwa die Zahl 10^{-8} cm. Aus den Streuversuchen von Rutherford folgt indessen für die Kerndurchmesser ein

Wert von nur 10^{-13} cm. Das ist also gegenüber dem gesamten von einem Atom eingenommenen Volumen nur ein außerordentlich kleiner Bruchteil.

24. Bohrsches Atommodell

Ein Atom besteht also aus einem sehr kleinen Kern und einer Anzahl negativer Elektronen. Da das Atom nach außen elektrisch neutral erscheint, muß der Kern eine der vorhandenen Anzahl negativer Elektronen entsprechende Zahl positiver Ladungen tragen. Niels Bohr hat mit Hilfe der eben angeführten Versuchsergebnisse ein Atommodell erdacht, daß auch heute noch zur Veranschaulichung vieler chemischer Tatsachen durchaus ausreichend ist. Nach Bohr hat man sich ein Atom ähnlich einem Planetensystem vorzustellen: Um den positiv geladenen Kern kreisen auf Bahnen von etwa 10^{-8} cm Durchmesser eine Anzahl Elektronen, deren Zahl von Element zu Element verschieden ist. Der zwischen positivem Kern und negativen Elektronen vorhandenen Anziehung wird durch die Zentrifugalkraft der Rotation das Gleichgewicht gehalten. (vgl. S. 121)

25. Theorie der Dissoziation

Mit diesem einfachen Atommodell, das später (S. 121 ff.) noch genauer begründet werden wird, können wir schon zu einer Vorstellung von der elektrolytischen Leitfähigkeit kommen. Wenn wir von einem beliebigen Atom ein negatives Elektron entfernt denken, so erhalten wir ein Materieteilchen, das positiv geladen ist. Entsprechend bewirkt Zufügen eines Elektrons die Entstehung eines negativ geladenen Materieteilchens. Solche elektrisch geladenen Teilchen könnten nun imstande sein, in Lösungen eine Stromleitung hervorzurufen. Infolge ihrer Ladung werden sie nämlich durch das Lösungsmittel hindurch zu den entgegengesetzt geladenen Elektroden hingezogen und bewirken so den Stromfluß. Da die Lösungen nach außen elektrisch neutral sind, müssen die Ladungen je in gleicher Anzahl in der Lösung vorhanden sein, d. h. gleichviel positive und negative Ladungen.

In Lösungen von Elektrolyten sind solche Teilchen tatsächlich vorhanden, was als erster Arrhenius einerseits aus der Tatsache der elektrolytischen Leitfähigkeit und andererseits aus den an Elektrolyten beobachteten osmotischen Werten schloß. Wir kennen heute noch einen weiteren Grund, der für das Vorhandensein solcher geladener Teilchen spricht. Die Stoffe, die wir als Elektrolyte kennen, zeigen nämlich bereits im reinen festen Zustand einen Aufbau der Kristalle aus entgegengesetzt geladenen Teilchen, und es ist daher nicht verwunderlich, daß die gleichen Kristallbausteine auch in Lösung auftreten. Da diese Teilchen infolge ihrer Wanderung den Stromfluß bewirken, bezeichnet man sie als „Ionen"; insbesondere heißen positive Ionen „Kationen" und negative Ionen „Anionen". Z. B. zerfällt NaCl in wäßriger Lösung in positiv geladene $Na^{\cdot}$-Ionen und negative Cl'-Ionen, die beide in gleicher Anzahl vorhanden sind. Durch Wanderung dieser Ionen an die entsprechenden Elektroden kommt die Stromleitung zustande.

26. Mechanismus der Stromleitung

Der Mechanismus dieser Stromleitung ist also ein gänzlich anderer als der in Metallen. Bei Stromfluß in Metallen, die auch als Leiter I. Klasse bezeichnet werden, wird kein Transport von Materie beobachtet. In ihnen wird die Leitung ausschließlich durch Wanderung von Elektronen bewirkt, die in den Metallen verhältnismäßig leicht beweglich sind. Die Elektrolyte oder Leiter II. Klasse dagegen leiten den Strom nur unter Transport von Materie. An den Elektroden erfolgt der Übergang von der einen Leitungsart zur anderen, wodurch diesen Stellen des Stromkreises eine besondere Funktion zugewiesen ist. Diese an den Elektroden auftretenden Vorgänge, die an sich mit dem Vorhandensein der elektrischen Leitfähigkeit nichts zu tun haben, werden weiter unten besprochen.

Mittels der Vorstellung von der elektrolytischen Dissoziation gelingt nun eine zunächst qualitative Deutung der großen osmotischen Werte, die an Elektrolyt-Lösungen beobachtet werden. Nach Raoult sind die osmotischen Eigenschaften in verdünnten Lösungen neutraler Stoffe proportional der Konzentration des Gelösten, also proportional der Zahl Fremdteilchen pro Volumeneinheit. Infolge der Dissoziation z. B. des NaCl in zwei selbständige Teilchen ist die Zahl der pro Volumeneinheit vorhandenen Fremdteilchen um das Doppelte größer als bei einer Lösung, welche die gleiche Grammzahl eines nicht dissoziierenden Stoffes in der Volumeneinheit enthält. Daher müssen die Werte der osmotischen Eigenschaften die doppelte Größe besitzen, wie das auch beobachtet wird.

Abweichungen von den Grenzgesetzen sind bei Elektrolytlösungen außer auf die schon oben (S. 21) genannten Gründe weiter auf die Tatsache zurückzuführen, daß die elektrischen Kraftfelder der gelösten Ionen eine erheblich größere Reichweite besitzen als die zwischen neutral gelösten Stoffen wirksamen Kräfte. Daher sind Abweichungen bereits bei viel geringeren Konzentrationen zu erwarten. Der Begriff „verdünnte Lösung" ist also weitgehend vom gelösten Stoff abhängig und nicht nur von der Konzentration der Lösung.

27. Vorgänge an den Elektroden

Die an den Elektroden infolge des Überganges der metallischen Leitung in die elektrolytische Leitung auftretenden chemischen Vorgänge sind von der Art der Elektroden und dem angrenzenden Elektrolyten abhängig. Und zwar unterscheidet man zweckmäßig zwischen angreifbaren und unangreifbaren Elektroden. Recht häufig kann man Pt oder Au als unangreifbare Elektroden verwenden.

Am einfachsten verläuft die Elektrolyse bei angreifbaren Elektroden, z. B. die Elektrolyse einer wäßrigen $CuSO_4$-Lösung zwischen Cu-Elektroden. $CuSO_4$ ist in wäßriger Lösung in $Cu^{\cdot\cdot}$-Kationen und SO_4''-Anionen gespalten. Bei Anlegen einer Gleichspannung an die Elektroden wandern die $Cu^{\cdot\cdot}$-Kationen zur Kathode, werden dort entladen und als metallisches Kupfer niedergeschlagen. Die SO_4''-Anionen wandern zur Anode, werden jedoch nicht entladen. Vielmehr gehen von der Cu-Anode $Cu^{\cdot\cdot}$-Ionen in Lösung und werden zur Kathode transportiert. Im Elektrolyten wird also immer die gleiche Konzentration an $CuSO_4$ aufrechterhalten und der Stromfluß nur durch die $Cu^{\cdot\cdot}$-Ionen bewirkt.

Liegen nicht angreifbare Elektroden vor, so ist zu unterscheiden zwischen den Fällen, in denen die entladenen Ionen für sich als Atome beständig sind, und denen, bei welchen Reaktionen der entladenen Ionen mit dem Lösungsmittel stattfinden. Ein zur ersten Gruppe gehöriges Beispiel bietet der bei Elektrolyse einer wäßrigen *KJ*-Lösung an der Anode auftretende Vorgang. die *J'*-Ionen wandern zur Anode, geben dort ihre Ladung ab, und die entstehenden *J*-Atome lösen sich in der *KJ*-Lösung mit brauner Farbe auf. Bei Elektrolyse einer wäßrigen *KCl*-Lösung werden ganz ähnlich die zur Anode wandernden *Cl'*-Ionen entladen und die *Cl*-Atome vereinigen sich zu Cl_2-Molekeln, die gasförmig aus der Lösung entweichen.

Es braucht nun nicht immer eine vollständige Entladung von Ionen oder Aufladung ungeladener Atome stattzufinden, sondern es kann auch nur eine ***Änderung der Ionenladung*** erfolgen, falls in der Lösung verschiedenwertige Ionen des gleichen Elementes beständig sind. So können in Lösungen von $Fe^{\cdots}$-Salzen die $Fe^{\cdots}$-Ionen an der Kathode zu $Fe^{\cdot\cdot}$-Ionen reduziert werden:

$$Fe^{\cdots} + 1 \ominus \longrightarrow Fe^{\cdot\cdot}.$$

Sind die entladenen Ionen gegenüber dem Lösungsmittel nicht beständig, wie z. B. *Na*- oder *K*-Atome, so treten an den Elektroden (hier an der Kathode) sekundäre Vorgänge auf. Bei Zersetzung einer wäßrigen *KJ*-Lösung z. B. erfolgt an der Kathode Entladung des $K^{\cdot}$-Ions zum *K*-Atom, das sofort mit dem Lösungsmittel reagiert nach der Gleichung $2K + 2HOH \rightarrow 2KOH + H_2$; es entwickelt sich also Wasserstoff und im Kathodenraum bildet sich freie Kalilauge. Bei Zersetzung einer wäßrigen $CuSO_4$-Lösung zwischen unangreifbaren Elektroden erhält man an der Anode primär entladene SO_4-Ionen. Der ungeladene Rest SO_4 ist nun aber im freien Zustand nicht existenzfähig und reagiert daher mit dem Wasser nach der Gleichung

$$2SO_4 + 2H_2O \rightarrow 2H_2SO_4 + O_2.$$

Der gebildete Sauerstoff entweicht gasförmig und im Anodenraum entsteht freie Säure.

Wir sehen aus all diesen Beispielen, daß die Änderung des Ladungszustandes von Atomen, Ionen oder Atomgruppen die Grundlage der gesamten Elektrochemie ist. Weiter ergibt sich, daß alle an der Kathode erfolgenden chemischen Vorgänge Reduktionen sind ($Cu^{\cdot\cdot} \rightarrow Cu$; $K^{\cdot} \rightarrow K$; $Fe^{\cdots} \rightarrow Fe^{\cdot\cdot}$), während an der Anode immer Oxydationen stattfinden. Die Elektrolyse bietet also bei geeigneter Wahl der Anordnung die Möglichkeit, Oxydationen (= Entzug von Elektronen) und Reduktionen (= Anlagerung von Elektronen) bequem auszuführen. Solche Verfahren werden in der Technik auch ausgewertet (Persulfate durch anodische Oxydation).

28. Spezifische Leitfähigkeit und Äquivalentleitfähigkeit

Die Elektrodenvorgänge sind bedingt durch den Wechsel der metallischen Stromleitung zur elektrolytischen Leitung, der an dieser Stelle erfolgt. Sie haben also mit dem eigentlichen Stromfluß innerhalb der Lösung nichts zu tun, und man kann über den Mechanismus der Stromleitung auch ohne Kenntnis der Elektrodenvorgänge Aufschluß erhalten. Charakteristisch für den Stromfluß in irgendeinem Leiter ist immer sein spezifischer Widerstand. Bei Widerstandsmessungen an Elektrolyten würde die bei Anlegen einer Gleichspannung auftretende Zersetzung genaue Messungen unmöglich machen. Man verwendet daher zu diesem Zwecke Wechselstrom. Infolge der dauernd wechselnden Stromrichtung ist jede Elektrode abwechselnd Anode und Kathode. Die Ionen werden daher in der Lösung nur hin- und hergerissen, ohne daß eine Abscheidung möglich ist.

Der Widerstand läßt sich durch Messung von Strom und Spannung unter Zugrundelegung des Ohmschen Gesetzes ermitteln, das aussagt:

Spannung in Volt = Strom in Ampere mal Widerstand in Ohm.

Für Elektrolytlösungen gibt man meist nicht den spezifischen Widerstand, sondern die spezifische Leitfähigkeit an, die das Reziproke des Widerstandes darstellt, also die Dimension 1/Ohm hat. Dem spezifischen Widerstand entspricht die spezifische Leitfähigkeit $\varkappa$ der Lösung, womit die Leitfähigkeit eines ccm Lösung bezeichnet wird, gemessen zwischen Elektroden von je 1 cm^2 Fläche in 1 cm Abstand. Für chemische Zwecke benutzt man besser statt der spezifischen die sogenannte Äquivalentleitfähigkeit Λ. Sie ist definiert als die Leitfähigkeit (= 1/Widerstand) einer solchen Menge Lösung, die gerade ein Äquivalent Gelöstes enthält, gemessen zwischen ausreichend großen Elektroden in 1 cm Abstand. Die Messung wird also ausgeführt gedacht in einem Trog von 1 cm Dicke, dessen 1 cm entfernte Wände die Elektroden bilden. Eine 1-normale Lösung z. B. enthält ein Äquivalent in einem Liter; der Trog wird dann mit einem Liter Lösung gefüllt. Eine $n/10$-Lösung enthält ein Äquivalent in 10 Litern Lösung; der Trog wird also mit 10 Litern Lösung gefüllt. Es wird also immer die Leitfähigkeit der gleichen Anzahl gelöster Molekeln gemessen.

Führt man solche Messungen an Elektrolytlösungen durch, so findet man, daß die Äquivalent-Leitfähigkeit mit abnehmender Konzentration zunimmt und einem Grenzwert bei unendlicher Verdünnung zustrebt, der als Λ_∞ bezeichnet wird. An KCl-Lösungen hat man bei 18° die folgenden Werte gemessen:

Tabelle 1: Äquivalentleitfähigkeit wäßriger KCl-Lösungen bei 18° C.

c	Λ_c^{18}	c	Λ_c^{18}
0,0001	129,1	0,1	112.0
0,0005	128,1	0,5	102,4
0,0010	127,3	1,0	98,3
0,0050	124,4	2,0	92,6
0,0100	122,4	3,0	88,3
0,0500	115,8		

Diese Änderung der Äquivalentleitfähigkeit mit der Konzentration kann mehrere Ursachen haben. Da nämlich die Leitfähigkeit durch die Wanderung der Ionen bedingt ist, ist der Strom bei gegebener Spannung (also der Widerstand) gegeben einmal durch die Zahl der vorhandenen Ionen und weiter durch ihre Wanderungsgeschwindigkeit. Je mehr Ionen da sind und je größer ihre Geschwindigkeit ist, um so mehr Ladungen werden in der Zeiteinheit zu den Elektroden transportiert und um so größer ist der Strom. Die *Geschwindigkeit der Ionen* ist gegeben durch die angelegte Spannung und kann durch gegenseitige Beeinflussung der Ionen verringert werden. Bei hoher Verdünnung finden solche Wechselwirkungen nicht statt, während sich die entgegengesetzt geladenen Ionen bei Erhöhung der Konzentration anziehen, wodurch eine Hemmung ihrer Bewegung erfolgen muß. Dieser Faktor bewirkt also ein Absinken von Λ mit zunehmender Konzentration. — Die *Zahl der Ionen* ist dadurch begrenzt, daß höchstens alle Molekeln in Ionen zerfallen sein können, daß also vollständige Dissoziation eintritt. Das ist ebenfalls bei starker Verdünnung der Fall. Auch durch Änderung des Dissoziationsgrades kann also bei Konzentrationserhöhung immer nur eine Abnahme der Leitfähigkeit erfolgen. Welche von beiden Ursachen im einzelnen für die beobachtete Abnahme der Leitfähigkeit verantwortlich zu machen ist, kann ohne weiteres nicht angegeben werden. Es zeigt sich jedoch, daß man bei einer gewissen Gruppe von Elektrolyten, den *starken Elektrolyten*, das Absinken von Λ im Bereich geringer Konzentrationen dadurch erklären kann, daß man vollständige Dissoziation annimmt und die elektrostatische Wechselwirkung der Ionen berücksichtigt. Das Verhalten einer anderen Gruppe von Elektrolyten, der *schwachen Elektrolyte*, läßt sich durch Annahme einer unvollständigen Dissoziation deuten, die in gesetzmäßiger Weise von der Konzentration abhängt. Hierbei sind nicht alle Molekeln zerfallen und Λ muß um so kleiner werden, je höher die Konzentration wird.

29. Starke Elektrolyte

Bei den Lösungen starker Elektrolyte, zu denen z. B. die Alkalihalogenide gehören, gelingt auch die Deutung der osmotischen Eigenschaften hochverdünnter Lösungen durch Berücksichtigung der elektrostatischen Beeinflussung der gelösten Ionen des vollständig dissoziierten Elektrolyten. An einer $n/10$ KCl-Lösung beobachtet man z. B. eine Gefrierpunktserniedrigung von 0,345°, während sich für vollständige Dissoziation und Gültigkeit der Raoultschen Gesetze ein Wert von $2 \cdot 0{,}186 = 0{,}372°$ ergeben sollte. Wir nehmen jetzt an, daß trotz dieser Abweichung KCl in wäßriger Lösung vollständig dissoziiert sei, daß also die Differenz durch die elektrostatische Anziehung der Ionen bedingt ist. Um ein zweckmäßiges Maß für die Abweichungen zu haben, hat man den osmotischen Koeffizienten f_0 eingeführt, der die Zahl angibt, mit der man die theoretische Gefrierpunktserniedrigung multiplizieren muß, um den tatsächlich beobachteten Wert zu erhalten. Im obigen Beispiel ist also $f_0 = 0{,}928$, da $0{,}345 = 0{,}928 \cdot 0{,}372$ ist. Der osmotische Koeffizient ist also eine reine Rechengröße ohne weitere theoretische Bedeutung. Da Gefrierpunktserniedrigung, Siedepunktserhöhung, osmotischer Druck und Dampfdruckerniedrigung in verdünnten Lösungen einander direkt proportional sind, gilt der osmotische Koeffizient auch für die Abweichungen, die an diesen Größen beobachtet werden. Alle osmotischen Größen werden also durch den gleichen Koeffizienten erfaßt.

Debye und Hückel haben nun den osmotischen Koeffizienten in Abhängigkeit von der Konzentration, den Eigenschaften des Gelösten und denen des Lösungsmittels theoretisch berechnen können. Es wird in dieser Theorie vorausgesetzt, daß der Elektrolyt vollständig in Ionen zerfallen ist, und daß die Ionen sich gegenseitig elektrostatisch beeinflussen. Es ändert sich also die Geschwindigkeit der Ionen, nicht aber ihre Konzentration.

Die Anziehung der Ionen erfolgt gemäß dem Coulombschen Gesetz, das die Kraft zwischen 2 Ladungen e im Abstande r und in einem Medium mit der Dielektrizitätskonstanten D zu $K = \frac{e \cdot e}{r^2 \cdot D}$ angibt. Betrachten wir ein bestimmtes Ion, das positiv geladen sei, so werden in der Umgebung dieses Ions zufolge der elektrostatischen Anziehung mehr negative als positive Ionen anzutreffen sein. Daher sind nicht mehr in jedem Raumstück gleichviel positive wie negative Ladungen, also nicht mehr die mittlere Raumladung Null vorhanden, sondern im Abstand r von dem betrachteten Ion wird im Mittel ein Überschuß an derjenigen Ladung vorhanden sein, die der des betrachteten Ions entgegengesetzt ist. Zunächst nehmen wir an, die Ionen befänden sich in gleichem Abstand voneinander (wenn die Anziehung nicht wirksam wäre). Dieser Abstand ist von der Zahl der Ionen, also ihrer Konzentration abhängig. Wenn jetzt die elektrischen Kräfte wirksam werden, so rücken die positiven Ionen weiter von dem herausgegriffenen positiven Ion weg, während die negativen etwas angezogen werden. Zählen wir also die Ionen in einer dünnen Kugelschale des Radius r, so erhalten wir nicht mehr die Ladung Null (d. h. gleichviel positive wie negative Ladungen), sondern einen Überschuß an Ladung, dessen Größe vom Radius r der Kugelschale abhängen muß. Zeichnen wir die wirksame Raumladung als Funktion r auf, so erhalten wir eine Kurve, wie sie in Fig. 13 wiedergegeben ist. Man erkennt aus der Figur, daß in der nächsten Umgebung des betrachteten Ions wenig Überschußladung vorhanden ist, während bei einem bestimmten Abstand δ der Ladungsüberschuß am größten ist. Dort sind also außer positiven Ionen die meisten negativen Ionen anzutreffen. Debye und Hückel haben diesen Ladungsüberschuß quantitativ berechnet und folgenden Ausdruck für den osmotischen Koeffizienten f_0 verdünnter Lösungen angegeben:

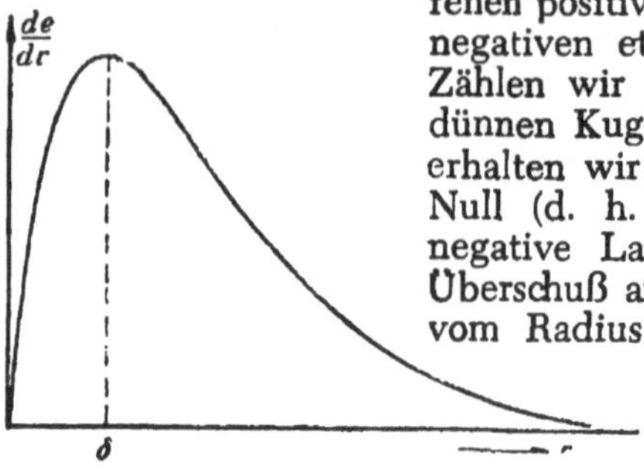

Fig. 13. Verteilung der wirksamen Raumladung (nach Debye-Hückel).

$$f_0 = 1 - \frac{1}{6} \cdot \frac{\Sigma c_i z_i^2}{\Sigma c_i} \cdot \frac{e^2 \cdot \varkappa}{k \cdot T \cdot D}.$$

Hierin ist

$$\varkappa^2 = \frac{1}{\delta^2} = \frac{4\pi \cdot N_L \cdot e^2}{1000} \cdot \frac{\Sigma c_i z_i^2}{k \cdot T \cdot D}$$

N_L ist die Loschmidtsche Zahl, e die Elementarladung, D die *DK* des Lösungsmittels, T die absolute Temperatur, k die Boltzmannsche Konstante und $\Sigma c_i z_i^2 = c_1 z_1^2 + c_2 z_2^2 + \cdots$ ein Ausdruck, in dem c_1 gleich der Konzentration der ersten Ionensorte, z_1 die Wertigkeit dieses Ions ist und so fort für die 2., 3., ... Ionenart. In einer KCl-Lösung z. B. sind $K^{\cdot}$- und Cl'-Ionen vorhanden, also $z_1 = z_2 = 1$ und $c_1 = c_2$; daher wird $\Sigma c_i z_i^2 = 2c$, wo c die Konzentration der KCl-Lösung bedeutet.

Für eine wäßrige *KCl*-Lösung der Konzentration *c* erhält man mit den bekannten Zahlenwerten der übrigen Größen bei $T = 273°\ K$:

$$f_0 = 1 - 0{,}372 \cdot \sqrt{c}.$$

Wählen wir ein anderes Salz in wäßriger Lösung, z. B. $CuSO_4$, das in $Cu^{\cdot\cdot}$ und SO_4'' zerfällt, so ändert sich in der Formel nur der Ausdruck $\Sigma c_i z^2_i / \Sigma c_i$ und alles andere bleibt gleich; aus $z_1 = z_2 = 2$ folgt dann

$$f_0 = 1 - 8 \cdot 0{,}372 \cdot \sqrt{c}.$$

Es ändert sich also nur der Faktor von $\sqrt{c}$ und die Abhängigkeit von der Wurzel aus der Konzentration bleibt die gleiche. Alle *Salze vom gleichen Wertigkeitstypus (KCl, HCl, NaBr,* $AgNO_3$, usw.) *besitzen* also nach Debye und Hückel bei gleicher Konzentration in verdünnten Lösungen *den gleichen Wert von* f_0. Das ist auch plausibel, da in den hochverdünnten Lösungen nur die weitreichenden elektrostatischen Kräfte, die im wesentlichen nur von der L a d u n g der Ionen abhängen, dafür verantwortlich zu machen sind, daß die Ionen sich nicht mehr unabhängig voneinander bewegen können; und durch letztere

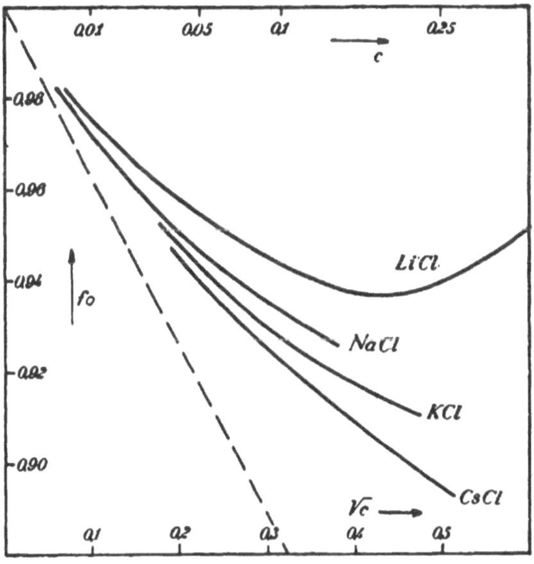

Fig. 14. Osmotischer Koeffizient bei 1,1-wertigen Elektrolyten.

sind ja die Abweichungen des Wertes von f_0 von 1 bedingt. Die Lösung verhält sich nicht mehr so, als wenn alle Ionen unabhängige Teilchen sind, sondern als wenn eine etwas geringere Zahl unabhängiger Teilchen in ihr vorhanden wäre.

Diese wesentliche Aussage der Debye-Hückelschen Theorie über Salze vom gleichen Wertigkeitstypus hat durch das Experiment bestätigt werden können, wie aus Fig. 14 hervorgeht, in der f_0 als Funktion von $\sqrt{c}$ für verschiedene 1,1-wertige Salze in wäßrigen Lösungen aufgetragen ist. In der Grenze für unendliche Verdünnung nähern sich die Kurven für die verschiedenen Salze der gleichen Grenzgeraden $f_0 = 1 - 0{,}372 \cdot \sqrt{c}$. Dabei ist der Grad der Annäherung für die verschiedenen Salze verschieden, und zwar um so mehr verschieden, je höher die Konzentration wird. Dann machen sich die besonderen Eigenschaften der Ionen bemerkbar, wie z. B. ihre Größe; denn in der Theorie von Debye-Hückel werden die Ionen als Punktladungen ohne Raumbedarf behandelt. Wenn die Konzentration wächst, verliert ferner der Begriff der DK des Lösungsmittels in zunehmendem Maße seinen Sinn. Aus diesem letzteren Grunde ist eine Erweiterung dieser Theorie auf konzentriertere Lösungen nicht ohne weiteres möglich. — Die Debyesche-Hückelsche Theorie gilt von Konzentrationen wie $n/1000$ abwärts recht gut. Man findet jedoch mit Erhöhung der Meßgenauigkeit von Gefrierpunkten usw. auch bei den verdünntesten Lösungen immer noch Abweichungen von der theoretischen Geraden, die allerdings immer kleiner werden, je höher die Verdünnung wird.

Auf die gleiche Ursache, nämlich die elektrostatische Anziehung der Ionen, konnten Debye, Hückel und Onsager die Änderung der Äquivalentleitfähigkeit verdünnter Lösungen starker Elektrolyte zurückführen. Führt man ähnlich dem osmotischen Koeffizienten f_0 einen Leitfähigkeitskoeffizienten f_λ ein, der gleich der Zahl ist, mit welcher der Λ_∞ multipliziert werden muß, damit das beobachtete Λ_c erhalten wird $\left(f_\lambda = \frac{\Lambda_c}{\Lambda_\infty}\right)$, so ergibt sich theoretisch $f_\lambda = 1 - \text{const.} \sqrt{c}.$

Hier ist indessen die Konstante nicht mehr für alle Salze des gleichen Wertigkeitstypus dieselbe, sondern von Salz zu Salz verschieden. Das rührt daher, daß in die Konstante nicht allein die Wertigkeit der Ionen, sondern auch das Verhältnis der Äquivalentleitfähigkeiten von Kation und Anion eingeht. Für die gleiche Salzlösung stimmen also bei gleicher Konzentration f_0 und f_λ im allgemeinen keineswegs überein.

Die schwachen Elektrolyte werden erst in Nr. 32 behandelt.

30. Wanderungsgeschwindigkeit der Ionen

Da die Leitfähigkeit einer Elektrolytlösung durch die Zahl der Ionen bedingt ist, kann man sagen, daß ein Teil des Stromflusses auf die Anionen und ein anderer auf die Kationen entfällt. Das wird bewiesen durch die Tatsache, daß in verdünnten Lösungen die Äquivalentleitfähigkeit sich additiv zusammensetzt aus Werten von Λ_∞, die (bei gegebenem Lösungsmittel) für die einzelnen Ionen charakteristisch sind. In einer KCl-Lösung ist also z. B.

$$\Lambda_\infty^{KCl} = \Lambda_\infty^{K^\cdot} + \Lambda_\infty^{Cl'}.$$

Tabelle 2: Äquivalentleitfähigkeit der Ionen bei 18° C und unendlicher Verdünnung

Kationen	Λ_∞^{18}	Anionen	Λ_∞^{18}
$H^\cdot$	315	OH'	174
$Li^\cdot$	33,4	F'	46,6
$Na^\cdot$	43,5	Cl'	65,5
$K^\cdot$	64,7	Br'	67,0
$Rb^\cdot$	67,5	J'	66,5
$Cs^\cdot$	68	NO_3'	61,7
$Ag^\cdot$	54,3	$^1/_2SO_4''$	68
$^1/_2Mg^{\cdot\cdot}$	45		
$^1/_2Ca^{\cdot\cdot}$	51		
$^1/_2Ba^{\cdot\cdot}$	55		

In Tab. 2 sind einige Werte für die Ionen-Äquivalentleitfähigkeiten bei 18° zusammengestellt. Die Leitfähigkeit ist, wie man sieht, sehr verschieden, und zwar besitzen das H˙-Ion und das OH′-Ion bei weitem die größte Leitfähigkeit. Infolge der Additivität der Werte von Λ_{Ion} kann man aus der Tabelle die Leitfähigkeit jeder beliebigen Kombination von Anion und Kation ermitteln.

In einer h o c h verdünnten Lösung müssen wir annehmen, daß alle Molekeln in Ionen zerfallen sind und daß die Ionen sich gegenseitig nicht merklich beeinflussen. Die Zahl der Ionen ist in verschiedenen Salzlösungen gleicher Konzentration also die gleiche und die Unterschiede von Λ sind daher nur durch die verschiedene Geschwindigkeit der Ionen bedingt. Die Wanderungsgeschwindigkeit der Ionen, also die pro Sekunde in der Lösung zurückgelegte Wegstrecke ist daher mit Λ verknüpft. Das erkennt man auf folgende Weise: Wir betrachten eine Lösungsmenge, die gerade ein Äquivalent enthält, in einem Trog von 1 cm Dicke, dessen 1 cm entfernte Wände die Elektroden bilden, also den bei Definition der Äquivalentleitfähigkeit betrachteten Trog. Wir denken uns, die Lösung enthielte z. B. nur Cl′-Ionen und keine Kationen. Legen wir jetzt eine Spannung von 1 Volt an, so wird das gesamte Äquivalent Cl′-Ionen abgeschieden sein, wenn 96 500 Ampsek. durch die Lösung gegangen sind. Die Äquivalentleitfähigkeit der Cl′-Ionen beträgt $\Lambda_\infty = 65{,}5$, d. h. bei 1 Volt Spannung fließt ein Strom von 65,5 Ampere (auf Grund des Ohmschen Gesetzes). Ein Strom von 65,5 Ampere befördert die Elektrizitätsmenge von 96 500 Ampsek. in 96 500/65,5 Sek. In dieser Zeit ist also bei der gegebenen Anordnung das gesamte Äquivalent Cl′-Ionen abgeschieden, d. h. auch die am weitesten, nämlich 1 cm von der Anode entfernten Ionen haben die Elektrode erreicht. Die Cl′-Ionen legen also in einer solchen Lösung den Weg von 1 cm in 96 500/65,5 Sek. zurück. Ihre Geschwindigkeit u = Weg/Zeit ist also gegeben durch

$$u = \frac{1 \cdot 65{,}5}{96500} = \frac{\Lambda}{96500} \left[\frac{\text{cm}}{\text{sek}}\right]$$

Es besteht also immer die Beziehung

$$(I) \qquad \Lambda_{Ion} = u_{Ion} \cdot 96500.$$

Enthält die Lösung außerdem noch andere Ionen, z. B. $K^{\bullet}$-Ionen, so gilt für diese ebenfalls

$$\Lambda_K = u_K \cdot 96500$$

und die beobachtete Leitfähigkeit der KCl-Lösung steht mit den Wanderungsgeschwindigkeiten u und v in der Beziehung

$$\Lambda_{KCl} = \Lambda_{K^{\cdot}} + \Lambda_{Cl'} = 96500 \cdot (u_{K^{\cdot}} + v_{Cl'}).$$

Aus der Formel ergibt sich, daß z. B. das $K^{\bullet}$-Ion bei einem Potentialgefälle von 1 Volt eine Geschwindigkeit von $u = 64{,}7/96\,500 = 0{,}67.10^{-3}$ cm/sek. besitzt.

31. Überführungszahl

Wenn wir durch einen Stromkreis Strom schicken, so bedeutet das, daß durch jeden Querschnitt des Leiterkreises pro Sekunde eine der durchgehenden Stromstärke entsprechende Zahl von Elektronen (Richtung: — → +) hindurchtritt. Ist nun ein Teil des Stromkreises ein Leiter II. Klasse, so muß dieselbe Elektronenzahl wie in den metallischen Teilen des Kreises auch durch jeden Querschnitt der Lösung gehen. Da in Leitern II. Klasse nun aber im Gegensatz zu Metallen Elektrizitätsträger positiver und negativer Ladung vorhanden sind, kann dieser Transport von Elektronen auf die verschiedenste Weise erreicht werden. Hätten wir nur negative Ionen als Strom-

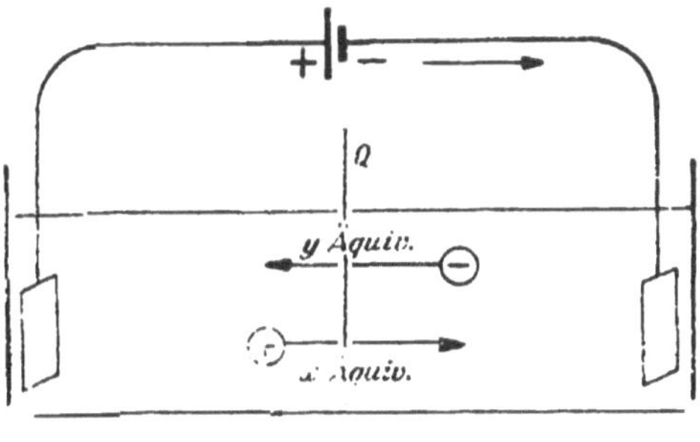

Fig. 15. Ermittlung der Überführungszahl

träger in der Lösung, so würde die durch jeden Querschnitt Q der Lösung wandernde Zahl Ionen gleich der der Elektronen sein, und zwar auch der Richtung nach. Ständen nur positive Ionen zur Verfügung, so wäre die Zahl der durch Q (vgl. Fig. 15) tretenden Ionen ebenfalls die gleiche, die Wanderungs r i c h t u n g jedoch entgegengesetzt. Wanderung negativer Ionen in der einen Richtung bewirkt hinsichtlich der transportierten Ladung das gleiche wie Wanderung der positiven Ionen in der anderen Richtung. 96 500 Ampsek. entsprechen dabei dem Durchtritt eines Äquivalents durch Q.

Nehmen wir einmal an, A Ampsek. würden durch eine Zelle hindurchgeschickt, so bewirkt das nach dem Faradayschen Gesetz den Transport von insgesamt $A/96\,500$ Äquivalenten durch jeden Querschnitt der Lösung. Von diesen Äquivalenten seien x Äquivalente Anionen und y Äquivalente Kationen am Stromfluß beteiligt; dann muß gelten:

$$x + y = A/96500.$$

Der Anteil der Kationen am Stromtransport ist dann gegeben, wenn man die Größe $y/(x+y)$ angibt. $y/(x+y) = 1/3$ würde z. B. bedeuten, daß ⅓ des geflossenen Stromes von den Kationen befördert wurde. Dies Verhältnis bezeichnet man als Ü b e r f ü h r u n g s z a h l der betreffenden Ionensorte. Die Beteiligung einer Ionensorte am Stromfluß wird um so größer sein, je höher die Wanderungsgeschwindigkeit dieser Ionensorte ist; d. h.: $x = k \cdot u$ und $y = k \cdot v$, wo u und v die Wanderungsgeschwindigkeiten der Ionen bedeuten. Der Faktor k muß in beiden Fällen der gleiche sein, da gleichen Geschwindigkeiten auch gleiche transportierte Mengen entsprechen müssen. Bilden wir nun den Ausdruck für die Überführungszahl n_{Kation} und beachten weiterhin Gl. (I), S. 53, so folgt

$$\text{(II)} \qquad n_{Kation} = \frac{x}{x+y} = \frac{u}{u+v} = \frac{\Lambda_{Kation}}{\Lambda_{Kation} + \Lambda_{Anion}}$$

und

$$n_{Anion} = \frac{y}{x+y} = \frac{v}{u+v} = \frac{\Lambda_{Anion}}{\Lambda_{Kation} + \Lambda_{Anion}}.$$

Die Summe beider Überführungszahlen ist immer gleich Eins. Die Überführungszahlen sind also durch die Äquivalentleitfähigkeit gegeben. Sie lassen sich durch Messung der infolge eines Stromdurchganges eintretenden Konzentrationsänderungen der Lösung bestimmen (Hittorf).

Aus Leitfähigkeitsmessungen kann man immer nur die Summe zweier Λ-Werte ermitteln, da die Ionen nur paarweise (positiv+negativ) auftreten können. Mißt man nun außerdem noch die Überführungszahl n eines Ions, so ist wegen Gl. (II) die Äquivalentleitfähigkeit eines Ions bekannt; z. B. ist

$$\Lambda_{Kation} = n_{Kation} \cdot (\Lambda_{Kation} + \Lambda_{Anion}).$$

Die Messung der Überführungszahl ergibt also zusammen mit Leitfähigkeitsbestimmungen die Äquivalentleitfähigkeit einzelner Ionen und damit deren Wanderungsgeschwindigkeit. Solche Werte für Λ_{ion} sind in Tab. 2 bereits aufgeführt.

B. Chemische Gleichgewichte mit Elektrolyten

32. Schwache Elektrolyte

Genau wie die Dissoziation neutraler Stoffe (Beispiel: N_2O_4) dem MWG gehorcht, gibt es auch eine Gruppe von Elektrolyten, deren Dissoziation mittels des MWG erklärt werden kann, nämlich die schwachen Elektrolyte. Die Konzentrationsabhängigkeit der an ihnen beobachteten osmotischen Werte wird in verdünnten Lösungen sehr genau durch das Gleichgewicht der undissoziierten gelösten Molekeln mit ihren Dissoziationsprodukten beschrieben. Essigsäure z. B. dissoziiert nach dem Schema: $CH_3COOH \rightleftarrows H^{\bullet} + CH_3COO'$. Die positiven und negativen Ionen sind also immer in gleicher Zahl vorhanden und ihre Konzentration ist infolgedessen gleich. Bezeichnen wir die Konzentration der CH_3COOH-Molekeln mit c_1, diejenige der $H^{\bullet}$-Ionen bzw. CH_3COO'-Ionen mit c_2, so gilt auf Grund des MWG für das Dissoziationsgleichgewicht $(c_2 \cdot c_2)/c_1 = K_c$. Bestimmend für das Gleichgewicht ist der Dissoziationsgrad α, also der zerfallene Bruchteil der eingewogenen Mole. Sind c Mole im Liter Lösung eingewogen worden, so sind $c \cdot \alpha$ Mole zerfallen, während $c \cdot (1 - \alpha)$ Mole undissoziiert übrigbleiben. Die Konzentrationen c_1 und c_2 sind daher gegeben durch $c_1 = c \cdot (1 - \alpha)$ und $c_2 = c \cdot \alpha$. Durch Einsetzen dieser Werte folgt

$$(1) \qquad \frac{c^2\alpha^2}{c \cdot (1-\alpha)} = K_c \quad \text{oder} \quad \frac{\alpha^2}{1-\alpha} \cdot c = K_c.$$

K_c ist die *Dissoziationskonstante* der Essigsäure, die also einen nur von der Temperatur, nicht aber von der Konzentration abhängigen Wert besitzt. Man erkennt, daß der Dissoziationsgrad außer von K_c auch noch von der Konzentration abhängt. Wählen wir z. B. $K_c = 10^{-5}$ (ein Wert, den Essigsäure besitzt) und zeichnen α in Abhängigkeit von c auf, so ergibt sich die Kurve der Fig. 16. α nähert sich also um so mehr dem Wert 1, je kleiner c wird und geht allmählich gegen Null, wenn c anwächst. Bei bekanntem Wert von K_c läßt sich nach Gl. 1 α für jede Konzentration angeben, während umgekehrt K_c durch Messung von α bei verschiedenen Konzentrationen bestimmt werden kann.

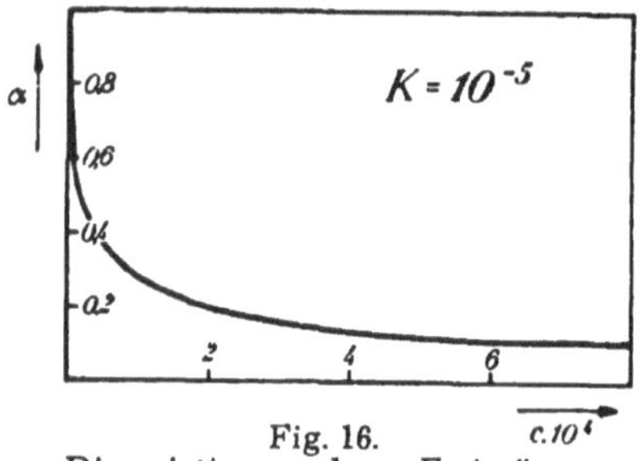

Fig. 16.
Dissoziationsgrad von Essigsäure

33. Bestimmung von α

Der Dissoziationsgrad α läßt sich ermitteln, indem man die Größe osmotischer Werte, z. B. der Gefrierpunktserniedrigung, mißt. Es sei die Gefrierpunktserniedrigung ΔT_e bei einer eingewogenen Konzentration c eines schwachen Elektrolyten gefunden. Dann müßte bei einem Nichtelektrolyten gelten $\Delta T_e = E_e \cdot c$, wo E_e die molare Gefrierpunktserniedrigung des betreffenden Lösungsmittels bedeutet (vgl. S. 25). Wegen der Dissoziation des

Elektrolyten sind nun aber mehr Teilchen in der Lösung vorhanden. Es dissoziieren nämlich von den eingewogenen c Molen pro Liter $\alpha \cdot c$ Mole, wenn α der Dissoziationsgrad ist. Es werden bei einem binären Elektrolyten also $2 \cdot \alpha \cdot c$ Ionen gebildet, während $c\,(1 - \alpha)$ Mole pro Liter undissoziiert zurückbleiben. Daher enthält die Lösung nunmehr $c \cdot (1 - \alpha) + 2 \cdot \alpha \cdot c = c \cdot (1 + \alpha)$ Teilchen, die beim Zustandekommen der Gefrierpunktserniedrigung wirksam sind. Also muß gelten $\Delta T_e = E_e \cdot c \cdot (1 + \alpha)$, oder

$$\alpha = \frac{\Delta T_e}{E_e \cdot c} - 1,$$

woraus α berechenbar ist.

Auch aus Messungen der Leitfähigkeit schwacher Elektrolyte kann α ermittelt werden; denn die Leitfähigkeit Λ muß proportional der vorhandenen Ionenkonzentration sein, wenn wir einmal die Wirkungen der elektrostatischen Anziehungskräfte vernachlässigen. Es muß also gelten $\Lambda = k \cdot \alpha$, wo k eine Konstante bedeutet. Bei zunehmender Verdünnung nähert sich α mehr und mehr seinem größten Wert Eins. Λ hat dann ebenfalls einen größten Wert erreicht, den man mit Λ_∞ bezeichnet (Leitfähigkeit bei unendlicher Verdünnung). Es ist also $k = \Lambda_\infty$, weswegen man erhält

$$\Lambda = \alpha \cdot \Lambda_\infty \quad \text{oder} \quad \alpha = \frac{\Lambda}{\Lambda_\infty}.$$

Bei bekanntem Λ_∞ ist also durch Messung von Λ der Dissoziationsgrad berechenbar. Setzt man den Wert $\alpha = \Lambda / \Lambda_\infty$ in das MWG ein, so folgt

$$\frac{\Lambda^2 \cdot c}{\Lambda_\infty\,(\Lambda_\infty - \Lambda)} = K_c$$

(Ostwaldsches Verdünnungsgesetz).

Mittels dieser als Ostwaldsches Verdünnungsgesetz bekannten Gleichung kann man durch Messung von Λ bei mindestens zwei verschiedenen Konzentrationen sowohl K wie auch α bestimmen, falls Λ_∞ bekannt ist. Für Essigsäure ist eine solche Meßreihe in Tab. 3 wiedergegeben.

In Wirklichkeit sind natürlich auch in schwachen Elektrolyten die interionischen Anziehungskräfte wirksam und

Tabelle 3: Dissoziationsgrad von Essigsäure aus Leitfähigkeitsmessungen

c	Λ_c	α in %	$K \cdot 10^5$
0,12500	4,34	1,193%	1,80
0,06250	6,10	1,673	1,79
0,03125	8,65	2,38	1,82
0,01563	12,09	3,33	1,79
0,00781	16,99	4,68	1,79
0,00391	23,82	6,56	1,80
0,00195	32,20	9,14	1,80
0	364	—	—

müssen berücksichtigt werden. Der Fehler, der durch ihre Vernachlässigung begangen wird, ist jedoch um so geringer, je schwächer der betrachtete Elektrolyt ist.

Bei starken Elektrolyten ist die Annahme einer nur teilweisen Dissoziation der verdünnten Lösungen überhaupt nicht möglich, da der Abfall der Äquivalentleitfähigkeit mit zunehmender Konzentration durch die Debyesche Theorie allein auf die interionischen Kräfte zurückgeführt wird. In verdünnten Lösungen stimmen Theorie und Experiment genau überein. Bei konzentrierteren Lösungen, in welchen die Theorie nicht mehr genau gilt, beobachtet man nun aber eine geringere Abnahme von Λ, als dies nach der Theorie der Fall sein sollte, während ein zusätzliches Zusammentreten von Ionen zu Molekeln (also unvollständige Dissoziation) eine größere Abnahme der Leitfähigkeit zur Folge haben müßte. Damit ist gezeigt, daß wirklich in starken Elektrolyten eine vollständige Dissoziation angenommen werden muß.

34. Dissoziation gleichioniger Elektrolyte

Enthält eine Lösung zwei Elektrolyte, die ein gemeinsames Ion abspalten, so wird das Dissoziationsgleichgewicht des einen Elektrolyten durch das des anderen beeinflußt. Sind z. B. zwei Säuren gelöst, so liegt in der Lösung nur eine einzige H-Ionenkonzentration vor, die natürlich von derjenigen der einzeln gelösten Säuren verschieden ist.

Sind die Konzentrationen der Säuren c_1 und c_2, so gilt für den Dissoziationsgrad α_1 bzw α_2 der getrennt gelösten Säuren das MWG in der Form

$$\frac{c_1^2\,\alpha_1^2}{c_1\cdot(1-\alpha_1)}=K_1 \text{ und } \frac{c_2^2\,\alpha_2^2}{c_2\cdot(1-\alpha_2)}=K_2.$$

Liegen beide Säuren gemeinsam gelöst vor, und zwar mit denselben Konzentrationen c_1 und c_2, so betragen jetzt die Dissoziationsgrade β_1 und β_2 und die $H^{\cdot}$-Ionenkonzentration ist gegeben durch die Summe $c_1\beta_1+c_2\beta_2$. Daher muß für das Dissoziationsgleichgewicht der Säuren jetzt gelten

$$(2)\qquad \frac{(c_1\beta_1+c_2\beta_2)\cdot c_1\beta_1}{c_1\cdot(1-\beta_1)}=K_1 \text{ und } \frac{(c_1\beta_1+c_2\beta_2)\cdot c_2\beta_2}{c_2\,(1-\beta_2)}=K_2.$$

Um den Unterschied von β_1 und β_2 gegenüber α_1 und α_2 zu ermitteln, betrachten wir ein Beispiel. Wir wählen $c_1 = c_2 = 1$, lösen also gleiche Mengen beider Säuren und nehmen $K_1 = 1$, $K_2 = 10$ an; dann folgt für α_1 und α_2:

$$\alpha_1^2+K_1\cdot\alpha_1-K_1=0$$

$$\alpha_1=-\tfrac{1}{2}+\sqrt{\tfrac{1}{4}+1} \qquad \alpha_2=-\frac{10}{2}+\sqrt{\frac{100}{4}+10}$$

$$\alpha_1=0{,}618 \qquad \alpha_2=0{,}916\,.$$

Die Berechnung von β_1 und β_2 aus der Gl. (2) führt auf eine kubische Gleichung und man erhält für das angenommene Zahlenbeispiel $\beta_1=0{,}431$ und $\beta_2=0{,}889.$

Wir erkennen aus dem Beispiel, daß durch Zusatz einer Säure mit größerer Dissoziationskonstante die Dissoziation der anderen zurückgedrängt wird ($\beta_1 < \alpha_1$), während die Dissoziation der zweiten Säure sich nur unwesentlich ändert. Die Säure mit der größeren Dissoziationskonstanten ist also „stärker" als die mit der kleineren Dissoziationskonstanten. So kommt man dazu, den Dissoziationsgrad einer Säure als Maß für ihre Stärke anzunehmen.

35. Löslichkeitsprodukt

Ist eine gesättigte Lösung gegeben, die also den gelösten Stoff als Bodenkörper enthält, so gilt natürlich auch in diesem Fall das MWG, solange es sich um verdünnte Lösungen, also verhältnismäßig schwerlösliche Stoffe handelt. Für AgCl in Wasser gilt z. B.

$$\frac{[Ag^{\cdot}] \cdot [Cl']}{[AgCl]} = K. \tag{3}$$

Die Menge des undissoziierten Elektrolyten ist in diesem Fall eine fest gegebene, was man durch Betrachtung des Gleichgewichtes zwischen Bodenkörper und Lösung auf dem Umweg über die Gasphase erkennt. Der Partialdruck der Molekeln des Bodenkörpers in der Gasphase ist eine feste Zahl, und da die gelöste Menge eines Gases (eben des gasförmigen Bodenkörpers) gemäß dem Henryschen Gesetz nur vom Partialdruck des Gases abhängt, ist also die Konzentration der undissoziierten Molekeln in der Lösung konstant. Daher kann man in Gl. (3) die AgCl-Konzentration in die Konstante hineinziehen und schreiben

$$[Ag^{\cdot}] \cdot [Cl'] = K \cdot [AgCl] = L. \tag{4}$$

Wir erkennen aus Gl. (4), daß in jeder gesättigten Lösung das Produkt der Ionenkonzentrationen einen festen Wert besitzen muß, den man als das Löslichkeitsprodukt *L* des betreffenden Elektrolyten bezeichnet. Gibt man z. B. zu einer $AgNO_3$-Lösung KCl, so beginnt in dem Augenblick AgCl auszufallen, wo das Produkt aus der $Ag^{\cdot}$-Ionenkonzentration und der Cl'-Ionenkonzentration den Wert des Löslichkeitsproduktes erreicht hat; er beträgt für AgCl $L = 1{,}8 \cdot 10^{-10}$.

Aus der Konstanz des Löslichkeitsprodukts ergibt sich die für die analytische Chemie sehr wichtige Tatsache, daß die Löslichkeit einer Ionensorte stark beeinflußt werden kann. Setzt man z. B. einer gesättigten AgCl-Lösung weitere Cl'-Ionen zu, z. B. in Form von KCl-Lösung, so wird dadurch die Cl'-Ionenkonzentration stark vergrößert. Da nun aber das Löslichkeitsprodukt *L* für gelöstes Silberchlorid einen festen Wert besitzt, muß hierdurch gleichzeitig eine starke Erniedrigung der Ag-Ionenkonzentration bewirkt werden, so daß also die $Ag^{\cdot}$-Ionen aus der Lösung praktisch verschwinden. Durch Zusatz von Cl'-Ionen im Überschuß wird also eine quantitative Abscheidung des Silbers in Form von AgCl erreicht.

36. Ionenprodukt des Wassers

Die meisten Lösungsmittel sind, wenn auch nur in geringem Grade, ebenfalls in Ionen gespalten. So ist vom Wasser immer eine Anzahl Molekeln in H˙-Ionen und OH′-Ionen zerfallen: HOH ⇄ H˙ + OH′. Es gilt also das MWG: $a_H \cdot a_{OH}\ a_{HOH} = K$. Die Aktivität der H˙-Ionen und OH′-Ionen kann man durch Zusatz von Säuren und Basen in weiten Grenzen ändern, während dabei die Menge der undissoziierten HOH-Molekeln fast konstant bleibt, nämlich gleich 1000 g = 55,5 Mole HOH im Liter. Deswegen können wir die Aktivität der HOH-Molekeln mit in die Dissoziationskonstante des Wassers hineinziehen und schreiben:

$$a_H \cdot a_{OH} = K \cdot a_{HOH} = k_w.$$

k_w wird als das Ionenprodukt des Wassers bezeichnet. Sein Zahlenwert bei verschiedenen Temperaturen ist in Tab. 4 angegeben. Die Aktivität der H-Ionen wie der OH-Ionen beträgt also bei 25° fast genau $a_H = \sqrt{1,047 \cdot 10^{-14}} \approx 10^{-7}$.

Tabelle 4: Ionenprodukt des Wassers

t^0 C	0	18	25	37
$k_w \cdot 10^{14}$	0,119	0,600	1,047	2,57
$-\log k_w$	14,926	14,222	13,980	13,590

Den Wert $-\log a_H$ bezeichnet man allgemein mit p_H (*Wasserstoffzahl*):

$$p_H = -\log a_H$$

und verwendet p_H als praktisches Maß für die Wasserstoffionenaktivität. Lösungen mit einem $p_H > 7$ heißen alkalisch, solche mit $p_H < 7$ sind sauer, während neutrale Lösungen den Wert $p_H = 7$ besitzen.

37. Hydrolyse

Die Wechselwirkungen der Eigendissoziation des Wassers mit dem Dissoziationsgleichgewicht gelöster Elektrolyte geben Anlaß zu den Erscheinungen der Hydrolyse.

Es gilt zunächst (statt c steht besser a)

$$c_H \cdot c_{OH} = k_w. \tag{5}$$

Lösen wir jetzt im Wasesr ein Salz auf, das vollständig in seine Ionen zerfällt, so treten die Kationen ($B^{\bullet}$) des Salzes mit den OH'-Ionen des Wassers ins Gleichgewicht und es muß die Gleichung bestehen

$$\frac{c_B \cdot c_{OH}}{c_{BOH}} = K_{BOH}. \tag{6}$$

Weiter setzen sich die Anionen A' des Salzes mit den $H^{\bullet}$-Ionen des Wassers ins Gleichgewicht nach der Gleichung

$$\frac{c_H \cdot c_A}{c_{HA}} = K_{HA}. \tag{7}$$

Es kommt jetzt auf die Größe der Konstanten K_{BOH} und K_{HA} an, wenn man entscheiden will, welche Veränderungen in der Lösung vor sich gehen. Handelt es sich um ein Salz, das aus einer starken Base und einer schwachen Säure zusammengesetzt ist ($K_{BOH} \gg K_{HA}$, so treten die $H^{\bullet}$-Ionen des Wassers mit den Anionen A' zusammen zu undissoziierten Molekeln, während OH'-Ionen übrigbleiben. Die Lösung wird also alkalisch ($p_H > 7$). Zur Bestimmung der einzelnen Konzentrationen c_H, c_A, c_{HA}, c_{OH}, c_B bestehen nun noch eine Reihe weiterer Beziehungen. Zunächst ist, wenn es sich um eine starke Base handelt, Gl. (6) nicht mehr anwendbar. Es gilt aber

$$c = c_B, \tag{8}$$

wenn c die eingewogene Salzkonzentration bezeichnet. Weiter muß c auch gleich sein der Summe aller Konzentrationen, in denen das Anion A' enthalten ist; also

$$c = c_{HA} + c_A. \tag{9}$$

Ferner müssen in der Lösung natürlich gleichviel positive und negative Ionen vorhanden sein. Das ergibt die Gleichung

$$c_H + c_B = c_{OH} + c_A. \tag{10}$$

Wir haben also 5 Gleichungen zur Bestimmung der 5 Konzentrationen c_H, c_{OH}, c_B, c_A, c_{HA}, deren Größe natürlich durch k_A, K_{HA} und c gegeben sein muß.

Die genaue Berechnung von z. B. c_H führt auf elementare, aber recht umständliche Gleichungen. Wir betrachten daher nur den recht häufigen Sonderfall einer mäßig starken Hydrolyse, wodurch im Fall der Auflösung eines Salzes aus einer schwachen Säure und einer starken Base die Lösung schwach alkalisch wird. In diesem Fall ist $c_H \ll c_{OH}$ und außerdem auch $c \gg c_{OH}$, da nur wenig OH′-Ionen gebildet werden. Diese Beziehung

$$c \gg c_{OH} \gg c_H$$

wenden wir jetzt auf Gl. (10) an und können dann c_H gegen $c\ (= c_B)$ vernachlässigen. Somit ergibt sich

(11) $$c = c_{OH} + c_A.$$

Durch Vergleich mit Gl. (9) folgt dann

$$c_{OH} \approx c_{HA}.$$

Da ferner $c_{OH} \ll c$ ist, können wir für Gl. (11) auch schreiben

(12) $$c \approx c_A.$$

Gl. (11) und (12) setzen wir nun in Gl. (5) und (7) ein und erhalten für die H˙-Ionenkonzentration die *Hydrolysengleichung*

(13) $$c_H \approx \sqrt{\frac{K_{HA} \cdot k_w}{c}}.$$

Eine $n/10$-Lösung von Na-Azetat ergibt dann mit den Zahlenwerten $K_{CH_3COOH} = 1{,}8 \cdot 10^{-5}$, $k_w = 10^{-14}$, $c = 0{,}1$ die Wasserstoffionenkonzentration $c_H = 1{,}34 \cdot 10^{-9}$ oder $p_H = 8{,}87$.

Als Maß für die Hydrolyse benutzt man den **Hydrolysegrad** γ, der den Bruchteil des schwächeren Elektrolyten (hier Essigsäure) angibt, der beim Auflösen aus der dissoziierten in die undissoziierte Form übergeführt wird. Es gilt also $c_{HA} = \gamma \cdot c$.

38. Pufferlösungen

Einen praktisch wichtigen Fall stellen Lösungen dar, welche gleichzeitig eine schwache Säure (bzw. Base) und deren Salz enthalten (Beispiel: Essigsäure + Na-Azetat). Das p_H solcher Lösungen ist gegen Zusätze von Säuren und Basen ziemlich unempfindlich, weswegen solche Lösungen zur Herstellung von bestimmten H-Ionenkonzentrationen benutzt werden. Die Dissoziation der Säure ist wegen der hohen Anionenkonzentration weitgehend zurückgedrängt, weswegen man setzen kann $c_{HA} \approx c_{Säure}$ und $c_A \approx c_{Salz}$ ($c_{Säure}$ und c_{Salz} beziehen sich auf die betreffenden Einwaagen). Dann folgt für das Dissoziationsgleichgewicht auf Grund des MWG:

$$c_H \approx K_{HA} \cdot \frac{c_{Säure}}{c_{Salz}}. \tag{14}$$

Besonders wichtig sind Pufferlösungen, wenn es sich um die Herstellung von Lösungen handelt, deren p_H in der Nähe des Neutralpunktes liegt (5 bis 9), was bei alleiniger Verwendung von Säure (bzw. Base) und Lösungsmittel nur durch geringe Konzentration an Säure oder Base möglich wäre. Die H·-Ionenkonzentration solcher schwach konzentrierter Säurelösungen ist naturgemäß gegen äußere Einflüsse (z. B. die Kohlensäure der Luft) sehr empfindlich. Soll z. B. mit Essigsäure ($K = 10^{-5}$) eine Lösung mit $p_H = 5$ hergestellt werden, so läßt sich die einzuwiegende Konzentration an Säure aus dem MWG berechnen. Es ist nämlich $\frac{\alpha^2 \cdot c}{1-\alpha} = K$ und $c_H = \alpha \cdot c$. Daraus folgt für c:

$$c = \frac{c_H^2 + c_H \cdot K}{K}. \tag{15}$$

Mit $c_H = 10^{-5}$ und $K = 10^{-5}$ folgt dann $c = 2.10^{-5}$. Ändert man nun die Säurekonzentration um 10^{-5} (z. B. durch einen Tropfen Lauge), so ändert sich c_H, wie man aus dem MWG berechnen kann. Die neue Säurekonzentration ist $c = 2.10^{-5}$

$-10^{-5} = 10^{-5}$. Auflösung von Gl. (15) nach c_H ergibt

$$c_H = -\frac{K}{2} + \frac{1}{2}\sqrt{K^2 + 4K \cdot c}.$$

Mit $c = 10^{-5}$ und $K = 10^{-5}$ folgt dann $c_H = 0{,}62 . 10^{-5}$ gegenüber $c_H = 10^{-5}$ im vorigen Falle. Das ist eine Änderung der H-Ionenkonzentration um 38%. Stellen wir das $p_H = 5$ nun durch eine Pufferlösung her, wobei Gl. (14) maßgebend ist, so können wir das z. B. erreichen, wenn $c_{Säure} = c_{Salz} = 0{,}1$ gewählt wird. Änderung der Säurekonzentration um 10^{-5} Mol/Liter bewirkt nunmehr eine viel geringere Änderung des p_H-Wertes. Es ist dann nämlich $c_{Säure} = 0{,}09999$ und $c_{Salz} = 0{,}10001$ geworden und aus Gl. (14) folgt

$$c_H = 10^{-5} \cdot \frac{0{,}09999}{0{,}10001} = 10^{-5} \cdot 0{,}9998.$$

c_H hat sich also nur um 0,02% geändert. Die Pufferlösung ist daher der reinen Säurelösung hinsichtlich der p_H-Beständigkeit weit überlegen.

39. Indikatoren

Praktisch wichtig sind ferner speziell zur Bestimmung der H-Ionenkonzentration die Indikatoren. Das sind schwache organische Säuren oder Basen, die im undissoziierten Zustand anders gefärbt sind als im dissoziierten. Die Theorie ihrer Anwendbarkeit beruht auf der Änderung ihres Dissoziationsgleichgewichtes bei Änderung des p_H-Wertes der Lösung, welcher der Indikator in kleinen Mengen zugesetzt wird. Für eine Indikatorsäure HA gilt z. B. $c_H \cdot c_A = K \cdot c_{HA}$. Mittels des Dissoziationsgrades α und der eingewogenen Konzentration c des Indikators erhält man daraus: $c \cdot \alpha \cdot c_H = K \cdot c \cdot (1 - \alpha)$ oder

$$\alpha = \frac{K}{c_H + K} \text{ oder } \alpha = \frac{K}{10^{-p_H} + K}.$$

Der Dissoziationsgrad ist also abhängig von K und dem p_H-Wert der Lösung. Nehmen wir für K einen Wert von 10^{-5} an und tragen α gegen das p_H der Lösung auf, so erhalten wir die Kurve der Fig. 17. Aus der Gleichung folgt,

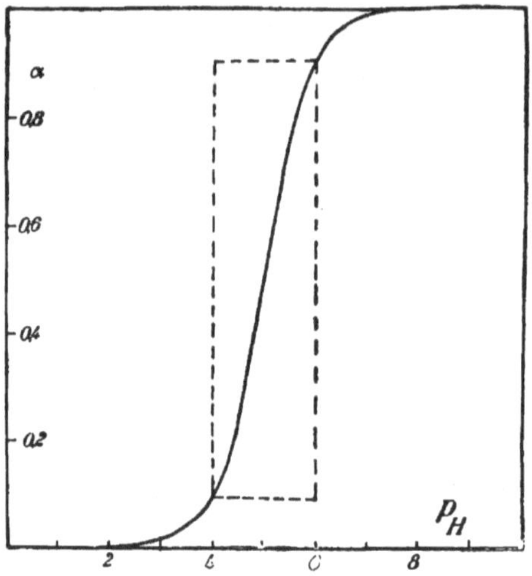

Fig. 17. Dissoziationsgrad eines Indikators

daß $\alpha = 1/2$ wird, also gleichviel Anionen und undissoziierte Molekeln in der Lösung vorhanden sind, wenn $c_H = K$ ist. Aus der Figur erkennen wir, daß bereits eine Änderung des p_H um eine Einheit den Dissoziationsgrad sehr stark beeinflußt. Zwischen $p_H = 4$ und 6 ändert sich im gewählten Beispiel die Dissoziation um 82%. Innerhalb zweier p_H Einheiten schlägt also der Indikator um, d. h. ändert seine Farbe von derjenigen der undissoziierten Molekeln zu der der Anionen.

Dieser Farbwechsel macht eine ungefähre Feststellung der H-Ionenkonzentration sehr einfach. Nun kann man für jedes p_H einen geeigneten Indikator finden, der bei der betreffenden H-Ionenkonzentration umschlägt, wenn man nur den Indikator nach seiner Dissoziationskonstanten richtig aussucht. Durch Probieren findet man so den Indikator, dessen Umschlagsgebiet gerade bei dem p_H der vorgelegten Lösung liegt. Die Umschlagsgebiete einiger bekannter Indikatoren sind in Tabelle 5 zusammengestellt.

Tabelle 5: Umschlagsgebiete einiger Indikatoren

Indikator	Umschlagsgebiet in p_H
Thymolblau	1,2— 2,8
Methylorange	3,1— 4,4
Methylrot	4,2— 6,0
Neutralrot	6,5— 8,0
Phenolphtalein	8,3—10,0

C. Elektromotorische Kräfte

40. Galvanische Elemente

Eine ganze Reihe von chemischen Reaktionen läßt sich zur Erzeugung elektrischer Energie verwenden. Dies Verfahren zur Energiegewinnung ist sehr wirtschaftlich, da es gelingt, 80 bis 90% der Reaktionsenergie auszunutzen, während z. B. Wärmekraftmaschinen, die auf die Verbrennung von Kohle oder Kohlenwasserstoffen gegründet sind, nur einen Nutzeffekt von etwa 30% erreichen lassen.

Anordnungen, in welchen chemische Vorgänge so geleitet werden, daß sie imstande sind, ihre Reaktionsarbeit in Form elektrischer Energie abzugeben, heißen Elemente. Aufgabe des folgenden Kapitels ist es, die EMK solcher Elemente zu berechnen. Wir werden zu diesem Zweck jeweils die stofflichen Umwandlungen betrachten, die beim Durchgang von Strom aus einer äußeren Stromquelle durch die gegebene Anordnung bewirkt werden, und dann die reversible Arbeit ermitteln, die bei direkter Durchführung der gleichen Reaktion umgesetzt wird. Diese reversible Arbeit ist dann gleich der elektrischen Energie, die bei Eintritt der fraglichen Umsetzung im Element frei wird (oder dem System zugeführt werden muß). Ein negativer Wert der reversiblen Arbeit bedeutet dabei freiwilligen Ablauf der Reaktion; es wird dann elektrische Energie geliefert. In diesem Fall haben wir eine stromerzeugende Anordnung, ein Element, vor uns. Umgekehrt liegt bei positiven Werten von A_{rev} Stromverbrauch vor; die betreffende Umwandlung läßt sich dann nur erzwingen.

41. EMK von Konzentrationsketten

Zunächst betrachten wir die in Fig. 18 gezeichnete Anordnung. Zwei sehr verdünnte $AgNO_3$-Lösungen verschiedener Konzentration c_1 und c_2 sind durch einen Heber miteinander verbunden und es sei $c_1 < c_2$. In jede Lösung taucht eine Ag-Elektrode ein, und wir schicken durch diese Anordnung einen Strom in der eingezeichneten Richtung. Die Elektronen der äußeren Stromquelle treten also in die Lösung c_1 ein. Wir untersuchen jetzt die stofflichen Veränderungen, die bei Durchgang von 96 500 Ampsek. durch die Anordnung hervorgerufen werden.

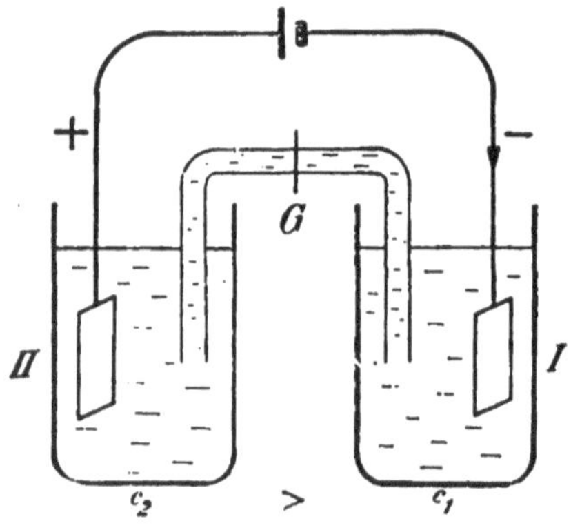

Fig. 18. EMK von Konzentrationsketten

Zunächst lädt sich die Elektrode I negativ auf und bewirkt dadurch eine Entladung von Ag˙-Ionen zu Ag-Atomen, die sich auf der Elektrode abscheiden. Es verschwindet also bei Durchgang von 96 500 Ampsek. ein Äquivalent Ag-Ionen aus der Lösung c_1. An der Elektrode II geht gleichzeitig ein Äquivalent Silber als Ag˙-Ionen in Lösung und erhöht so die Konzentration der Lösung c_2.

An der Grenzfläche *G* beider Lösungen erfolgt ebenfalls ein Stoffumsatz; und zwar wandern ½ Äquivalent (genau 0,53) NO_3-Ionen aus der Lösung c_1 in die Lösung c_2 und ½ Äquivalent *Ag*-Ionen (genau 0,47) aus der Lösung c_2 nach c_1. Zu diesen beiden Umsetzungen ist nun aber fast die gleiche Energie erforderlich, wie man erkennt, wenn man die gleichen Veränderungen nicht elektrisch, sondern z. B. auf osmotischem Wege mittels geeigneter Membranen durchgeführt denkt (vgl. unter Diffusionspotential). Energetisch gesehen heben sie sich fast vollständig auf und sollen bei Ermittlung von A_{rev} zunächst nicht berücksichtigt werden.

Also bleibt als Ergebnis des Durchganges von 96 500 Ampsek., daß 1 Äquivalent $Ag^{\cdot}$-Ionen von der Konzentration c_1 auf die Konzentration c_2 gebracht wird. Dieser Vorgang ist umkehrbar, denn die Umkehr der Stromrichtung bewirkt auch eine Umkehr der stofflichen Veränderungen.

Die reversible Arbeit, die zur Überführung eines Mols gelöster Substanz von einer Konzentration c_1 auf die Konzentration c_2 erforderlich ist, finden wir, wenn wir diesen Prozeß z. B. auf osmotischem Wege mittels geeigneter Membranen durchführen, wie dies für Gasmischungen bei der thermodynamischen Ableitung des MWG gezeigt wurde. Wir denken uns eine Lösung, die ein Mol $Ag^{\cdot}$-Ionen in einem solchen Volumen v_1 enthält, daß ihre Konzentration gleich c_1 ($= 1/v_1$) wird, durch einen beweglichen Kolben, der nur für das reine Lösungsmittel durchlässig ist, von dem reinen Lösungsmittel abgeschlossen (vgl. Fig. 19; dabei sehen wir von der Wirkung der Schwerkraft ab). Die Lösung übt dann auf den Kolben von unten einen osmotischen Druck P aus, dessen Größe nach S. 29 durch die dem Gasgesetz ähnliche Gleichung $P \cdot v = n \cdot RT$ gegeben ist. Mit diesem Druck P muß also auf den Kolben gedrückt werden, damit das System im Gleichgewicht bleibt. Soll jetzt die Lösung von der Konzentration c_1 auf

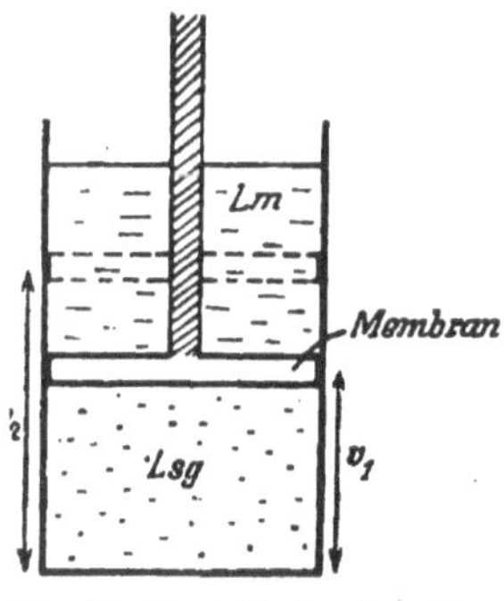

Fig. 19. Osmotische Arbeit

die Konzentration c_2 ($=1/v_2$) gebracht werden, so muß der Kolben um ein entsprechendes Stück verschoben werden, was nur unter Überwindung des Druckes P möglich ist. Die aufzuwendende Volumenarbeit ist allgemein gegeben durch $A_{rev} = -\int_{v_1}^{v_2} P \cdot dv$. Die Abhängigkeit des Druckes P vom Volumen v gibt die Gleichung $P = n \cdot RT/v$ an. Da es sich hier um ein Mol handelt, ergibt sich durch Einsetzen von $P = RT/v$ und Auswertung des Integrals wie in Bd. I, S. 41: $A_{rev} = -RT \cdot \ln v_2/v_1$. Da nun $c_1 = 1/v_1$ und $c_2 = 1/v_2$ ist, folgt

(16) $$A_{rev} = RT \ln \frac{c_2}{c_1}.$$

Das ist also die Arbeit, die bei Überführung von ein Mol gelöster $Ag^{\bullet}$-Ionen (oder auch anderer Ionen) von der Konzentration c_1 nach c_2 umgesetzt wird. Wir bemerken, daß diese Formel nur gilt, solange der osmotische Druck die idealen Gasgesetze befolgt, also in sehr verdünnten Lösungen. Die durch Gl. (16) gegebene Energiemenge ist positiv, wenn $c_2 > c_1$ ist; das bedeutet aber, der Vorgang läuft (wie in unserem Beispiel) nicht freiwillig ab. sondern wird durch Zufuhr der Energiemenge erst bewirkt.

Eine elektrische Arbeit ist nun gleich Volt × Amp. × Sek., und zur Abscheidung (bzw. Überführung) eines Mols einwertiger Ionen braucht man 96500 Ampsek.; sind die Ionen n-wertig, müssen $n \cdot 96500$ Ampsek. aufgewendet werden. (Die Strommenge 96500 Ampsek. bezeichnet man als 1 Faraday $= F$.) Als elektrische Arbeit läßt sich A_{rev} also ausdrücken durch

(17) $$A_{rev} = E \cdot n \cdot F,$$

wo E die Spannung ist, die zwischen den Elektroden I und II angelegt werden muß, um das System im Gleichgewicht zu halten. Wir schließen daraus, daß bei Verkleinerung der äußeren Spannung unter den Wert E der Strom in umgekehrter Richtung zu fließen beginnt, daß also bei völligem Wegfall der äußeren Spannungsquelle die Anordnung selbst eine Spannung der Größe E aufweisen muß. Die Größe von E ist also die EMK des Elementes. Durch Gleichsetzen von (16) und (17) finden wir:

$$E = \frac{RT}{nF} \cdot ln \frac{c_2}{c_1}. \tag{18}$$

Einführung gewöhnlicher Logarithmen und Einsetzen der Zahlenwerte für R, n und F gibt bei $t = 18°$ C

$$E = 0{,}0577 \cdot \log \frac{c_2}{c_1}.$$

Diese Spannung liefert also die Anordnung der Figur 18; man bezeichnet sie als *Konzentrationskette,* weil ihre EMK durch das Verhältnis der beiden Konzentrationen eindeutig gegeben ist.

Wir erkennen, daß die Ag-Elektrode, welche in die konzentriertere Lösung eintaucht, stärker positiv geladen ist als die andere; der negative Pol der Anordnung befindet sich also auf der Seite der kleineren Konzentration. Anschaulich kann man sich vorstellen, daß die $Ag^{\cdot}$-Ionen das Bestreben haben, sich auf dem Metall niederzuschlagen, und daß dies Bestreben um so größer ist, je mehr Ionen in der Lösung vorhanden sind.

42. Diffusionspotential

Die an der Grenzfläche G der beiden Lösungen (Fig. 18) eintretenden stofflichen Veränderungen haben wir bei Aufstellung der Gl. (18) nicht berücksichtigt. In Wirklichkeit tritt nämlich auch hier im allgemeinen ein energetischer Umsatz ein, der Anlaß zu einem Diffusionspotential E_D gibt; und zwar ist dessen Größe von den Überführungszahlen der Ionen in folgender Weise abhängig: Genau genommen bewirkt ein Durchgang von 96 500 Ampsek. durch die Zelle den Übergang von $\frac{\Lambda_{Ag}}{\Lambda_{Ag} + \Lambda_{NO_3}}$ Molen Silberionen von c_2 nach c_1 und den Übergang von $\frac{\Lambda_{NO_3}}{\Lambda_{Ag} + \Lambda_{NO_3}}$ Molen NO'_3-Ionen von c_1 nach c_2.

Wollten wir diesen Stoffumsatz ähnlich wie auf S. 70 auf osmotischem Wege durchführen, so wäre dazu die Arbeit

$$A_{rev} = RT \frac{\Lambda_{NO_3}}{\Lambda_{Ag} + \Lambda_{NO_3}} \cdot \ln\frac{c_2}{c_1} + RT \cdot \frac{\Lambda_{Ag^\cdot}}{\Lambda_{Ag^\cdot} + \Lambda_{NO_3}} \cdot \ln\frac{c_1}{c_2}$$

erforderlich. In elektrischen Größen ausgedrückt ist $A_{rev} = E_D \cdot F$, wo E_D also wiederum die Spannung bedeutet, die man an die Grenzfläche G anlegen müßte, um das System im Gleichgewicht zu halten. Es folgt daher

$$E = \frac{RT}{F} \cdot \frac{\Lambda_{NO_3'} - \Lambda_{Ag^\cdot}}{\Lambda_{NO_3} + \Lambda_{Ag.}} \cdot \ln\frac{c_2}{c_1}$$

oder allgemein

$$(19) \qquad E_D = \frac{RT}{F} \cdot \frac{\Lambda_{Anion} - \Lambda_{Kation}}{\Lambda_{Anion} + \Lambda_{Kation}} \cdot \ln\frac{c_2}{c_1}.$$

Das Diffusionspotential ist also abhängig von den Konzentrationen, die aneinander grenzen, und von der Wanderungsgeschwindigkeit der Ionen, die an der Grenzfläche vorhanden sind.

Sind die Wanderungsgeschwindigkeiten von Anion und Kation gleich, so ist $E_D = 0$. Das Auftreten eines Diffusionspotentials läßt sich also vermeiden, wenn man beide Lösungen nicht direkt aneinander grenzen läßt, sondern eine Lösung zwischenschaltet, die Ionen praktisch g l e i c h e r Beweglichkeit enthält (z. B. KCl, KNO_3, NH_4NO_3). Es entstehen dann an den beiden neuen Grenzflächen zwei Diffusionspotentiale, die praktisch einander gleich und entgegengesetzt sind.

43. Membranpotentiale

Sind die Lösungen verschiedener Konzentration durch eine Membran getrennt, die nur für eine Ionensorte, z. B. NO_3', durchlässig ist, so scheidet die Wanderung der $Ag^\cdot$-Ionen durch die Grenzfläche aus; diese besitzen also dort die Wanderungsgeschwindigkeit Null und das bedeutet $\Lambda_{Ag} = 0$. Der

Faktor $\dfrac{\Lambda_{NO_3'} - \Lambda_{Ag^\cdot}}{\Lambda_{NO_3'} + \Lambda_{Ag.}}$ wird dann gleich Eins, und es können

bei hinreichender Verschiedenheit von c_1 und c_2 recht große Potentiale auftreten.

44. Aktivitätskoeffizienten

Wählen wir die Konzentration der betrachteten Lösungen nicht mehr sehr klein, so finden wir experimentell Abweichungen von der abgeleiteten Formel. Diese sind im Falle starker Elektrolyte, wie auch die osmotischen Erscheinungen, wiederum auf die zwischen den Ionen wirkenden elektrostatischen Anziehungskräfte zurückzuführen. Um die Formeln trotzdem beibehalten zu können, führt man auch hier wieder einen Aktivitätskoeffizienten f_a ein. Gemessen wird immer nur die A k t i v i t ä t a, d. h. die wirksame (= aktive) Konzentration an Ionen. Die wirkliche Konzentration c der sich elektrostatisch beeinflussenden Ionen steht dann mit der Aktivität in der Beziehung $c \cdot f_a = a$. Die Formel (18) ist also zu schreiben:

$$E = \frac{RT}{nF} \cdot \ln \frac{a_2}{a_1} = \frac{RT}{nF} \cdot \ln \frac{f_{a2} \cdot c_2}{f_{a1} \cdot c_1} \qquad (20)$$

f_a ist meist vom osmotischen Koeffizienten f_0 wie auch vom Leitfähigkeitskoeffizienten f_λ verschieden. In verdünnten Lösungen starker Elektrolyte gilt für die Aktivität einer bestimmten Ionensorte 1 nach Debye-Hückel

$$f_{a1} = 1 - \frac{1}{2} \cdot \frac{e^2 \cdot z_1^2}{D \cdot k \cdot T} \cdot \varkappa,$$

wo $\varkappa$ wieder durch

$$\varkappa^2 = \frac{4\pi \cdot N_L \cdot e^2}{1000} \cdot \frac{\Sigma c_i \cdot z_i^2}{D \cdot k \cdot T}$$

gegeben ist. f_{a1} ist also von den Konzentrationen *aller* vorhandenen Ionensorten abhängig. In Wasser besitzen 1,1-wertige Elektrolyte bei 25° C einen Aktivitätskoeffizienten der Größe

$$f_{a1} = 1 - 1{,}15 \sqrt{c}.$$

Diese Gleichung gilt bis etwa $c = 0{,}01$ Mol/Liter.

45. Wasserstoffelektrode

Außer Metallen kann man häufig auch Nichtmetalle (wie H_2, Cl_2, Br_2 usw.) als Elektroden verwenden und auf diese Weise chemische Vorgänge, bei denen diese Stoffe entwickelt oder verbraucht werden, zur Erzeugung elektrischer Energie ausnutzen. In wäßrigen Lösungen sind besonders häufig Umsetzungen, an denen Säuren oder Basen beteiligt sind, bei welchen also H-Ionen gebildet oder verbraucht werden. Zur Erzeugung elektrischer Energie mittels solcher Reaktionen brauchen wir also eine Elektrode, die sich gegenüber $H^{\bullet}$-Ionen ähnlich verhält wie eine Ag-Elektrode gegen $Ag^{\bullet}$-Ionen. Eine solche bildet ein Platinblech, das in die betreffende Lösung getaucht ist und von Wasserstoff gegebenen Druckes umspült wird. An dieser „Wasserstoffelektrode" wird der Wasserstoff wie ein Metall je nach der Stromrichtung abgeschieden oder in die Ionenform übergeführt.

Wählen wir nun ähnlich wie in Fig. 18 zwei Lösungen der H-Aktivitäten a_1 und a_2 und tauchen in jede Lösung eine H-Elektrode, so haben wir wiederum eine Konzentrationskette, deren EMK gegeben ist durch

$$E = 0{,}0577 \cdot (\log a_2 - \log a_1).$$

Wir wählen nun zweckmäßig die Aktivität der einen Lösung (a_1) gleich 1. Eine solche Elektrode, die von Wasserstoff unter 1 Atm. Druck umspült wird und in eine Lösung der $H^{\bullet}$-Ionenaktivität 1 taucht, heißt N o r m a l w a s s e r s t o f f e l e k t r o d e. Gegen sie mißt man alle Spannungen irgendwelcher *Halbelemente,* schreibt ihr also das Potential Null zu. Die Gleichung für E vereinfacht sich dann wegen $\log 1 = 0$ und $-\log a_H = p_H$ zu

$$(I) \qquad E = 0{,}0577 \cdot \log a_H = -\,0{,}0577 \cdot p_H.$$

Auf Grund dieser Gleichung kann man also den p_H-Wert einer Lösung eindeutig dadurch bestimmen, daß man das Potential dieser Lösung gegen die Normal-H-Elektrode mißt.

46. Druckabhängigkeit der H-Elektrode

Die Angabe, daß die Normal-H-Elektrode von Wasserstoff bei 1 Atm. Druck umspült wird, ist wesentlich, da bei wechselndem Druck auch E sich ändert. Nehmen wir an, es seien (Fig. 18) zwei Lösungen g l e i c h e r H-Ionenaktivität gegeben ($a_1 = a_2$), in welche 2 H-Elektroden tauchen, die unter den verschiedenen Drucken P_1 bzw. P_2 stehen. Dann ist das Ergebnis des Durchganges von 2·96 500 Ampsek. (was dem Transport von ein Mol H_2 entspricht) die Überführung von 1 Mol Wasserstoff vom Druck P_1 auf den Druck P_2. Dazu ist aber die Arbeit $A_{rev} = RT \cdot \ln P_2/P_1$ notwendig. Diese Arbeit ist wieder gleich $E \cdot n \cdot F$, also gleich $2 \cdot E \cdot F$ zu setzen, woraus sich als Spannungsunterschied zwischen beiden Elektroden ergibt

$$E = \frac{RT}{2F} \cdot \ln \frac{P_2}{P_1}$$

oder bei 18° C:

$$E = \frac{1}{2} \cdot 0{,}0577 \cdot \log \frac{P_2}{P_1}.$$

Wählen wir $P_2 = 1$, so folgt

$$(II) \qquad E = -\frac{1}{2} \cdot 0{,}0577 \cdot \log P_1.$$

Das Potential einer H-Elektrode, die in eine Lösung der Aktivität a_H taucht und von Wasserstoff des Druckes P bespült wird, gegen die Normal-H-Elektrode ist also gleich der Summe der durch Gl. (I) und (II) gegebenen Potentiale:

$$E_H = 0{,}0577 \cdot \left(\log a_H - \frac{1}{2} \cdot \log P\right) = 0{,}0577 \cdot \log \frac{a_H}{P^{1/2}}.$$

47. Andere Gaselektroden

Ähnlich wie Wasserstoff kann man auch andere Gase als Elektroden verwenden, wie z. B. Halogene. Diese liefern im Gegensatz zu den Metallen und Wasserstoff negative Ionen. Man kann sie genau wie eine H-Elektrode verwirklichen, indem man ein Pt-Blech z. B. von Chlor gegebenen Druckes umspülen läßt und es in eine Lösung taucht, die Cl′-Ionen enthält. Für diese Elektroden gelten dieselben Beziehungen wie für Metallelektroden; dabei ist jedoch die negative Ladung der Halogen-Ionen zu berücksichtigen:

$$E_{Hal} = -\frac{RT}{F} \cdot \ln \frac{a_2}{a_1}.$$

Da wir nämlich der Normal-H-Elektrode das Potential Null zugeschrieben haben, sind alle Spannungen negativ, die von Ketten herrühren, in welchen die Normal-H-Elektrode positiver Pol ist.

48. Normalpotentiale

Die Spannung einer beliebigen Konzentrationskette ist gegeben durch Gl. (20). Wählen wir fürjetzt a_1 einen beliebigen, aber immer gleichen Wert, so gilt mit dieser einen fest gewählten Elektrode für E:

$$E = \text{const.} + \frac{RT}{nF} \cdot \ln a_2.$$

Die Willkür in der Wahl von a_1 nutzen wir aus, indem wir a_1 so wählen, daß die Lösung der Aktivität a_2 mit ihrer Elektrode (z. B. Ag in $AgNO_3$) gegen die Normal-H-Elektrode die gleiche Spannung zeigt wie gegen die Lösung der Aktivität a_1 mit einer Ag-Elektrode. Als eine Elektrode benutzen wir also immer die Normal-H-Elektrode. Dann erhält die Konstante einen bestimmten, jedoch von Metall zu Metall jeweils verschiedenen Wert, den wir mit $\overset{0}{\varepsilon}_{Me}$ bezeichnen vollen:

$$E_H = \overset{0}{\varepsilon}_{Me} + \frac{RT}{nF} \cdot \ln a_2.$$

Die Bedeutung von $\overset{0}{\varepsilon}_{Me}$ erkennen wir, wenn wir nunmehr $a_2 = 1$ wählen; dann wird nämlich $E_H = \overset{0}{\varepsilon}_{Me}$. Die Größe $\overset{0}{\varepsilon}_{Me}$ ist also die Spannung, die eine Lösung irgendeines Stoffes mit der Ionenaktivität $a = 1$ mit der betreffenden Elektrode gegen die Normal-H-Elektrode zeigt. $\overset{0}{\varepsilon}_{Me}$ ist also von Fall zu Fall verschieden. Man bezeichnet die so gemessenen Potentiale als *Normalpotentiale.* Sie vermitteln uns sowohl ihrer Größe wie ihrem Vorzeichen nach den Zusammenhang mit den chemischen Eigenschaften der betreffenden Stoffe.

Zur Bestimmung des Vorzeichens von E greift man am besten auf die gewöhnlich bekannten chemischen Tatsachen zurück. Man läßt die Elektronen einer äußeren Stromquelle an einer Seite (Fig. 18, rechts) der Kette eintreten. Dadurch werden an dieser Seite Kationen wie $H^{\cdot}$, $Ag^{\cdot}$, usw. zur Abscheidung gebracht, während von der anderen Seite Elektronen „weggesaugt" werden. In unserem Beispiel wird zufolge der in Fig. 18 eingezeichneten äußeren Stromrichtung H_2 abgeschieden und daher an der Ag-Elektrode (II) Silber aufgelöst. Gegeben sind also Ag als Metall und $H^{\cdot}$-Ionen, aus denen $Ag^{\cdot}$-Ionen bzw. gasförmiger Wasserstoff entstehen. Das Reaktionsschema ist also

$$Ag + H^{\cdot} \rightarrow Ag^{\cdot} + \tfrac{1}{2} H_2.$$

Aus der Chemie wissen wir, daß Silber sich in sauren Lösungen ($p_H < 7$) nicht auflöst, daß also bei dieser Stromrichtung Arbeit in die Zelle hineingesteckt werden muß. Lassen wir nun die äußere Spannung kleiner und schließlich Null werden, so beginnen die Elektronen freiwillig in entgegengesetzter Richtung zu wandern, nämlich von der H-Elektrode außen herum zur Ag-Elektrode. Die H-Elektrode ist also der negative Pol, da sie einen Überschuß an Elektronen besitzt; Ag ist demzufolge der positive Pol. Besitzen nun beide Lösungen die Aktivität $a = 1$, so messen wir als EMK der Kette das Normalpotential $\overset{0}{\varepsilon}_{Ag}$ für Silber. Dies wird experimentell tatsächlich positiv gefunden, nämlich zu $\overset{0}{\varepsilon}_{Ag} = +0{,}80$ Volt. A_{rev} ist also dann negativ, falls die Elektronen entgegengesetzt der in Fig. 18 eingezeichneten Stromrichtung wandern. Das bedeutet freiwilligen Ablauf der Reaktion, also Stromlieferung. Durch diese Betrachtung ist also das Vorzeichen von E festgelegt; es stimmt mit den chemischen Tatsachen überein.

Wir können allgemein schließen, daß bei positivem Normalpotential keine direkte Auflösung der betreffenden Metalle in saurer Lösung unter H_2-Entwicklung stattfindet, während bei einem $\overset{0}{\varepsilon}_{Me} < 0$ eine Auflösung eintritt; und zwar erfolgt die Auflösung um so leichter, je negativer $\overset{0}{\varepsilon}_{Me}$ ist. Mißt man die Normalpotentiale der Metalle, so erhält man die Werte der Tabelle 6, die auch als Spannungsreihe der Elemente bezeichnet wird.

Tabelle 6: Spannungsreihe der Elemente.

Li	—3,02	Pb	—0,13
K	—2,92	As	+0,3
Na	—2,71	Cu	+0,345
Mg	—2,35	Ag	+0,80
Al	—1,28	Hg	+0,86
Mn	—1,1	Au	+1,5
Zn	—0,762		
Fe	—0,44	J	+0,58
Cd	—0,40	Br	+1,08
Co	—0,255	Cl	+1,36
Ni	—0,25	F	+1,9

Aus der Spannungsreihe der Elemente folgt, daß z. B. Ag eine geringere Neigung hat, in den Ionenzustand überzugehen als H_2. Umgekehrt bilden die Elemente, die der H-Elektrode gegenüber eine negative Spannung aufweisen, leichter Ionen als Wasserstoff. Gibt man solche chemischen Elemente direkt mit sauren Lösungen zusammen, so entwickelt sich Wasserstoff. Wasserstoff wird also durch die *elektronegativen* Elemente aus der Ionenform verdrängt. Diese Beziehung zwischen Normalpotential und chemischem Charakter gilt nicht nur zwischen Wasserstoff und den übrigen Elementen, sondern auch für die Elemente unter sich. Man kann die EMK irgendeines aus 2 Stoffen gebildeten Elementes als Differenz der EMK gegen die Normal-H-Elektrode ermitteln. Schalten wir z. B. eine $Zn/ZnSO_4$-Elektrode und eine $Cu/CuSO_4$-Elektrode zusammen, so ist die EMK dieser Anordnung durch $-0{,}762 - 0{,}345 = -1{,}107$ Volt gegeben, wobei Zn den negativen Pol darstellt.

Der Beweis für diese Tatsache folgt sofort, wenn wir einmal das $Cu/CuSO_4$-Halbelement gegen die Normal-H-Elektrode schalten und einmal die $Zn/ZnSO_4$-Elektrode gegen die Normal-H-Elektrode. Dann ergibt sich (falls $a = 1$ ist) jedesmal das Normalpotential. Der chemische Vorgang besteht im ersten Fall in

(I) $$H_2 + Cu^{\cdot\cdot} \rightarrow Cu + 2H^{\cdot}$$

und im zweiten in

(II) $$Zn + 2H^{\cdot} \rightarrow Zn^{\cdot\cdot} + H_2.$$

Schalten wir beide Halbelemente gegeneinander, so erfolgt die Reaktion

(III) $$Cu^{\cdot\cdot} + Zn \rightarrow Cu + Zn^{\cdot\cdot}.$$

Das ist aber dasselbe, wie wenn wir (I) und (II) nacheinander ablaufen ließen. A_{rev} ist nun für isotherme Vorgänge vom Wege unabhängig. Es ist also gleichgültig, ob man die Reaktion (III) stufenweise unter Zwischenbenutzung von H_2 als Reduktions- und Oxydationsmittel vornimmt oder ob man die Umwandlung direkt ausführt. Daher muß sich die EMK der Anordnung $Cu/CuSO_4 \ldots ZnSO_4/Zn$ als Differenz der Spannungen zwischen der Normal-H-Elektrode und den jeweiligen Halbelementen zusammensetzen.

Die Spannungsreihe gibt also auch an, in welcher Weise sich die Elemente gegenseitig aus dem ionisierten Zustand zu verdrängen vermögen. Je negativer ε^0_{Me} ist, um so leichter geht das betreffende Metall in den Ionenzustand über. Die Neigung, Elektronen aufzunehmen, ist also bei den elektronegativen Elementen am kleinsten.

49. Elektroden II. Art

Das Arbeiten mit der Normal-H-Elektrode ist verhältnismäßig umständlich, und man verwendet deswegen als *Bezugselektroden* meist andere Halbelemente, die sich leicht und genau herstellen lassen. Deren Potential gegen die Normal-H-Elektrode braucht dann nur einmalig genauestens bestimmt zu werden, und durch einfache Umrechnung erhält man dann ebenfalls die Normalpotentiale. Solche Elektroden sind die *Elektroden II. Art,* in denen die Tatsache ausgenutzt wird, daß sich infolge der Konstanz des Löslichkeitsproduktes mittels schwerlöslicher Stoffe sehr genau bekannte Konzentrationen herstellen lassen.

50. Die Kalomel-Elektrode

Die Kalomel-Elektrode ist ein Beispiel für eine solche Elektrode. Sie besteht aus metallischem Hg, das mit einer gesättigten Lösung von Hg_2Cl_2 im Gleichgewicht ist, der außerdem noch eine KCl-Lösung bekannter Konzentration (z. B. *n*/10 KCl) zugesetzt ist. Primär haben wir also eine Hg-Elektrode, die in eine Hg-Ionen enthaltende Lösung eintaucht. Die Spannung eines solchen Halbelementes ist zunächst gegeben durch

$$E = \varepsilon^0_{Hg} + \frac{RT}{F} \cdot \ln a_{Hg^{\cdot}}.$$

Nun ist aber die Lösung an Hg_2Cl_2 gesättigt, d. h. es gilt für das Löslichkeitsprodukt L von Hg_2Cl_2:

$$a_{Cl'} \cdot a_{Hg_2^{\cdot\cdot}} = L_{Hg_2Cl_2}.$$

Die Vereinigung beider Formeln ergibt

$$E = \varepsilon^0_{Hg} + \frac{RT}{F} \cdot \ln L_{Hg_2Cl_2} - \frac{RT}{F} \cdot \ln a_{Cl'}.$$

Die beiden ersten Ausdrücke sind konstant und lassen sich daher in eine Konstante ε_0 zusammenfassen:

$$E = \varepsilon_0 - \frac{RT}{F} \cdot \ln a_{Cl'} .$$

Das Potential der Elektrode ist also von der Cl-Ionenkonzentration abhängig wie das einer gewöhnlichen Cl-Elektrode. ε_0 besitzt jedoch einen anderen Wert als ε^0_{Cl}. Ist nun außerdem noch KCl in der Lösung vorhanden, so erhöht sich auf Grund des MWG die Cl′-Ionenkonzentration, während $a_{Hg_2^{\cdot\cdot}}$ abnimmt. Die Konzentrationen lassen sich sehr einfach und genau bestimmen und ferner die benutzten Stoffe leicht und rein darstellen; also ist die Elektrode leicht reproduzierbar. Außerdem ändert ein geringer Stromdurchgang die Spannung der Elektrode nicht, da sich bei Abscheidung von Hg oder Bildung von $Hg_2^{\cdot\cdot}$-Ionen wegen der Anwesenheit des Hg_2Cl_2 als Bodenkörper sofort wieder der dem Löslichkeitsprodukt entsprechende Wert der $Hg_2^{\cdot\cdot}$-Ionenkonzentration einstellt.

Eine weitere Anwendung finden Elektroden II. Art in den Normalelementen, bei welchen die Kette derart ausgewählt ist, daß die in ihr enthaltenen Stoffe ebenfalls leicht und rein dargestellt werden können, und daß ferner die Ionenkonzentrationen, also die Löslichkeiten der Stoffe, möglichst wenig von der Temperatur abhängig sind. Man verwendet international als Normalelement das *Weston-Element*, welches aus einer $Hg/HgSO_4$- und einer Cd-Amalgam/$CdSO_4 \cdot {}^8/_3$ HOH-Elektrode besteht. Bei 18° besitzt dies Element eine Spannung von 1,0185 Volt.

51. Redox-Potentiale

In den bisher besprochenen Anordnungen wurde die Stromlieferung immer dadurch bewirkt, daß Ionen völlig zu Atomen entladen oder umgekehrt ungeladene Atome in Ionen übergeführt wurden. Eine Stromlieferung kann aber auch dann eintreten, wenn nur eine Umladung von Ionen in eine andere Wertigkeitsstufe erfolgt. So können z. B. die in einer $Fe^{\cdot\cdot\cdot}$-Salz-Lösung enthaltenen $Fe^{\cdot\cdot\cdot}$-Ionen an der Kathode ein Elektron aufnehmen und dadurch in $Fe^{\cdot\cdot}$

übergeführt werden. Auch solche eigentlichen Oxydations- bzw. Reduktionsreaktionen geben Anlaß zu Potentialen, die abgekürzt als „*Redox-Potentiale*" bezeichnet werden.

Es sei eine Lösung gegeben, die $F^{\cdot\cdot\cdot}$- und $F^{\cdot\cdot}$-Ionen in den Aktivitäten $a_{Fe^{\cdot\cdot\cdot}}$ bzw. $a_{Fe^{\cdot\cdot}}$ enthalte. Schalten wir nach Art der Fig. 18 eine zweite Lösung mit den Aktivitäten $a_{Fe^{\cdot\cdot\cdot}}$ und $a_{Fe^{\cdot\cdot}}$ mit der ersten Lösung zu einer Konzentrationskette zusammen und schicken von außen einen Strom durch die Anordnung, so treten bei Durchgang von 96500 Ampsek. folgende stoffliche Umwandlungen ein (das Diffusionspotential sei ausgeschaltet): An der negativen Elektrode wird ein Äquivalent $Fe^{\cdot\cdot\cdot}$-Ionen durch Elektronenaufnahme in $Fe^{\cdot\cdot}$-Ionen umgewandelt. An der positiven Elektrode geht ein Äquivalent $Fe^{\cdot\cdot}$-Ionen durch Entzug je eines Elektrons pro Atom in $Fe^{\cdot\cdot\cdot}$-Ionen über. Das Ergebnis des Stromdurchganges ist also, daß 1 Äquiv. $F^{\cdot\cdot\cdot}$-Ionen aus der Lösung der Aktivität $a_{Fe^{\cdot\cdot\cdot}}$ verschwindet und in der anderen Lösung mit der Aktivität $a'_{Fe^{\cdot\cdot\cdot}}$ auftaucht. Das Umgekehrte, nämlich Übergang von 1 Äquivalent $Fe^{\cdot\cdot}$-Ionen aus der Lösung der Aktivität $a'_{Fe^{\cdot\cdot}}$ in die Lösung $a_{Fe^{\cdot\cdot}}$, erfolgt mit den $Fe^{\cdot\cdot}$-Ionen. Damit ist aber genau wie in allen vorigen Beispielen A_{rev} gegeben durch

$$A_{rev} = E \cdot F = RT \cdot \left[\ln \frac{a_{Fe^{\cdot\cdot\cdot}}}{a'_{Fe^{\cdot\cdot\cdot}}} + \ln \frac{a'_{Fe^{\cdot\cdot}}}{a_{Fe^{\cdot\cdot}}} \right].$$

Daraus folgt unter Anwendung der Rechenregeln für Logarithmen:

$$E = \frac{RT}{F} \cdot \left| \ln \frac{a_{Fe^{\cdot\cdot\cdot}}}{a_{Fe^{\cdot\cdot}}} - \ln \frac{a'_{Fe^{\cdot\cdot\cdot}}}{a'_{Fe^{\cdot\cdot}}} \right|.$$

Wählen wir die Lösung ′ nun so, daß wir sie ohne Änderung von E durch die Normal-H-Elektrode ersetzen können, so folgt

$$E = \overset{0}{\varepsilon}_{Fe^{\cdot\cdot}/Fe^{\cdot\cdot\cdot}} + \frac{RT}{F} \ln \frac{a_{Fe^{\cdot\cdot\cdot}}}{a_{Fe^{\cdot\cdot}}}.$$

$\overset{0}{\varepsilon}_{Fe^{\cdot\cdot}/Fe^{\cdot\cdot\cdot}}$ hat auch hier wieder die Bedeutung eines Normalpotentials, das sich dann ergibt, wenn die beiden Ionensorten Fe˙˙˙ und Fe˙˙ in gleichen Aktivitäten vorliegen. Die stoffliche Umwandlung, die durch das Normalpotential beschrieben wird, ist die Aufladung von 1 Mol Fe˙˙-Ionen zu Fe˙˙˙-Ionen und gleichzeitig Entladung von 1 Mol H˙-Ionen aus einer Lösung der Aktivität $a = 1$ zu gasförmigem Wasserstoff. Negative Werte der Normal-Redox-Potentiale bedeuten freiwilligen Ablauf dieser Umsetzung bei ihrer direkten Durchführung. Die Größe der Normalpotentiale gibt also die Stärke der betreffenden Reduktions- bzw. Oxydationsmittel gemessen an Wasserstoff an. Eine Anzahl Werte der Normalpotentiale von Redox-Elektroden sind in Tabelle 7 wiedergegeben.

Tabelle 7. Redox-Potentiale.

Pb^{2+}/Pb^{4+}	+1,8
Cr^{3+}/Cr^{6+}	+1,3
Au^{1+}/Au^{2+}	+1,2
$Hg^{2+}/2Hg^{2+}$	+0,914
Fe^{2+}/Fe^{3+}	0,75
Sn^{2+}/Sn^{4+}	0,2
Cu^{1+}/Cu^{2+}	0,167
Ti^{3+}/Ti^{4+}	—0,04
Cr^{2+}/Cr^{3+}	—0,41

52. Chinhydron-Elektrode

Eine Anwendung von Redox-Elektroden zur Bestimmung der $H^{\cdot}$-Ionenkonzentration von Lösungen bietet die Chinhydron-Elektrode, die dadurch verwirklicht wird, daß man Chinhydron (d. i. eine kristallisierte Verbindung aus Chinon und Hydrochinon im Verhältnis 1 : 1) in die zu untersuchende Lösung gibt und ein Platinblech als Stromzuführung eintaucht.

Um die Theorie dieser Anordnung zu verstehen, denken wir uns wiederum eine der Fig. 18 entsprechende Konzentrationskette hergestellt, wobei die *Pt*-Elektrode I in eine Lösung taucht, deren Aktivitäten an Chinon, Hydrochinon und *H*-Ionen durch a_1^{Ch}, a_1^{HCh} bzw. a_1^{H} gegeben sind, während die zweite Lösung diese Stoffe in den Aktivitäten a_2^{Ch}, a_2^{HCh} bzw. a_2^{H} enthält. Schickt man nun 2·96 500 Ampsek. durch die Kette, so spielt sich an den Elektroden die folgende Reaktion ab:

$$1 \text{ Hydro-Chinon} + 2\oplus \underset{\text{Anode}}{\overset{\text{Kathode}}{\rightleftarrows}} 2\,H^{\cdot} + 1 \text{ Chinon}.$$

Aus dem Kathodenraum I verschwinden also 2 Mole $H^{\cdot}$-Ionen und ein Mol Chinon, die im Raum II gebildet werden, also von der Aktivität a_1 nach a_2 übergehen. Aus dem Anodenraum geht 1 Mol Hydrochinon von der Aktivität a_2 nach a_1 über. Also ist die reversible Arbeit, ähnlich wie auf S. 68 gezeigt wurde, gegeben durch

$$A_{rev} = E \cdot n \cdot F = RT \cdot \left[2 \cdot \ln \frac{a_2^H}{a_1^H} + \ln \frac{a_2^{Ch}}{a_1^{Ch}} + \ln \frac{a_1^{HCh}}{a_2^{HCh}} \right].$$

Wegen $2 \cdot \ln x = \ln x^2$ und $n = 2$ folgt dann unter Einsetzen der Zahlenwerte für R, T und F und Einführung gewöhnlicher Logarithmen

$$E = \frac{0{,}0577}{2} \cdot \left[\log \frac{(a_2^H)^2 \cdot a_2^{Ch}}{a_2^{HCh}} - \log \frac{(a_1^H)^2 \cdot a_1^{Ch}}{a_2^{HCh}} \right].$$

Ersetzen wir jetzt die Lösung 2 mit der Pt-Elektrode durch eine konstante Bezugselektrode (z B. die Normal-H-Elektrode), so ist der erste Logarithmus konstant und es folgt

$$E = E_0 + \frac{0{,}0577}{2} \cdot \log \frac{(a^H)^2 \cdot a^{Ch}}{a^{HCh}}.$$

Lösen wir nun Chinhydron auf, so ist immer die Konzentration des Chinons gleich der des Hydrochinons, und wenn außerdem die Aktivitätskoeffizienten von Chinon und Hydrochinon noch als gleich angenommen werden können, so wird $a_{Ch} = a_{HCh}$; also gilt:

$$E = E_0 + 0{,}0577 \cdot \log a_{H^{\cdot}}$$

Bei $t = 18°$ C findet man $E_0 = 0{,}7044$ Volt, also

$$E = 0{,}7044 + 0{,}0577 \cdot \log a_H$$

oder

$$p_H = \frac{0{,}7044 - E}{0{,}0577}.$$

Der pH-Wert einer Lösung ist also durch Messung der Spannung mittels einer Chinhydron-Elektrode gegen die Normalwasserstoffelektrode eindeutig bestimmt. Da die Chinhydron-Elektrode gegen gelösten Sauerstoff ziemlich unempfindlich ist, hat man somit eine sehr einfache und genaue Bestimmungsmethode des p_H-Wertes von Lösungen.

53. Polarisation und Zersetzungsspannung

Schicken wir durch wäßrige Salzsäure einen Strom, der durch Platin-Elektroden zugeführt wird, so wird an der Kathode Wasserstoff und an der Anode Chlor entwickelt. Im selben Augenblick, wo die ersten gasförmigen Molekeln sich abzuscheiden beginnen, ist aus dem einen Pt-Blech eine H-Elektrode und aus dem anderen eine Cl-Elektrode entstanden. Also ist eine Kette gebildet worden, die eine EMK liefert, und zwar ist diese EMK entgegengesetzt der äußeren Spannung gerichtet, wie man sich an Hand der Überlegung auf S. 68/69 klarmachen kann. Die EMK ist durch die Konzentration und Art des betreffenden Elektrolyten gegeben. Damit nun überhaupt eine Zersetzung eintreten kann, muß die äußere Spannung den Wert dieser Gegen-EMK übersteigen. Elektroden, die sich derart verhalten, nennt man *polarisierbar*, das Auftreten der Gegen-EMK *Polarisation*, während die zum Eintritt der Zersetzung nötige Spannung als *Zersetzungsspannung* bezeichnet wird. Polarisierbar sind alle Elektroden, die infolge von Stromdurchgang chemisch verändert werden. Unpolarisierbar sind alle diejenigen Elektroden, welche aus dem gleichen Stoff bestehen, der an ihnen abgeschieden wird, z. B. eine Cu-Elektrode in einer $CuSO_4$-Lösung. Man bezeichnet solche Elektroden auch als *reversibel*, weil die an ihnen erfolgenden Vorgänge reversibel sind.

54. Konzentrationspolarisation

Selbst an reversiblen Elektroden kann eine andere Art der Polarisation eintreten, die dadurch bedingt ist, daß durch den stofflichen Umsatz an der Elektrode die dort herrschenden Konzentrationsverhältnisse verändert werden. An einer *Cu*-Anode in *$CuSO_4$*-Lösung löst sich *Cu* zu *$Cu^{\cdot\cdot}$*-Ionen auf, wodurch die Konzentration der *$Cu^{\cdot\cdot}$*-Ionen dort erhöht wird, was besonders bei hohen Stromdichten (Amp. pro cm^2) erfolgt. Dann hat sich eine Konzentrationskette ausgebildet, deren EMK der „polarisierenden“ Spannung entgegen gerichtet ist. Die letztere wird also geschwächt. Die durch solche Konzentrationsänderungen an den Elektroden bewirkte Polarisation heißt „Konzentrationspolarisation“.

55. Überspannung

Bisweilen erfolgt eine Zersetzung eines Elektrolyten zwischen polarisierbaren Elektroden selbst dann nicht, wenn die außen angelegte Spannung den Wert der Zersetzungsspannung überschritten hat, sondern erst dann, wenn ein bestimmter, noch höherer Wert der Spannung erreicht ist. Man macht für diese Tatsache die sog. „Überspannung" verantwortlich. Sie ist z. B. der Grund für die Wirksamkeit des Blei-Akkumulators.

Akkumulatoren sind Anordnungen, die es erlauben, elektrische Energie in Form chemischer Energie zu speichern und diese nach beliebiger Zeit wieder als elektrische Energie zu entnehmen. Die bisher brauchbarste Anordnung stellt der erstmals von Planté angegebene Blei-Akkumulator dar, in welchem die Reaktion

$$PbO_2 + Pb + 2H_2SO_4 \underset{\text{Entladung}}{\overset{\text{Aufladung}}{\rightleftarrows}} 2PbSO_4 + 2H_2O$$

abläuft. Die Anode besteht aus PbO_2, die Kathode aus gepreßtem Pb-Pulver. Beide Elektroden enthalten ferner $PbSO_4$ als Bodenkörper, während als Elektrolyt etwa 30%ige Schwefelsäure dient. Es wird also bei Stromentnahme an der Anode 4wertiges Pb in 2wertiges umgewandelt und an der Kathode Pb in $Pb^{\cdot\cdot}$-Ionen. Wesentlich ist nun, daß das Blei sich trotz seines negativen Normalpotentials (Tab. 6, S. 77) nicht unter Wasserstoffentwicklung auflöst, sondern durch das Auftreten einer Überpannung daran gehindert wird. Diese wird jedoch sofort aufgehoben, wenn man nicht völlig reines Pb für die Elektroden verwendet. Der Akkumulator ist dann unbrauchbar.

IV. Geschwindigkeit chemischer Reaktionen

56. Allgemeine Gesichtspunkte

Der Zahlenwert der Reaktionsarbeit gibt uns Aufschluß über die Möglichkeit einer Reaktion und über die Lage des betreffenden chemischen Gleichgewichtes. Man kann jedoch aus dem Wert von $\mathfrak{A}$ nicht auf die Geschwindigkeit schließen, mit der eine Umsetzung verläuft. Es ist keineswegs so, daß einem größeren Wert von $\mathfrak{A}$ nun auch eine größere Geschwindigkeit entspricht. Derartige Abhängigkeiten hat man nur bei eng begrenzten Gruppen von Reaktionen zwischen jeweils verwandten Stoffklassen auffinden können.

Die thermodynamische Beschreibung ist auf solche Probleme offenbar nicht mehr anwendbar. Es ergab sich aber schon bei der kinetischen Ableitung des MWG (Bd. I, S. 99), daß eine Reaktion nur durch Zusammenstoß von einzelnen Molekeln ausgelöst werden kann. Es muß also jetzt die kinetische Theorie der Materie zur Deutung der Reaktionsgeschwindigkeit (= RG) herangezogen und die verschiedenen möglichen Arten von Stoßprozessen besprochen werden.

57. Reaktionsgeschwindigkeit

Der Fortschritt einer chemischen Reaktion wird gemessen durch die Zunahme der Mengen der Endprodukte oder auch durch die Konzentrationsabnahme der Ausgangsstoffe. Als *RG* bezeichnet man demzufolge die Änderung der Menge, z. B. der Ausgangsstoffe in der Zeiteinheit. Ändert sich in einem kleinen Zeitabschnitt dt die Menge n der Mole eines Reaktionsteilnehmers um $-dn$, so ist die *RG* also gegeben durch $-\frac{dn}{dt}$, also dem Differentialquotienten der Molzahl n nach t. Welchen Stoff einer Reaktion wir zur Angabe von $\frac{dn}{dt}$ wählen, ist gleichgültig; denn auf Grund des Reaktionsschemas sind durch Angabe der Änderung dieser einen Konzentration immer alle übrigen Konzentrationen gegeben.

Grundlegend für die Ableitung von Gesetzen über die *RG* ist die begründete Annahme, daß eine *Reaktion nur beim Stoß von Molekeln aneinander* stattfinden kann. Der Fortschritt einer Reaktion ist also von der Stoßhäufigkeit, d. h. von der Konzentration der vorhandenen Stoffe abhängig. Ferner ist zu berücksichtigen, daß nicht jeder Stoß zur Umsetzung führen wird, weil er erstens nicht heftig genug erfolgt sein könnte oder zweitens die Molekeln nicht in der richtigen Weise zusammengetroffen sind. Alle diese drei Faktoren werden im folgenden auf ihre Ursachen zurückgeführt. Als Anhalt für die Vorstellung kann in den meisten Fällen eine Gasreaktion gewählt werden.

58. Radioaktiver Zerfall

In manchen Fällen ist es verhältnismäßig einfach, Beziehungen zwischen der *RG* und der gerade herrschenden Konzentration *c* eines Reaktionsteilnehmers zu finden. Eine große Zahl von Stoffen (hauptsächlich organische) zerfällt freiwillig, wie dies auch beim radioaktiven Zerfall vor sich geht. Durch den unabhängig voneinander erfolgenden Zerfall der einzelnen Atome bildet sich z. B. aus Radium Emanation und Helium (Grund s. S. 130). Der Bruchteil dN, der von N vorhandenen Atome in der Zeit dt zerfällt, ist dann in jedem Augenblick proportional der Zahl N der gerade vorhandenen Atome und natürlich proportional der Größe von dt, d. h.

$$-dN = k \cdot N \cdot dt, \tag{21}$$

dN ist negativ, da eine Abnahme von N erfolgt. Nach Umformung in $\frac{dN}{N} = -k \cdot dt$ läßt sich die Beziehung integrieren und es ergibt sich

$$\ln N = -k \cdot t + \text{konst.}$$

Nehmen wir an, daß zur Zeit $t=0$ gerade N_0 Atome vorhanden waren, so folgt der Wert der Konstanten zu $\ln N_0$, da die Gleichung auch für diesen Zeitpunkt gelten muß. Die Abhängigkeit der Zahl der noch vorhandenen Atome N von der verstrichenen Zeit ist also gegeben durch die Gleichung

$$\ln N - \ln N_0 = -k \cdot t \text{ oder } \ln \frac{N}{N_0} = -k \cdot t \text{ oder}$$

$$N = N_0 \cdot e^{-k \cdot t}.$$

Damit haben wir also die Geschwindigkeit dieser Umsetzung in eine Formel gekleidet.

59. Halbwertzeit

Die Reaktionsgeschwindigkeit gibt man häufig auch durch die sog. Halbwertszeit τ an, d. i. die Zeit, in der gerade die Hälfte aller vorhandenen Atome umgesetzt ist, nach deren Ablauf also die Beziehung besteht $N = \frac{N_0}{2}$. Beim radioaktiven Zerfall folgt für diese Halbwertszeit τ auf Grund der obigen

Gleichung $\frac{N_0}{2} = N_0 \cdot e^{-k \cdot \tau}$ oder $\ln \frac{N_0}{2N_0} = -k \cdot \tau$;

$$\tau = -\frac{1}{k} \cdot \ln \frac{1}{2} = +\frac{0{,}693}{k}.$$

τ ist also unabhängig von der Größe von N.

60. Weitere Reaktionstypen

Bei Ableitung des MWG (Bd. I, S. 99) sahen wir, daß die Geschwindigkeit einer Reaktion, zu deren Ablauf der Zusammenstoß von zwei Molekeln erforderlich ist, den Konzentrationen beider Stoffe proportional ist. Haben wir z. B. die Reaktion $A + B \rightarrow AB$ vorgegeben, so ist die Abnahme $-dc_A$ der Konzentration des Stoffes A z. B. in einer kleinen Zeit dt gegeben durch $-dc_A = k \cdot c_A \cdot c_B \cdot dt$. Am einfachsten ist diese Gleichung zu integrieren, wenn wir $c_A = c_B$ annehmen. Dann wird nämlich

$$\frac{dc_A}{dt} = -k \cdot c_A^2. \tag{22}$$

Es folgt dann $\frac{dc}{c^2} = -k \cdot dt$, woraus man durch Integration erhält $-\frac{1}{c} = -k \cdot t +$ konst. Die Konstante wird wieder dadurch bestimmt, daß wir für $t = 0$ die Konzentration zu $c = c_0$ annehmen; sie berechnet sich dann zu $-\frac{1}{c_0}$. Also lautet die Abhängigkeit der Konzentration c von der Zeit in diesem Falle

$$\frac{1}{c} = \frac{1}{c_0} + k \cdot t,$$

woraus sich c zu jedem Zeitpunkt ermitteln läßt. Die Halbwertszeit ergibt sich hier aus der Beziehung $\frac{1}{c_0/2} = \frac{1}{c_0} + k \cdot \tau$ zu

$$\tau = \frac{1}{k \cdot c_0}.$$

τ ist hier auch von der Größe und dem Maß der Ausgangskonzentration abhängig, was beim radioaktiven Zerfall nicht der Fall war.

Für eine Reaktion, zu deren Ablauf der gleichzeitige Stoß d r e i e r Molekeln erforderlich ist, wie im Fall des Reaktionstyps $2A + B \rightarrow A_2B$, erhalten wir, wenn wiederum $c_A = c_B$ angenommen wird,

$$\frac{dc_A}{dt} = - k \cdot c_A^3,$$

woraus sich durch Integration ergibt

$$\frac{1}{c^2} = \frac{1}{c_0^2} + 2 \cdot k \cdot t.$$

Die Halbwertszeit τ hat für solche Reaktionen den Wert

$$\tau = \frac{3}{2 \cdot k \cdot c_0^2}.$$

Tragen wir c gegen die verstrichene Zeit für die drei Reaktionstypen auf, so werden die Kurven der Fig. 20 erhalten, in denen $c_0 = 1$ gewählt ist. Man erkennt aus der Figur, daß die Reaktion $A \rightarrow B + C$ (radioaktiver Zerfall) am schnellsten abläuft, denn c ist nach Verlauf der gleichen Zeit t am weitesten abgesunken. *Je höher die Zahl der zum erfolgreichen Stoß erforderlichen Molekeln ist, um so langsamer verläuft die Reaktion.*

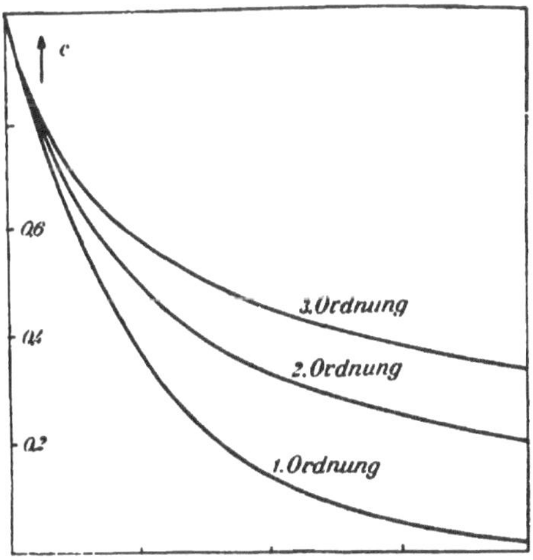

Fig. 20. Reaktionstypen

61. Umkehrbare Reaktionen

Handelt es sich um die Bestimmung der *RG* von Reaktionen, die merklich umkehrbar sind, so muß natürlich noch beachtet werden, daß die Rückreaktion allmählich die Menge der Ausgangsstoffe wieder vermehrt. Gilt z. B. für die Hinreaktion $\left(\frac{dc_A}{dt}\right)_1 = -k_1 \cdot c_A c_B$ und für die Rückreaktion $\left(\frac{dc_A}{dt}\right)_2 = +k_2 \cdot c_{AB}$ was bei Reaktionen der Form $A + B \rightleftharpoons AB$ der Fall sein muß, so ist die nach Ablauf einer gewissen Zeit t vorhandene Menge A gegeben durch die Summe beider Ausdrücke; also $\frac{dcA}{dt} = k_2 \cdot c_{AB} - k_1 \cdot c_A \cdot c_B$, worin nunmehr c_A, c_B und c_{AB} die im Zeitpunkt t vorliegenden Mengen der Reaktionsteilnehmer bedeuten. — Wir werden uns im folgenden auf den Fall einseitig verlaufender Reaktionen beschränken, da dort die maßgeblichen Faktoren leichter zu übersehen sind.

62. Molekularität und Ordnung einer Reaktion

Mißt man die nach verschiedenen Zeiten vorliegenden Konzentrationen eines Reaktionspartners, so läßt sich an Hand der für die gemessene *RG* gültigen Gleichung bestimmen, welcher Reaktionstyp vorliegt. Dabei zeigt sich indessen, daß in den meisten Fällen die aus dem Reaktionsschema folgende zeitliche Abhängigkeit der Konzentration nicht gefunden wird. So sollte z. B. die Geschwindigkeit des Zerfalls von N_2O_5, der nach der Bruttogleichung

$$2\,N_2O_5 \rightarrow 2\,N_2O_4 + O_2$$

vor sich geht, Gl. (22) befolgen, da zwei N_2O_5-Molekeln erst zusammenstoßen müssen, damit ein Zerfall erfolgt. Man mißt jedoch eine *RG*, die Gl. (21) entspricht. Ähnlich liegen die Verhältnisse in vielen anderen Fällen. Daraus geht hervor, daß der kinetische Mechanismus des Reaktionsablaufes aus dem Reaktionsschema nicht mit Sicherheit zu ersehen ist. Man muß also unterscheiden zwischen dem kinetischen Mechanismus einer Reaktion und der empirisch gefundenen Abhängigkeit der *RG* von der Konzentration. Den Mechanismus der Umsetzung drückt man aus durch die M o l e k u l a r i t ä t einer Reaktion, während die empirisch gefundene Geschwindigkeit als Ordnung der Reaktion angegeben wird. Umsetzungen, die tatsächlich auf Zusammenstoß je zweier Molekeln beruhen, heißen bimolekular, während der unabhängige Zerfall der Molekeln eines Stoffes eine monomolekulare Reaktion ist. Die Ordnung einer Reaktion wird gegeben durch den empirisch gefundenen Potenzexponenten, der die Abhängigkeit der *RG* von der Konzentration angibt. Die Reaktionen, die dem Gesetz $\frac{dc}{dt} = -k \cdot c^2$ folgen, sind z. B. Reaktionen zweiter Ordnung.

Die Ursachen für die Verschiedenheit von Ordnung und Molekularität einer Reaktion sind darin zu suchen, daß die fragliche Reaktion nicht direkt in der durch das Reaktionsschema angegebenen Weise abläuft. Im allgemeinen werden *Zwischenstufen* durchlaufen; es finden also eine ganze Reihe von aufeinanderfolgenden Umsetzungen statt, deren Endergebnis durch die Bruttogleichung wiedergegeben wird. Diese Teilreaktionen werden verschieden schnell ablaufen und für die beobachtete RG ist in solchen Fällen offenbar diejenige Zwischenreaktion maßgebend, die am langsamsten verläuft. Deren Geschwindigkeit wird also gemessen. Es kann vorkommen, daß als Ordnung der Reaktion keine ganzen Zahlen, sondern Brüche auftreten. Ferner gibt es Fälle, in denen die Geschwindigkeit überhaupt nicht von der Konzentration der Teilnehmer abhängt; das sind dann Reaktionen „nullter" Ordnung (heterogene Katalyse, s. S. 115).

63. Stufenreaktionen

Der N_2O_5-Zerfall erfolgt nach der I. Ordnung. Wir müssen also schließen, daß diese Reaktion in verschiedenen Teilreaktionen vor sich geht, deren langsamste eine monomolekulare Reaktion ist. Es gibt nun eine ganze Reihe von Möglichkeiten, zwischen denen man sich oft nur schwer für die richtige entscheiden kann. Einerseits können folgende Stufen ablaufen: 1) $N_2O_5 \rightarrow N_2O_4 + O$; 2) $2O \rightarrow O_2$. Andererseits ist auch möglich: 1) $N_2O_5 \rightarrow N_2O_3 + O_2$; 2) $N_2O_3 \rightarrow NO + NO_2$; 3) $2NO + O_2 \rightarrow N_2O_4$; 4) $NO + N_2O_5 \rightarrow NO_2 + N_2O_4$ usw. Beide Reaktionsfolgen enthalten monomolekulare Teilreaktionen. Aus anderen Beobachtungen kann man in diesem Fall schließen, daß der über NO führende Weg der richtige ist. Welche der beiden 1-molekularen Stufen 1) oder 2) dabei am langsamsten abläuft, läßt sich daraus aber immer noch nicht mit Sicherheit entnehmen.

Die bei der kinetischen Ableitung des MWG gemachten Annahmen erweisen sich also unter diesem Gesichtspunkt als teilweise falsch. Das Gleichgewicht einer komplizierteren Reaktion, z. B. des Typus $2A + 3B \rightarrow A_2B_3$, ist nicht dadurch zu erfassen, daß man für die im Reaktionsschema stehende Hin- und Rückreaktion gleiche Geschwindigkeit annimmt, sondern man muß sagen: Jede Teilreaktion verläuft im Gleichgewicht hin und zurück gleich schnell. Man kann also daraus, daß eine kinetische Vorstellung mit den Ergebnissen der Thermodynamik nicht in Widerspruch steht, niemals schließen, daß diese kinetische Vorstellung richtig ist.

64. Temperaturabhängigkeit der RG

Außer von den Konzentrationen der Reaktionsteilnehmer hängt die RG ganz wesentlich von der Temperatur ab, bei der eine Umsetzung verläuft. Diese Abhängigkeit muß sich darin ausdrücken, daß die Konstante k der Gleichungen (21) und (22), die von der Konzentration unabhängig ist, mit der Temperatur veränderlich ist. Wir müssen also versuchen, k als Funktion der Temperatur darzustellen. Experimentell ist das dadurch möglich, daß man die RG in Systemen mißt, bei denen die Konzentrationen aller Ausgangsstoffe gleich 1 gewählt werden. Dann ist die RG direkt gleich der Konstanten k und wir messen als RG sofort den Wert von k.

Es zeigt sich bei Durchführung solcher Messungen, daß bei Zimmertemperatur eine Erhöhung der Temperatur um 10° C im allgemeinen eine Verdopplung bis Verdreifachung der RG bewirkt. Nach Arrhenius kann man Messungen der RG am besten wiedergeben durch die Formel

$$\log k = H - \frac{a}{T},$$

worin H und a Konstanten sind. Die Form dieser Beziehung ist die gleiche, wie sie für die Abhängigkeit der

Gleichgewichtskonstanten K und des Dampfdrucks (Gleichgewichtsdruckes zweier Phasen) von der Temperatur gilt. Sie gilt für die meisten Reaktionen unabhängig von deren Ordnung oder Molekularität. Ihre Gültigkeit muß daher durch Ursachen bedingt sein, die für die Kinetik chemischer Reaktionen grundlegend sind.

Wir erinnern uns zunächst an die Größen, die bei Ableitung des MWG (Bd. I, S. 99) in der Konstanten k zusammengefaßt wurden. Es waren dies die Stoßzahl und ferner ein Faktor, der berücksichtigte, daß nicht jeder Stoß zum Umsatz führt, weil entweder der Stoß nicht heftig genug erfolgt oder nicht in der richtigen Weise trifft. (Einen Stein kann man mit Schlägen gleicher Stärke auch nicht in jeder beliebigen Richtung mit einem einzigen Schlag zertrümmern.) Außerdem spielen die „Hemmungen" einer Reaktion hier eine ganz bedeutende Rolle.

Die Heftigkeit der Stöße wird abhängen von dem Energieinhalt, den die einzelne Molekel gerade besitzt. Die „Reaktionsbereitschaft" z. B. zweier HJ-Molekeln, die beim Stoß zerfallen, wird also durch die Größe ihrer kinetischen Energie gegeben sein. Diesen Gedanken hat man auf alle Reaktionen übertragen (Trautz) und nimmt den *Energieinhalt* (Translations-, Rotations-, Schwingungs-, Elektronenenergie) *einer Molekel als Maß für ihre Reaktionsbereitschaft.* Man sagt, die Molekel ist „aktiv", wenn ihr Energieinhalt die sog. Aktivierungsenergie übersteigt. Letztere muß der Molekel auf irgendeinem Wege zugeführt werden, damit ein sie treffender Stoß zum Umsatz führt. Zur „Anregung" von Molekeln stehen eine ganze Reihe von Möglichkeiten offen, z. B. elektrische Einflüsse, Übertragung von Strahlung oder auch Erwärmung.

65. Ermittlung der Stoßzahl

In Gasen kann man mittels der kinetischen Theorie die Zahl der Stöße pro Sekunde ziemlich einfach berechnen. Nehmen wir an, eine Molekel besitzt den Radius ϱ cm und die Geschwindigkeit w cm/sek. Fliegt die Molekel nun geradlinig durch einen gasgefüllten Raum, so überstreicht sie in jeder

Sekunde einen Zylinder der Grundfläche $\pi\varrho^2$ und der Länge ω, d. h. das Volumen $\pi\varrho^2 \cdot w$ ccm. Es werden also in einer Sekunde mit dieser einen Molekel alle diejenigen zusammenstoßen, die sich in diesem Zylinder befinden. Sind nun in einem Volumen V ccm n Mole Gas, d. h. $n \cdot N_L$ Molekeln enthalten, so ist in dem Zylinder der Größe $\pi\varrho^2 \cdot w$ ccm die Anzahl $\pi\varrho^2 \cdot w \cdot n \cdot N_L / V$ Molekeln vorhanden. Dieser Wert der Stoßzahl ist nun als Mittelwert für einen größeren Gasraum noch nicht ganz richtig, da nicht alle Molekeln die Geschwindigkeit w besitzen. Die genauere Rechnung zeigt, daß die Stoßzahl Z pro Sekunde für eine Molekel gleich ist

$$Z = \sqrt{2} \cdot \pi\varrho^2 \cdot \frac{n \cdot N_L}{V} \cdot \bar{w}, \tag{23}$$

wo $\bar{w}$ die mittlere Geschwindigkeit bedeutet.

Einen mittleren Wert für die *Geschwindigkeit in Gasen* kann man aus der Beziehung $\frac{m}{2} \cdot \overline{w^2} = \frac{3}{2} \cdot RT$ ermitteln, die für ein Mol, also N_L Molekeln gilt. m bedeutet also die Masse von N_L Molekeln, d. h. das Molgewicht (falls ein einheitliches Gas vorliegt). Die Größe $\sqrt{\overline{w^2}}$ folgt dann zu $\sqrt{\overline{w^2}} = \sqrt{\frac{3 \cdot RT}{m}}$ $= 1{,}579 \cdot 10^4 \cdot \sqrt{\frac{T}{m}}$ cm/sek. Für Wasserstoff bei $T = 293°$ K ergibt sich dann z. B. eine Geschwindigkeit von etwa 1900 m/sek, für Luft etwa 500 m/sek. Das sind also recht große Geschwindigkeiten.

ϱ ist etwa 10^{-8} bis 10^{-7} cm groß. Daher wird für Luft von Zimmertemperatur und 760 mm Hg eine Stoßzahl pro Sekunde von etwa $6 \cdot 10^9$ erhalten. Das ist ein ganz außerordentlich großer Wert. Wenn jeder dieser Stöße zum Umsatz führen würde, so würden Gasreaktionen unter den obigen Bedingungen derart schnell verlaufen, daß eine Messung ihrer RG überhaupt nicht möglich wäre. Man beobachtet jedoch, daß eine Reaktion oft erst in 10^2 bis 10^6 Sekunden ihr Ende erreicht, während sich aus der Stoßzahl ein Ablauf innerhalb 10^{-9} Sekunden (= Zeit, in der jede Molekel einmal stößt) ergeben müßte. Es muß also in einem Gasgemisch immer nur eine außerordentlich kleine Zahl von Molekeln vorhanden sein, deren Energieinhalt die Aktivierungsenergie übersteigt.

66. Maxwell-Boltzmannscher Verteilungssatz

Am einfachsten ist diese Zahl zu berechnen, wenn wir den Fall annehmen, daß die Anregung der Molekeln nur durch Wärmeenergie erfolgt. Durch Stöße wird alsdann kinetische Energie $\left(\frac{m}{2}w^2\right)$ von Molekel zu Molekel übertragen. Die Geschwindigkeit w ist nun keineswegs für alle Molekeln dieselbe, wie man erkennt, wenn man von einem Gase ausgeht, dessen Teilchen nach Größe und Richtung zunächst gleiche Geschwindigkeit besitzen. Durch die Zusammenstöße wird sich im Laufe der Zeit ein Durcheinander der Geschwindigkeiten einstellen, das dauernd wechselt. Maxwell war als erster imstande,

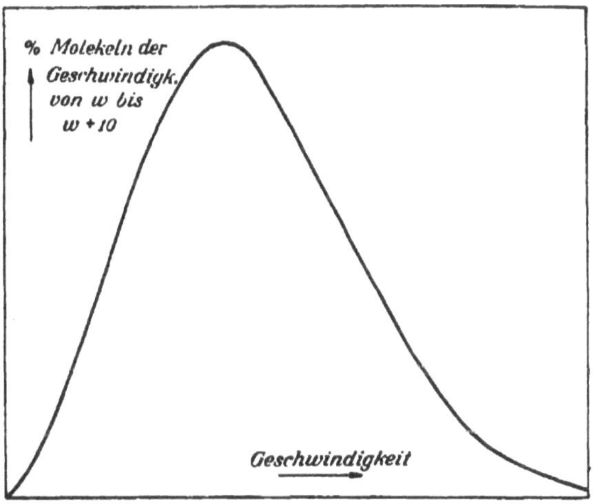

Fig. 21. Maxwell-Boltzmannsche Geschwindigkeitsverteilung

auf statistischem Wege zu berechnen, wie die Geschwindigkeiten auf die Molekeln verteilt sein müssen, damit im zeitlichen Mittel keine Änderung der Geschwindigkeitsverteilung vorkommt. Das nach ihm benannte Geschwindigkeitsverteilungsgesetz findet seinen einfachsten und anschaulichen Ausdruck in der Kurve der Fig. 21, die angibt, wieviel Prozent aller Molekeln eine Geschwindigkeit zwischen w und $w+10$ m/sek bei einer gegebenen Temperatur besitzt.

Wegen dieser Verteilung der Geschwindigkeiten auf die einzelnen Molekeln ist auf Grund der Formel $E_{kin} = \frac{m}{2} \cdot w^2$ auch die kinetische Energie der Teilchen in gleicher Weise verteilt. Boltzmann erkannte später, daß diese Verteilung auch für alle anderen Energiespeicherungsmöglichkeiten der Molekeln (Rotation, Schwingungen usw.) gilt. Das Maxwellsche Geschwindigkeitsverteilungsgesetz bietet also die Möglichkeit, zu berechnen, wieviel Molekeln einen Energieinhalt besitzen, der größer ist als ein Betrag *A*. *Unter vereinfachenden Annahmen erhält man als Ergebnis, daß dies der* $e^{-\frac{A}{RT}}$*-te Teil aller Molekeln ist.* Das ist nun die Beziehung, die wir suchten. Nur Zusammenstöße von Molekeln, die aktiv sind, d. h. größeren Energieinhalt besitzen, als der Aktivierungsenergie *A* entspricht, sollen zum Umsatz führen. Von allen Stößen ist also ebenfalls nur der $e^{-\frac{A}{RT}}$-te Teil erfolgreich.

Wenn nun k_{max} die RG-Konstante bedeutet, die bei Erfolg **aller** Stöße gültig ist, so muß die wirkliche Konstante gegeben sein durch $k = k_{max} \cdot e^{-\frac{A}{RT}}$ oder $\ln k = \ln k_{max} - \frac{A}{RT}$ oder nach Einführung gewöhnlicher Logarithmen

$$\log k = \log k_{max} - \frac{A}{4{,}575 \cdot T}.$$

k_{max} ist durch die Stoßzahl gegeben, die wegen Gl. (23) der Geschwindigkeit w und wegen der Beziehung $\frac{m}{2} w^2 = \frac{3}{2} RT$ der Wurzel aus der Temperatur T proportional ist. k_{max} ändert seinen Wert aber bei Temperaturänderungen nur wenig gegenüber der Änderung des anderen Gliedes. Daher kann man k_{max} in erster Näherung als Konstante betrachten und hat dann eine Beziehung, die genau die

Form der Arrheniusschen Gleichung für die Temperaturabhängigkeit der RG besitzt. Die Konstanten H und a sind nunmehr ausgedrückt mittels der Aktivierungsenergie A und durch den „Häufigkeitsexponenten" H. Durch Vergleich folgt

$$H = \log k_{max} \text{ und } a = \frac{A}{4{,}575 \cdot T}.$$

(Energie in cal gemessen). Damit lautet die *Arrheniussche Gleichung* nunmehr

$$\log k = H - \frac{A}{4{,}575 \cdot T}.$$

Nicht beachtet ist bei dieser Ableitung der sterische Faktor, der die räumliche Lage der Molekeln zueinander beim Stoß erfaßt. Außerdem ist es oft nicht möglich, einen genauen Radius für jede Molekelart anzugeben (z. B. bei Fadenform der Molekeln!). Trotzdem hat man experimentell die an Gasreaktionen kinetisch abgeleiteten Werte für H häufig bestätigen können, was für die Richtigkeit der Annahmen spricht. — A hat für Reaktionen, deren Geschwindigkeit man messend verfolgen kann, Werte von 20 000—100 000 cal.

Merkwürdigerweise befolgen auch viele Lösungsreaktionen die Arrheniussche Formel, obwohl die Berechnung der Zahl der erfolgreichen Stöße durch den Einfluß des Lösungsmittels in keinem Fall mit einiger Sicherheit durchführbar ist. Für eine ganze Reihe von Lösungsreaktionen darf man die Ergebnisse über die Stoßzahl einfach aus der kinetischen Gastheorie übertragen. Abweichungen sind durch den Einfluß des Lösungsmittels auf die reagierenden Stoffe zu deuten. In solchen Fällen ergibt Wechsel des Lösungsmittels auch andere Reaktionsgeschwindigkeiten.

67. Anregung bei monomolekularen Reaktionen

Erste Stufe einer Reaktion wird immer die Anregung von Molekeln sein. Auch dieser Vorgang muß daher als Teilreaktion gewertet werden und kann für die gesamte Reaktion geschwindigkeitsbestimmend sein. Dabei muß man beachten, daß dieser Teilvorgang auch rückläufig sein kann. Das wird immer dann der Fall sein, wenn die (z. B. durch einen Stoß) angeregte Molekel ihre Aktivierungsenergie durch Zusammenstoß mit anderen Molekeln oder mit der Wand verliert, bevor sie mit einer zweiten angeregten Molekel zusammenstoßen kann. Denken wir z. B. an eine monomolekulare Reaktion, so sollte anschließend an die Aktivierung der Zerfall der angeregten Molekel vor sich gehen. Haben wir ein Gas (z. B. N_2O_5) unter hohem Druck, so ist die Stoßzahl außerordentlich groß und es wird immer eine große Zahl von Molekeln im Besitz der Anregungsenergie sein. Von diesen Molekeln kommt aber immer nur ein Teil zum Zerfall. Das ist am besten zu verstehen an vielatomigen Molekeln. Diese haben eine große Zahl von Möglichkeiten, Energie zu speichern (z. B. alle Schwingungen der Atome gegeneinander). An einer besonders schwachen Bindung kann nun das Teilchen gesprengt werden, wenn „zufällig" durch Schwingungen der betreffenden Molekelteile um diese Bindung dort die gesamte Anregungsenergie konzentriert ist. Die Schwingung wird dann zu heftig und das Teilchen zerreißt wie eine zu stark beanspruchte Spiralfeder. Für die Häufigkeit, mit der dies eintritt, sind die Gesetze der Wahrscheinlichkeit maßgebend und nicht die Häufigkeit der Stöße. Daher wird jede der vielen Molekeln, welche im Besitz der Anregungsenergie sind, unabhängig von den anderen nach den Gesetzen der Wahrscheinlichkeit zerfallen, d. h. es muß eine Reaktion erster Ordnung vorliegen.

Ein Unterschied zwischen den Molekelreaktionen I. Ordnung und dem radioaktiven Zerfall besteht noch darin, daß man die Geschwindigkeit der Molekelreaktionen verändern kann, während der Ablauf des radioaktiven Zerfalls sich nicht beeinflussen läßt. Das hat seine Ursache darin, daß bei radioaktiven Stoffen ein Zerfall des Atomkernes eintritt, dessen Energieinhalt man mit chemischen Hilfsmitteln nicht verändern kann. Die Kernenergie verteilt sich im Laufe der Zeit offenbar in unterschiedlicher Weise auf die einzelnen Kernbestandteile und nur die Gesetze der Wahrscheinlichkeitsrechnung sind dafür maßgebend, wann einmal Konzentrierung der Energie auf die schwächste Stelle erfolgt. Die organischen Molekeln erhalten demgegenüber ihre Anregungsenergie von außen, z. B. durch „Temperaturstöße", deren Intensität man ändern kann.

Zerfällt N_2O_5 bei k l e i n e n D r u c k e n, so ist die Zahl der Stöße weit weniger groß. Eine angeregte Molekel hat also sehr lange Zeit, die Aktivierungsenergie in sich zwischen den verschiedenen möglichen Speicherstellen hin- und herpendeln zu lassen, wobei in dem Zeitraum zwischen zwei Stößen mit Sicherheit einmal die schwächste Stelle sehr energiereich wird, so daß die Molekel gesprengt wird. In diesem Fall ist nicht mehr die Wahrscheinlichkeit für den Zerfall maßgebend, sondern die Zahl der angeregten Molekeln, die von der Zahl der Stöße, also der Konzentration, abhängt. Dann läuft die Reaktion nach der II. Ordnung ab. Tatsächlich beobachtet man beim N_2O_5-Zerfall für Drucke unterhalb 0,05 mm Hg einen Übergang zur zweiten Reaktionsordnung. Die erste Ordnung bleibt jedoch auch bei diesen kleinen N_2O_5-Partialdrucken bestehen, wenn man dem verdünnten N_2O_5 irgendein indifferentes Gas (Stickstoff) zusetzt, das dann die Übertragung der Anregungsenergie übernimmt. Alle beobachteten Tatsachen sind also mit der erläuterten Vorstellung des Anregungsmechanismus in Übereinstimmung.

Für monomolekulare Reaktionen ist der Häufigkeitsexponent H demzufolge nicht mehr durch die Stoßzahl gegeben, sondern er ist durch die Gesetze der Energieverteilung in der Einzelmolekel bestimmt. Der Begriff der Aktivierungsenergie behält jedoch seine Bedeutung.

68. Kettenreaktionen

Liegen exotherme Reaktionen vor, so kann es vorkommen, daß der Zusammenstoß aktiver Molekeln zu recht energiereichen Produkten führt, die an sich instabil sind, die aber die Reaktion weiter fortführen, so daß durch eine einzige angeregte Molekel eine ganze Reihe von nicht aktiven Molekeln umgesetzt werden kann. Solche Vorgänge bezeichnet man als Kettenreaktionen. Sie liegen wahrscheinlich bei allen Verbrennungsreaktionen vor. Ein Beispiel bildet der Umsatz von Wasserstoff und Brom zu Bromwasserstoff. Als einleitende Reaktion (*Startreaktion*) nimmt man an

$$Br_2 \rightarrow 2Br.$$

Dann läuft die *Reaktionskette* ab:

$$Br + H_2 \rightarrow HBr + H$$
$$H + Br_2 \rightarrow HBr + Br \text{ usw.}$$

Die *Abbruchreaktion*, durch welche die Kette beendet werden kann, ist dann

$$2Br \rightarrow Br_2.$$

Die aus diesem Schema folgende RG wird experimentell wirklich beobachtet. — Die Spaltung in Atome ist in vielen Fällen als Startreaktion gefunden worden.

Die Abbruchreaktion der Vereinigung von Atomen ist im Zweierstoß nur schlecht möglich, da die entstehende Molekel den Energiebetrag enthält, der bei Vereinigung der Atome frei wird. Diese Energie muß auf irgendeinem Wege wenigstens teilweise von der Molekel entfernt werden, was z. B. durch Stöße der Molekel an ein drittes Teilchen oder an die Wand erfolgen kann. Es muß also zum Abbruch einer Kette immer ein Dreierstoß erfolgen. Erst dann ist die Gewähr gegeben, daß die neugebildete Molekel stabil ist und nicht sofort wieder zerfällt.

69. Explosionen

Exotherme Reaktionen können sich bisweilen derart steigern, daß ein augenblicklicher Ablauf erfolgt, der als Explosion bezeichnet wird. Eine Möglichkeit hierzu ist dann gegeben, wenn die Reaktion derart schnell abläuft, daß die durch sie erzeugte Wärme nicht schnell genug durch Leitung oder Strahlung abgeführt werden kann, so daß sich die Temperatur des Gemisches immer weiter steigert. Dadurch wird wieder eine Steigerung der RG bewirkt, die daher außerordentlich groß werden kann. Diesen Explosionstyp nennt man Wärmeexplosion.

Liegt eine Kettenreaktion vor, so besteht noch eine weitere Möglichkeit, die eine Explosion bewirken kann, nämlich das Auftreten einer „Kettenverzweigung". Die Knallgas-Explosion bietet hierfür ein gutes Beispiel. Als Startreaktionen kommen in Frage:

$$H_2 + O_2 \rightarrow HOH + O,$$
$$H_2 + O_2 \rightarrow OH + OH.$$

Die Atomgruppen O und OH sind also Ausgangsstoffe der Reaktionskette, die in folgenden Stufen ablaufen kann:

$$OH + H_2 \rightarrow HOH + H$$
$$O + H_2 \rightarrow OH + H$$

und

$$H + O_2 + H_2 \rightarrow HOH + OH$$
$$H + H + O_2 \rightarrow OH + OH.$$

Die gebildeten H-Atome setzen also die Kette durch die selteneren Dreierstöße fort; das gilt bis zu Temperaturen von etwa 400° C, wobei noch keine Explosion eintritt. Die weiter mögliche Reaktion

$$H + O_2 \rightarrow OH + O$$

verläuft merklich erst bei etwas höherer Temperatur, da zu ihrer Auslösung eine größere Energiemenge erforderlich ist (Spaltung der O_2-Molekel). Diese Reaktion bewirkt nun eine Kettenverzweigung, da ihre beiden Endprodukte OH und H je eine neue Kette bilden können. Je häufiger also die letztere Umsetzung erfolgt, um so schneller verläuft die Reaktion, und dann wird eine Explosion durch Kettenverzweigung möglich.

Der Abbruch einer solchen Kettenreaktion ist durch Erhöhung der Möglichkeiten zur Bildung von Molekeln aus Atomen, also durch Druckerhöhung oder Begünstigung von Wandreaktionen (Dreierstößen) zu erreichen. Darauf beruht die Verhinderung zu schneller Explosionen („Klopfen") in Verbrennungsmotoren durch Zusatz leicht zersetzlicher Metallverbindungen zum Gasgemisch („*Anti-Klopfmittel*" wie $Fe(CO)_5$ oder $Pb(C_2H_5)_4$). Durch den bei Erwärmung entstehenden feinen Metallstaub wird die Zahl der Dreierstöße stark erhöht.

Bei Detonationen, die sich von Explosionen durch ihre sehr viel höhere Ausbreitungsgeschwindigkeit unterscheiden, bewirkt die bei Zündung z. B. eines brennbaren Gasgemisches auftretende Ausdehnung die Entstehung einer

Druckwelle, die zur Erwärmung der Nachbargebiete infolge adiabatischer Kompression führt. Die Geschwindigkeit solcher Detonationen kann bis zu etwa 8 Kilometern pro Sekunde betragen, während sich Explosionen meist nur mit einigen Metern pro Sekunde fortpflanzen.

70. Photochemie

Sehr vielfältig sind die Reaktionen, die ihre Anregungsenergie nicht in Form von Wärmeenergie, sondern durch Einstrahlung von Licht empfangen. Sie werden als photochemische Reaktionen bezeichnet. Grundlage der photochemischen Energieaufnahme und -abgabe durch Molekeln ist das Quantengesetz (Bd. I, S. 55), nach welchem Teilchen atomarer Größe nur Lichtenergie in Quanten der Größe $\varepsilon = h \cdot \nu$ aufnehmen oder abgeben können, wobei ν die Frequenz des Lichtes bedeutet, die mit der Wellenlänge λ und der Lichtgeschwindigkeit c durch die Beziehung $\frac{c}{\nu} = \lambda$ verknüpft ist. ($c = 2{,}998 \cdot 10^{10}$ cm/sek.). h ist das Plancksche Wirkungsquantum und besitzt den Wert $h = 6{,}626 \cdot 10^{-27}$ erg.-sek.

Je nach der Wellenlänge des benutzten Lichtes ist also die vom Licht mitgeführte Energie verschieden und man kann durch Messung der Wellenlänge des Lichtes die zur Anregung erforderliche Energiemenge bestimmen. Eine Molekel braucht zur Anregung ein Lichtquant der Energie $h\nu$, ein Mol $= N_L = 6{,}022 \cdot 10^{23}$ Molekeln brauchen also die Energie $h\nu \cdot N_L$. Diese Energiemenge bezeichnet man als **photochemisches Äquivalent**, ähnlich wie die elektrische Ladung eines Äquivalents elektrochemisches Äquivalent genannt wird. Das photochemische Äquivalent besitzt die Größe $2{,}859 \cdot 10^5/\lambda$ kcal/Mol. Die folgende Tabelle 8 gibt eine Übersicht über die Wellenlängen der einzelnen Lichtarten und die Größe der entsprechenden photochemischen Äquivalente. Mittels sichtbaren Lichtes können also Anregungsenergien bis zu 70 000 cal übertragen werden.

Tabelle 8: Photochemische Äquivalente von Lichtarten

	λ in Å	kcal/Mol
ultrarot	10 000	28,6
	9 000	31,7
sichtbar	8 000	35,7
	7 000	40,8
	6 000	47,5
	5 000	57,0
	4 000	71,5
ultraviolett	3 000	95
	2 000	142

Wenn eingestrahltes Licht photochemisch wirksam sein soll, so muß es zunächst von dem betreffenden Stoff aufgenommen, d. h. absorbiert werden. Eine solche Absorption ist nur dann möglich, wenn die fragliche Molekel überhaupt imstande ist, das eingestrahlte Quant aufzunehmen. Von jeder Molekel werden nämlich keineswegs Quanten beliebiger Größe aufgenommen, wie im folgenden Kapitel eingehend begründet wird. Jedes Atom kann nur gewisse, ganz bestimmte Energieinhalte annehmen und das eingestrahlte Quant muß gerade die Größe besitzen, die der Differenz zweier solcher Energiezustände entspricht.

Wird ein Lichtquant von einem Stoff absorbiert, so wird dadurch Anregung einer Molekel bewirkt, wodurch diese zum Umsatz fähig wird. Es muß also die Zahl N der umgesetzten Molekeln gleich der der eingestrahlten Quanten q sein, d. h. die Quantenausbeute φ muß gleich Eins sein:

$$\varphi \equiv \frac{N}{q} = 1.$$

Dies sog. *photochemische Äquivalentgesetz* muß naturgemäß in allen den Fällen versagen, in welchen die im Anschluß an die Anregung eintretende chemische Reaktion nicht direkt zu den Endprodukten führt. Für Kettenreaktionen erhält man z. B. Quantenausbeuten bis zu

100 000, d. h. auf eine angeregte Molekel entfallen 100 000 umgesetzte Molekeln. Ein Beispiel für photochemische Kettenreaktionen bildet die Chlorknallgasreaktion: $H_2 + Cl_2 \rightarrow 2\,HCl$. Deren Mechanismus ist folgender:

$$\text{Startreaktion:}\quad Cl_2 + h\nu \rightarrow Cl + Cl$$
$$\text{Kette:}\quad Cl + H_2 \rightarrow HCl + H$$
$$H + Cl_2 \rightarrow HCl + Cl \text{ usw.}$$

Abbruch der Kette kann durch Dreierstöße zwischen zwei Atomen H bzw. Cl und der Wand oder einer dritten Molekel erfolgen.

Bei der Chlorknallgasreaktion tritt außerdem noch eine „Dunkelreaktion" ein, die zu einer allmählichen Umsetzung führt. Diese verläuft erheblich langsamer und man erkennt, daß die Lichtquanten nach Art eines Katalysators, nämlich reaktionsbeschleunigend wirken. Es handelt sich indessen nicht um eine echte Katalyse, da die Lichtquanten nicht unverändert aus der Reaktion hervorgehen.

71. Photographischer Prozeß

Eine wichtige Anwendung photochemischer Reaktionen stellt die bei der Photographie benutzte Umwandlung von $AgBr$ in metallisches Silber durch Lichteinstrahlung dar. Die Grundreaktion besteht in der Aufnahme eines Lichtquants $h\nu$ durch Silberhalogenidkörner, und zwar erfolgt die Aufnahme des Quants durch die Halogenionen, die daraufhin ein Elektron abspalten. Dies dient wieder zur Neutralisation eines benachbarten Ag-Ions, wodurch metallisches Silber entsteht:

$$Ag + Br' + h\nu \rightarrow Ag + Br.$$

Das Ag-Atom dient im Verein mit anderen bei der später erfolgenden Reduktion (Entwicklung) als Keim für die Reduktion des gesamten Korns. Das ist zwar nur ein annäherndes Bild dieser recht komplizierten Umsetzung. Es genügt jedoch, um die Möglichkeit ihrer Anwendung verständlich zu machen.

Die obige Reaktion kann immer nur dann eintreten, wenn das Licht vom $AgBr$ absorbiert wird. Das tut jedoch nur Licht blauer Farbe. Längerwelliges Licht ist unwirksam. Es gelingt indessen, durch Zusatz geeigneter Farbstoffe zur photographischen Schicht Absorption bis zu Wellenlängen von 13 000 A (infrarot) zu erreichen. Diese „Sensibilisierung" (Empfindlichmachung) ist wahrscheinlich ein Spezialfall für eine Erscheinung, die unter dem Namen „gekoppelte Reaktionen" in der Chemie bekannt ist. Die Energielieferung für die eigentlich gewünschte Reaktion erfolgt hier auf einem Umwege, der über den sensibilisierenden Farbstoff führt. Dieser nimmt die eingestrahlte Energie auf und gibt sie an das *AgBr* weiter. — Bei gekoppelten Reaktionen im allgemeinen Sinne liefert eine zweite gleichzeitig ablaufende Reaktion den Energiebedarf der eigentlichen Reaktion.

72. Katalyse

In der Technik steht man häufig vor der Aufgabe, Reaktionen, die an sich freiwillig, aber mit zu geringer Geschwindigkeit ablaufen, zu beschleunigen. Das ist meist durch Erhöhung der Temperatur möglich, wenn nicht die gewünschten Produkte bei der erforderlichen höheren Temperatur zersetzlich sind. Ferner bietet dieser Weg außer erhöhten Kosten bisweilen schwer lösbare Probleme, z. B. die Fabrikation von Behältern, die bei der erhöhten Reaktionstemperatur gegen die beteiligten Stoffe beständig sind. Man sucht daher andere Wege zur Beschleunigung von Reaktionen. Diese sind durch Benutzung sogenannter K a t a l y s a t o r e n gegeben. Mit diesem Namen bezeichnet man Stoffe, die schon in geringen Mengen die Geschwindigkeit einer Reaktion ändern, jedoch unverändert aus der Reaktion hervorgehen. Das Gleichgewicht selbst wird durch den Katalysator nicht verändert; man kann also an sich unmögliche Reaktionen nicht durch Zusatz von Katalysatoren erzwingen. Daraus folgt, daß die Geschwindigkeit der Hin- und Rückreaktion in gleicher Weise beeinflußt wird. Die Natur bringt mit Hilfe solcher Katalysatoren chemische Prozesse zum Ablauf, deren Endprodukte wir im Laboratorium heute nur z. B. unter Anwendung hoher Drucke und Temperaturen oder auf komplizierten Umwegen herstellen können. Man bemüht sich daher, gerade in dieser Hinsicht die Natur nachzuahmen.

Man kennt in der Chemie eine große Zahl von katalytischen Reaktionen, und unterscheidet zwischen *homo-*

gener und *heterogener* Katalyse, je nachdem Katalysator und reagierendes System eine einzige oder mehrere Phasen bilden. Zu homogenen katalytischen Reaktionen rechnen also alle Gasreaktionen mit gasförmigen Katalysatoren und Lösungsreaktionen mit löslichen Katalysatoren. Heterogene Katalysen liegen immer dann vor, wenn z. B. ein fester Stoff bei einer Gas- oder Lösungsreaktion als Katalysator benutzt wird. Ferner kann auch die Wandung eines Reaktionsgefäßes als Katalysator in heterogenen Reaktionen auftreten (*Wandkatalyse*).

Manche Stoffe, wie Platin, Palladium und auch Fe_2O_3, wirken in den verschiedensten Reaktionen katalytisch, während andere Stoffe wieder nur „spezifisch", d. h. für ganz bestimmte Reaktionen brauchbar sind. Kinetisch gesehen kann die Wirkungsweise eines Katalysators darin bestehen, daß entweder durch Zusatz des Katalysators zum reagierenden System neue Reaktionswege geschaffen werden, die eine kleinere Aktivierungstheorie erfordern, oder aber daß die Aktivierungsenergie auf den normalen Wegen herabgedrückt wird. Im ersteren Fall ist die Entstehung neuer Wege wohl dadurch zu verstehen, daß zwischen dem Katalysator und irgendeinem Reaktionspartner Verbindungen gebildet werden, über welche die Reaktion schneller ablaufen kann. Die langsamste Teilreaktion wird also durch ein oder mehrere schneller verlaufende ersetzt. In anderen Fällen wird die Herabsetzung der Aktivierungsenergie wahrscheinlich dadurch bewirkt, daß ein neuer Mechanismus zur Energieübertragung geschaffen wird. In den meisten Fällen weiß man jedoch über die Wirkungsweise der Katalysatoren nur wenig und kann deswegen beim Aufsuchen neuer Katalysatoren für eine gegebene Reaktion nur durch Probieren zum Erfolg gelangen.

Ebenso wie es reaktionsbeschleunigende Stoffe gibt, kennt man auch viele Fälle von verzögernder Wirkung (negative Katalyse durch sog. *Inhibitoren*). Ein Beispiel hierfür bildet der Fall, daß durch Zusatz eines Inhibitors die Möglichkeiten zum Abbruch einer Kettenreaktion vergrößert werden.

73. Homogene Katalyse

Homogene Katalyse ist außerordentlich häufig in Lösungen anzutreffen. Die H-Ionen z. B. katalysieren die verschiedensten Reaktionen, was man an der Abhängigkeit der RG vom p_H der Lösung erkennt. Die Geschwindigkeit der Inversion des Rohrzuckers (Spaltung in Dextrose und Lävulose) ist z. B. genau proportional der H-Ionen-Konzentration der Lösung. Man kann diese Reaktion umgekehrt durch Messung ihrer Geschwindigkeit zur Bestimmung des p_H-Wertes einer Lösung benutzen. Das gleiche gilt für die Esterverseifung:

$$CH_3COOC_2H_5 + H_2O \rightarrow CH_3COOH + C_2H_5OH.$$

Bei Gasreaktionen beobachtet man bisweilen einen katalytischen Einfluß von Spuren von Wasserdampf auf den Reaktionsablauf. Ein Gemisch von CO und O_2 läßt sich z. B. auf keine Weise zur Explosion bringen, wenn beide Gase völlig trocken sind. Jede vorhandene Spur von Wasserdampf bewirkt jedoch bei Zündung heftige Explosionen.

In der organischen Chemie sind katalytische Reaktionen besonders häufig, und zwar arbeitet die Natur vorwiegend mit solchen Prozessen. Die Katalysatoren bezeichnet man hier je nach den Vorgängen, bei denen sie mitwirken, als Fermente, Enzyme, Hormone, Vitamine usw. Es sind dies alles Stoffe, die der lebende Organismus in geringen Mengen enthält oder erzeugt, und die gewisse lebenswichtige Vorgänge sehr stark zu beeinflussen vermögen. Bemerkenswert ist die außerordentlich spezifische Wirkung mancher dieser Stoffe. Die Spezifizität ist so weitgehend ausgebildet, daß manche Enzyme z. B. von einer Reihe isomerer Stoffe (das sind Stoffe mit verschiedener räumlicher Anordnung der gleichen Zahl und Art von Atomen in der Molekel) nur einen einzigen spalten, während die übrigen unverändert gelassen werden. Diese Reaktionen sind für die Erforschung der Lebensvorgänge außerordentlich wichtig; jedoch ist nur in einzelnen Fällen der genaue Aufbau der beteiligten Stoffe und ihre Wirkungsweise bekannt. Meist wirken nämlich eine ganze Reihe von Katalysatoren mit- und gegeneinander *(Mischkatalysatoren)*, die in ihrer Wirksamkeit außerdem noch durch wieder andere Stoffe gefördert oder gehemmt werden können (*Aktivatoren* bzw. *Katalysatorgifte*). Die biologische Chemie hat hier noch ein weites Betätigungsfeld.

74. Heterogene Katalyse

Die wichtigsten Fälle heterogener Katalyse sind die Anwendung fester Katalysatoren bei Gas- und Lösungsreaktionen. Die Umsetzung wird immer an der Grenzfläche zwischen Katalysator und Nachbarphase erfolgen, so daß alle diejenigen Faktoren von Wichtigkeit sein werden, die auch bei gewöhnlichen heterogenen Reaktionen eine Rolle spielen. Als Anhalt für die Vorstellung denken wir z. B. an die Auflösung eines Metalls in einer Säure. Damit sich eine solche Umsetzung abspielen kann, müssen die Ausgangsstoffe erst einmal zusammengebracht werden, also die beteiligten Stoffe an die Oberfläche des Metalls herangeführt werden. Das geschieht auf dem Wege der Diffusion, also des allmählichen Transportes von Molekeln infolge ihrer Wärmebewegung. Ferner müssen nach Ablauf der Umsetzung die Produkte wieder fortgeschafft werden. Daher können wir eine heterogene Reaktion in folgende drei Schritte unterteilen:

1. Zufuhr der Ausgangsstoffe zur Reaktionszone,
2. Umsetzung,
3. Abtransport der Endprodukte aus der Reaktionszone.

Die Geschwindigkeit der Reaktion wird nun davon abhängen, welche Stufe am langsamsten verläuft. Geht der eigentliche Umsatz am langsamsten, so liegen die Verhältnisse ähnlich wie bei homogenen Reaktionen. Es sind dann in der Reaktionszone immer Reaktionspartner in genügender Menge vorhanden, so daß die Geschwindigkeit von deren Konzentration nach einem der oben besprochenen Gesetze abhängt. Je schneller dabei die Umsetzung verläuft, um so schmaler wird die „Reaktionszone“ sein, so daß wir schließlich von einer *Grenzflächenreaktion* sprechen können.

Erfolgt der Abtransport der Endprodukte am langsamsten, so kann ein Stillstand der Reaktion eintreten, wie dies z. B. bei der Oxydation mancher Metalle (Zink, Aluminium) an der Luft der Fall ist, bei der die entstehenden Oxyde fest sind und überhaupt nicht von der Oberfläche entfernt werden. Das führt zur Ausbildung einer zusammenhängenden Schutzschicht, die keinen Sauerstoff mehr durchtreten läßt.

Handelt es sich um katalytische Reaktionen, so wird die Umsetzung sich an der Oberfläche des Katalysators abspielen, woraus man erkennt, daß deren Beschaffenheit für den Ablauf der Reaktion von großer Bedeutung sein muß. Ganz allgemein bemüht man sich, die Oberfläche möglichst groß zu machen, indem die Katalysatoren auf poröse Stoffe (Ton, Bimsstein) aufgebracht oder in feinster Staubform (Ni bei Fetthärtung, Pd bei Hydrierungen) angewendet werden. Grundlegend für das Wesen der heterogenen Katalyse ist nämlich die Anschauung, daß die Reaktionsteilnehmer oder einer von ihnen an der Oberfläche des Katalysators „adsorbiert" werden. Der Adsorptionsvorgang ist meist bei Gaskatalysen maßgebend, während für den Ablauf von flüssigen Lösungsreaktionen die Diffusion geschwindigkeitsbestimmend ist. Um also auf den Mechanismus dieser Umsetzungen schließen zu können, muß man die Gesetze der Diffusion und Adsorption kennen.

75. Diffusion

Diffusion wird der Vorgang genannt, durch welchen z. B. zwischen zwei verschieden konzentrierten Lösungen ein allmählicher Konzentrationsausgleich erfolgt, der seine Ursache in der Wärmebewegung der Molekeln hat. Es muß also zum Auftreten einer Diffusion immer ein Konzentrationsgefälle vorhanden sein. Ein einfaches Beispiel für einen Diffusionsvorgang bietet die Auflösung eines festen Salzes in einem Lösungsmittel. (Dies Beispiel ist übersichtlicher als die Reaktion einer Säure mit einem Metall, da in letzterem Falle sowohl die H-Ionen an die Metalloberfläche herangeführt, wie die entstehenden Metall-Ionen fortgeschafft werden müssen.) In der

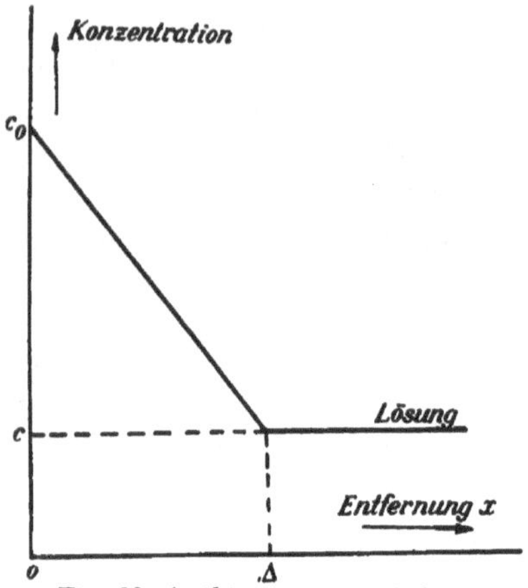

Fig. 22. Auflösung eines Salzes

nächsten Umgebung der Oberfläche löst sich Salz im Lösungsmittel, bis die Sättigungskonzentration c_0 der Lösung erreicht ist. Nach innen erfolgt ein Abfall der Salzkonzentration bis gegen Null oder einen Wert c.

Rührt man die Lösung durch, so bleibt trotzdem immer noch eine dünne (10^{-2} bis 10^{-3} cm starke) flüssige Schicht am Salz haften, die dauernd an Salz gesättigt ist. Der Konzentrationsabfall vom festen Salz ausgehend ist in Abhängigkeit von der Entfernung x vom Salzkristall in Fig. 22 schematisch wiedergegeben. Es besteht also ein Konzentrationsgefälle $\frac{c_0 - c}{\Delta}$ zwischen Salz und Lösung, bis infolge der Auflösung schließlich die Sättigungskonzentration in der gesamten Lösung erreicht ist.

Nach den Arbeiten von Fick ist die Menge dn an Molekeln, die in der Zeit dt durch einen Querschnitt q diffundiert, welcher zwei Gebiete trennt, zwischen denen das Konzentrationsgefälle $\frac{dc}{dx}$ herrscht, gegeben durch die Beziehung:

$$dn = -D \cdot q \cdot \frac{dc}{dx} \cdot dt.$$

Hierin bedeutet D die sog. *Diffusionskonstante,* die für das diffundierende Material charakteristisch ist. Sie ist im allgemeinen proportional der inneren Reibung der Lösung und abhängig von Größe und Masse der diffundierenden Teilchen.

Bezeichnen wir im Falle der Auflösung von Salz in einem Lösungsmittel die Kristalloberfläche mit q und ersetzen n durch eine Konzentrationsangabe, so findet man unter Beachtung des Konzentrationsgefälles $\frac{c_0 - c}{\Delta}$, das sich aus der Fig. 22 ergibt, für die Konzentration $c = \frac{n}{V}$ die folgende zeitliche Abhängigkeit

$$dc = \frac{D \cdot q}{V} \cdot \frac{c_0 - c}{\Delta} \cdot dt.$$

Das ist eine Formel für die Abhängigkeit der Auflösungsgeschwindigkeit von der in der Lösung schon vorhandenen Konzentration c, die genau der für Reaktionen I. Ordnung gültigen Gleichung entspricht. Ihre Integration ergibt

$$\ln \frac{c_0 - c}{c_0} = -\frac{D \cdot q \cdot t}{V \cdot \Delta}.$$

Nach dieser Beziehung verlaufen viele Lösungsvorgänge von Metallen oder Oxyden in Säuren. Die Konzentration der H-Ionen am Metall oder Oxyd ist fast Null, da diese dort verbraucht werden, und steigt mit der Entfernung vom festen Stoff bis auf den in der Lösung vorliegenden Wert. Umgekehrt liegen die Konzentrationsverhältnisse für die gebildeten Metall-Ionen.

Katalytisch verlaufende Reaktionen, bei denen die Diffusion der langsamste Teilvorgang ist, verlaufen also nach der I. Ordnung. Die Temperaturabhängigkeit der RG ist in diesen Fällen nicht durch die Arrheniussche Formel gegeben, sondern durch die Änderung der Diffusionsgeschwindigkeit mit der Temperatur, die im wesentlichen durch die mit der Temperatur veränderliche Zähigkeit der flüssigen Phase bedingt ist.

76. Gasreaktionen

Bei Gasreaktionen erfolgt die Diffusion meist hinreichend schnell, so daß hier die Reaktion selbst der geschwindigkeitsbestimmende Schritt ist. Man hat gefunden, daß die allermeisten Gasreaktionen keine ausgesprochenen homogenen Reaktionen sind, sondern daß es sich um heterogene Katalysen handelt, bei denen die Wandung der Behälter die Rolle des Katalysators übernimmt. Durch eine absichtliche Änderung der Größe der Wandfläche ändert sich nämlich die Reaktionsgeschwindigkeit.

Untersucht man weiter solche Gasreaktionen bei verschiedenen Temperaturen, so findet man häufig einen Verlauf der Werte der Geschwindigkeitskonstanten k, wie er schematisch in Fig. 23 aufgezeichnet ist, in welcher $\log k$ gegen $1/T$ aufgetragen ist. Nach der Arrheniusschen Formel entspricht einer großen Steigung (= Faktor von $1/T$)

dieser Kurve eine große Aktivierungsenergie. Aus dem Vorhandensein der beiden geradlinigen Äste der Kurve erkennt man, daß bei höheren Temperaturen eine höhere Aktivierungsenergie maßgebend ist als bei niederer Temperatur. Der Reaktionsablauf muß also ein verschiedener sein; und zwar verläuft bei niederer Temperatur

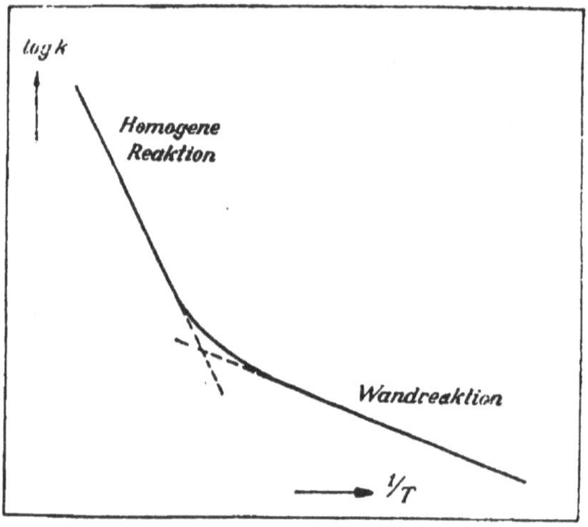

Fig. 23. Temperaturabhängigkeit der Geschwindigkeitskonstanten bei Gasreaktionen

(großes $1/T$) vornehmlich die Wandreaktion, weil die eigentliche homogene Reaktion eine zu hohe Aktivierungsenergie erfordert. Diese kann erst von einer gewissen Temperatur an durch die Stöße der Molekeln geliefert werden.

Hieraus erkennt man das Wesen der Katalysatorwirkung, das also in diesen Fällen in einer Herabsetzung der Aktivierungsenergie besteht. Meist ist das so zu deuten, daß ein Reaktionspartner oder auch mehrere an der Oberfläche des Katalysators adsorbiert werden, wobei zwischen der „Kontaktsubstanz" und dem reagierenden Stoff offenbar eine Art chemischer Verbindung entsteht. Für solche Reaktionen müssen also die Gesetze der Adsorption von Bedeutung sein.

77. Adsorption

Als Adsorption bezeichnet man ganz allgemein die Anreicherung oder Verarmung (*positive* bzw. *negative* Adsorption) eines Stoffes an der Grenzfläche zweier Phasen. Solche Grenzflächen, wie z. B. die Oberfläche einer Flüssigkeit gegen Luft, sind gegenüber dem Inneren einer Phase ausgezeichnete Stellen, wie man schon am Vorhandensein einer Oberflächenspannung erkennt. Wesentlich für das Auftreten einer Adsorption sind immer die von den einzelnen Stoffen ausgehenden Kraftwirkungen. Ionen, die ja elektrisch geladen sind, werden immer zu Orten größter Dielektrizitätskonstante hinstreben, weswegen sie in einer wäßrigen Lösung, die an Luft grenzt, immer im Inneren des Wassers angereichert werden, wodurch natürlich eine Verarmung an Ionen in der Grenzfläche eintritt. Besonders gern sammeln sich in einer Grenzfläche solche Molekeln an, die aus verschiedenartigen Gruppen bestehen, von denen die eine der einen Phase (z. B. dem Lösungsmittel) und die andere der anderen Phase (z. B. Luft) verwandt sind. Dem Wasser verwandte, *hydrophile* Gruppen sind z. B. die OH-, COOH-, NO_2-Gruppe wegen ihrer Dipoleigenschaften. Kohlenwasserstoffgruppen dagegen sind *hydrophobe* Gruppen, d. h. dem Wasser feindlich. Die hydrophoben Gruppen aller Molekeln streben dann immer aus dem Wasser heraus, und auf diese Weise entsteht eine Anreicherung der betreffenden Molekeln in der Grenzfläche. Sie ordnen sich dort so, daß ihre hydrophilen (allgemein: *lyophilen*) Gruppen ins Wasser tauchen und die hydrophoben herausragen, wie dies bei Seifenlösungen (= fettsaure Salze) beobachtet wird. Da möglichst alle Molekeln an die Oberfläche zu kommen suchen, wird hierdurch eine Vergrößerung der Oberfläche begünstigt, die Oberflächenspannung also erniedrigt. Solche Stoffe, welche die Oberflächenspannung erniedrigen, nennt man kapillaraktiv oder oberflächenaktiv. Sie wirken bereits in sehr kleinen Mengen, nämlich schon dann, wenn sich Schichten von der Stärke e i n e r Molekel auf der Oberfläche ausbilden können.

78. Feste Stoffe

An f e s t e n S t o f f e n beobachtet man ebenfalls eine oft recht feste Adsorption, die auf dieselben Ursachen zurückzuführen ist wie bei Flüssigkeiten. Die Oberfläche eines Kristalls ist nämlich auch eine Stelle, an der die Bausteine nicht mehr den symmetrischen Kraftwirkungen der allseitigen Nachbarn ausgesetzt sind; es ragen also von dort Kraftfelder in den Raum, die an den Ecken und Kanten des Kristalls am stärksten sein werden. Dort wird also auch die stärkste Adsorption zu erwarten sein (*aktive Zentren*).

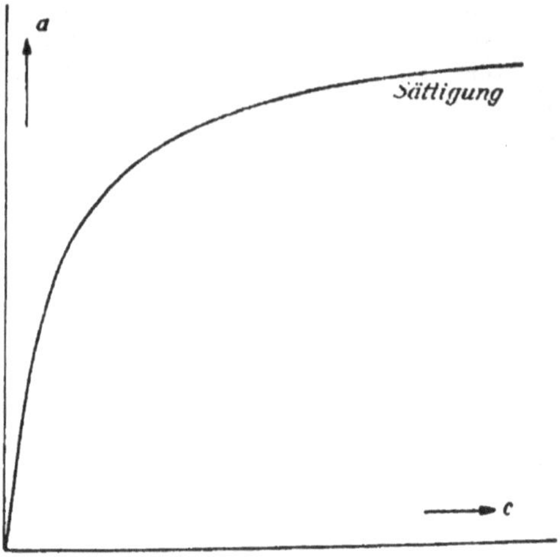

Fig. 24. Adsorptions-Isotherme

Wenn sich an einer Grenzfläche eine 1-molekulare Schicht adsorbierter Stoffe bildet, so ist bei festen Stoffen die Adsorptionsfähigkeit erschöpft und die Oberfläche gesättigt. Betrachten wir z. B. die Adsorption eines Gases an einem festen Stoff, so muß die adsorbierte Menge mit der Konzentration des angrenzenden Gases zunächst linear anwachsen, bis dann schließlich bei vollständiger Besetzung der Oberfläche die adsorbierte Menge konstant bleibt, gleichgültig wie hoch man die Konzentration im Gasraum steigert. Es wird dann eine Kurve erhalten, wie sie in Fig. 24 gezeichnet ist. In ihr ist die adsorbierte Menge a in Abhängigkeit von der Konzentration c im Gasraum aufgetragen. Langmuir hat gefunden, daß man diese Abhängigkeit durch eine Beziehung der Form

$$a = A \cdot \frac{c}{c + B},$$

ausdrücken kann. *A* und *B* sind darin Konstanten. Die Beziehung ist unter dem Namen Langmuirsche *Adsorptions-Isotherme* bekannt.

79. Reaktionen nullter Ordnung

Liegen katalytische Umsetzungen vor, so muß man nach den obigen Ausführungen annehmen, daß mindestens ein Reaktionspartner am Katalysator adsorbiert wird. Bei Gasreaktionen, die bei ziemlich hohen Konzentrationen, also hohen Drucken durchgeführt werden, befindet man sich mit großer Wahrscheinlichkeit in dem Sättigungsgebiet des Katalysators. Daher wird die umgesetzte Menge nicht mehr von der Konzentration des anwesenden Gases abhängen. Solche Reaktionen, deren Geschwindigkeit von der Konzentration unabhängig ist, nennt man Reaktionen nullter Ordnung.

Liegt eine Gasreaktion vor, deren Konzentrationsverhältnisse so gewählt sind, daß der ansteigende Ast der Adsorptionsisotherme wesentlich ist, so ist die Konzentration der adsorbierten Molekeln proportional der Konzentration im Gasraum. Damit ist also auch der Umsatz pro Zeiteinheit proportional der Konzentration, und es liegt eine Reaktion I. Ordnung vor. Heterogene Gaskatalysen sind in ihrer Ordnung also vom angewendeten Druck abhängig. — Es kann sich auch der Mechanismus einer Reaktion durch Anwesenheit eines Katalysators völlig ändern. Der Zerfall von HJ verläuft im Gasraum entsprechend dem Reaktionsschema 2-molekular. An Metallkontakten beobachtet man indessen für die gleiche Reaktion die I. oder nullte Ordnung. Auch ist die Aktivierungsenergie nach kleineren Werten hin verändert.

80. Mischkatalysatoren

Durch Zusätze kann man die Wirkung eines Katalysators oft erheblich verbessern. Das kann verschiedene Gründe haben. Entweder wird durch den Zusatz wie im Falle von Eisen-

Katalysatoren ein Sintern (d. h. Verkleinerung der Oberfläche) verhindert, was man durch Zusatz von Al_2O_3 erreichen kann. Andererseits besteht die Möglichkeit, daß der reine Katalysator nur eine Sorte von Molekeln aktiviert, während durch Zusatz eines weiteren Stoffes zum Katalysator durch diesen ein anderer Reaktionsteilnehmer aktiviert wird, wodurch natürlich eine Verbesserung der Wirksamkeit erreicht wird. Dieser Fall liegt wahrscheinlich bei den Ni-W- und Ni-Mo-Katalysatoren vor, die bei der NH_3-Synthese verwendet werden. Man nimmt an, daß das eine Metall den Stickstoff, das andere den Wasserstoff aktiviert.

81. Kontaktgifte

Es gibt auch Stoffe, die die Wirksamkeit eines Katalysators herabsetzen oder ihn gar unbrauchbar machen. Der einfachste Fall liegt dann vor, wenn ein Reaktionsprodukt infolge seiner wachsenden Menge durch Adsorption die Oberfläche blockiert, so daß der zu adsorbierende Ausgangsstoff nicht mehr an den Kontakt gelangen kann. Eine andere Möglichkeit, die zur Vergiftung von Katalysatoren führt, ist die Adsorption von Fremdstoffen am Katalysator, wie z. B. HCN, H_2S oder CO, die auch nicht in geringsten Spuren in den umzusetzenden Stoffen enthalten sein dürfen. Sie werden offenbar bevorzugt und irreversibel an dem Katalysator adsorbiert.

Technisch wichtige Gaskatalysen sind die NH_3-Synthes, die SO_3-Bildung und die CH_3OH-Bildung, während Katalysen im flüssigen Zustand in der organischen Industrie in größtem Maßstabe z. B. zur Hydrierung (Fetthärtung, Benzinherstellung) oder Dehydrierung benutzt werden.

V. Atombau

82. Allgemeines

In den vorstehenden Kapiteln haben wir gelernt, die Lage chemischer Gleichgewichte, die Größe der Triebkraft und die Geschwindigkeit des Ablaufes chemischer Reaktionen zu berechnen. Die tieferen Ursachen, welche die Stoffe überhaupt veranlassen, verschiedene Phasen zu bilden oder miteinander zu reagieren, sind indessen noch nicht behandelt. Sie müssen mit dem Aufbau der einzelnen Atome zusammenhängen und in den von diesen ausgehenden Kräften begründet sein. Im folgenden Kapitel sollen daher die Beziehungen zwischen dem Atombau und den chemischen Eigenschaften der einzelnen Stoffe untersucht werden.

Hinweise auf den Bau der Atome, Beweismöglichkeiten und aufschlußreiche Versuche finden sich in allen Gebieten der Physik und auch der Chemie. Die Gesetze der Mechanik werden hauptsächlich bei der Deutung der Stoßvorgänge von Wichtigkeit, während infolge der elektrischen Eigenschaften der Materie auch die Theorien der Elektrodynamik benutzt werden müssen. Die Spektren der Stoffe verlangen Beherrschung der theoretischen Optik, und so ist eigentlich die gesamte klassische Physik an der Klärung von Fragen des Atombaus beteiligt. Es ist daher hier schwierig, einen einfachen und doch ausreichend begründeten Beweis für den gegenwärtig angenommenen Aufbau der Atome zu geben; denn es wird meist an den nötigen Vorkenntnissen fehlen. Eine exakte Ableitung der einzelnen Tatsachen ist deswegen im folgenden nicht immer durchgeführt. Das muß in besonderen Werken über Atomphysik nachgelesen werden (z. B. Samml. Göschen: Bechert-Gerthsen, Atomphysik I und II).

Dazu kommt noch, daß eine Beschreibung des Verhaltens der Atome mit den Methoden der klassischen Physik nicht möglich ist, sondern hierfür eine ganz neuartige Theorie entwickelt werden mußte. Diese besitzt für den Chemiker noch dazu den Nachteil, daß ihre Entwicklungen großer mathematischer Hilfsmittel bedürfen und der Anschaulichkeit entbehren. Die von Bohr angegebene Modellvorstellung von einem Atom ermöglicht nun zwar das Verständnis einer großen Anzahl von Atomeigenschaften. Sie versagt aber häufig gerade dann, wenn es um die Klärung von Fragen der chemischen Bindung geht. Die von der Atomphysik gelieferten Aussagen über chemische Eigenschaften von Stoffen werden jedoch immer zahlreicher und wertvoller. Deswegen soll im folgenden so lange wie möglich das Bohrsche Modell wegen seiner Anschaulichkeit beibehalten und auch begründet werden. Man muß sich jedoch immer bewußt bleiben, daß es sich nur um ein „Modell“ handelt, das a l l e Eigenschaften niemals wiedergeben kann. Die Erkenntnisse der exakten Atomphysik werden dann von Fall zu Fall ohne Begründung benutzt werden, wodurch ein gewisser Einblick in die letzten Ursachen chemischer Vorgänge gegeben werden kann.

Tabelle 9: Periodisches System der Elemente

	I	II	III	IV	V	VI	VII	VIII
1	1 H 1,0080							2 He 4,003
2	3 Li 6,940	4 Be 9,013	5 B 10,82	6 C 12,01	7 N 14,008	8 O 16,000	9 F 19,000	10 Ne 20,183
3	11 Na 22,997	12 Mg 24,32	13 Al 26,98	14 Si 28,09	15 P 30,975	16 S 32,066	17 Cl 35,457	18 Ar 39,944
4	19 K 39,100 29 Cu 63,54	20 Ca 40,08 30 Zn 65,38	21 Sc 44,96 31 Ga 69,72	22 Ti 47,90 32 Ge 72,60	23 V 50,95 33 As 74,91	24 Cr 52,01 34 Se 78.96	25 Mn 54,93 35 Br 79,916	26 Fe 55,85 27 Co 58,94 28 Ni 58,69 36 Kr 83,80
5	37 Rb 85.48 47 Ag 107,880	38 Sr 87,63 48 Cd 112,41	39 Y 88,92 49 In 114,76	40 Zr 91,22 50 Sn 118,70	41 Nb 92,91 51 Sb 121,76	42 Mo 95,95 52 Te 127.61	43 Tc *99* 53 J 126,91	44 Ru 101,7 45 Rh 102,91 46 Pd 106,7 54 Xe 131.3
6	55 Cs 132,91 79 Au 197,2	56 Ba 137,36 80 Hg 200,61	57 La* 138,92 81 Tl 204,39	72 Hf 178,6 82 Pb 207,21	73 Ta 180,88 83 Bi 209,00	74 W 183,92 84 Po *210*	75 Re 186,31 85 At *210*	76 Os 190,2 77 Ir 193,1 78 Pt 195,23 86 Em 222
7	87 Fr *223*	88 Ra 226,05	89 Ac *227*	90 Th 232,12	91 Pa 231	92 U 238.07		

Transurane:

93 Np *237*	94 Pu *242*	95 Am *243*	96 Cm *245*	97 Bk *245*
98 Cf *248*	99 E *253*	100 Fm *254*	101 Mv *256*	

* Zwischen 57 und 72: Seltene Erden.

58 Ce 140,13	59 Pr 140,92	60 Nd 144,27	61 Pm *145*	62 Sm 150,43	63 Eu 152,0
64 Gd 156,9	65 Tb 159,2	66 Dy 162,46	67 Ho 164,94	68 Er 167,2	69 Tm 169,4
70 Yb 173,04	71 Lu 174,99				

83. Periodisches System

Grundlegend für die Entwicklung der Atomtheorie wurde eine aus chemischen Untersuchungen gefolgerte Tatsache, die von Lothar MEYER und MENDELEJEFF erstmals erkannt wurde. Ordnet man nämlich alle bekannten Elemente nebeneinander nach wachsendem Atomgewicht an und bricht die Reihe ab, wenn ein Element erscheint, das im chemischen Verhalten einem der vorangehenden ähnlich ist, so erhält man das in Tab. 9 wiedergegebene „periodische System“ der Elemente. Es zeigt sich, daß bei diesem Vorgehen „Familien“ von chemisch ähnlichen Elementen untereinander zu stehen kommen, wie z. B. die Familie der Edelgase, die chemisch inaktiv sind, oder die Familien der Halogene oder der Alkalien, deren jeweils gemeinsame chemische Eigenschaften schon früh erkannt wurden.

Die Möglichkeit einer solchen Anordnung beweist, daß die chemischen Eigentümlichkeiten der Elemente periodisch vom Atomgewicht abhängen. Genauer müßte man sagen, daß eine solche Abhängigkeit von der „Atomnummer“ oder *Ordnungszahl* der Elemente besteht; denn an 4 Stellen (Ar-K, Co-Ni, Te-J, Th-Pa) muß man die Reihenfolge der Atomgewichte umkehren, damit die „Familienzugehörigkeit“ der untereinanderstehenden Elemente erhalten bleibt. Das Atomgewicht ist also noch nicht die entscheidende Atomeigenschaft; an seine Stelle tritt die Ordnungszahl, deren große Bedeutung im folgenden noch erläutert werden wird.

84. Physikalische Methoden

Für die Untersuchung der Eigenschaften von Atomen mittels physikalischer Methoden ist am besten die Beschießung der Elemente mit Teilchen atomarer Größenordnung geeignet. Es ist einleuchtend, daß man z. B. den Durchmesser von Atomen finden kann, wenn man Gase oder dünne Folien fester Stoffe mit Teilchen bekannter Größe und Geschwindigkeit beschießt und die Zahl der durchgegangenen Teilchen (also deren Absorption) mißt. Es werden nämlich um so weniger Teilchen hindurchfliegen, je größer und zahlreicher die Atome sind.

Genauere Aufschlüsse wird man erhalten können, wenn nicht nur die Gesamtmenge der Teilchen, sondern auch die in verschiedenen Richtungen durchtretenden Mengen (Streuung der Teilchen) gemessen werden. Die Atome der zu untersuchenden Stoffe fassen wir dabei (wie in der kinetischen Theorie) zunächst als starre Kugeln auf, gegen welche die stoßenden Teilchen anprallen, wodurch die „Geschosse" andere Richtung und Geschwindigkeit bekommen. Für die quantitative Auswertung solcher Versuche muß natürlich Art und Geschwindigkeit der Teilchen genau bekannt sein, und es müssen geeignete Verfahren zur Zählung der Teilchen zur Verfügung stehen.

Als solche Teilchenstrahlen kennen wir die natürlich vorkommenden Strahlungen der radioaktiven Stoffe, die als α-Teilchen, Elektronen (β-Strahlen) und Lichtstrahlen (γ-Strahlen) ausgesandt werden.

85. Ergebnisse

Aus derartigen Untersuchungen über die Wechselwirkung von α-, β- und γ-Strahlen mit Materie hat man folgendes Bild über die Eigenschaften der Atome gewonnen:

Ein Atom besteht aus einem positiv geladenen Kern, der den weitaus größten Teil der Masse des Atoms in sich vereinigt und einen Durchmesser von etwa 10^{-13} cm besitzt. Um den Kern erstreckt sich bis zu Entfernungen von ungefähr 10^{-10} cm ein elektrisches Feld, in dem das Coulombsche Gesetz gilt. In einer Kugelschale von 10^{-10} bis 10^{-8} cm Radius muß sich eine der Kernladung entsprechende Zahl von Elektronen befinden.

Den äußeren Radius des Atoms findet man nämlich aus der Loschmidtschen Zahl N_L, der Dichte ϱ und dem Atomgewicht A zu $r = 7{,}35 \cdot 10^{-9} \cdot \sqrt[3]{\frac{A}{\varrho}}$ cm. Für Cu mit $A = 63{,}57$ und $\varrho = 8{,}933$ g/ccm folgt z. B. $r = 1{,}41 \cdot 10^{-8}$ cm, also die angegebene Größenordnung.

Der Aufbau der Atome der einzelnen Elemente ist prinzipiell gleich. Die Atome unterscheiden sich nur durch ihre wachsende Kernladung (Ordnungszahl!) und Kernmasse (Atomgewicht!) und durch die Zahl der in ihnen enthaltenen Elektronen. Alle Unterschiede in den chemischen und physikalischen Eigenschaften der Elemente müssen also auf die Kernladung, Kernmasse und Elektronenzahl zurückzuführen sein. Diese Zusammenhänge aufzudecken, ist der Inhalt der letzten Abschnitte dieses Buches.

86. Bohrsches Atommodell

Der Zusammenhalt von Kern und Elektronen wird durch die elektrostatische Anziehung zwischen dem positiven Kern und den negativen Elektronen bewirkt. Infolge dieser Anziehung sollten aber nach den Gesetzen der Elektrizitätslehre die Elektronen in den Kern hineingezogen werden. Es muß daher noch eine weitere Kraft im Atom vorhanden sein, die der Anziehung entgegenwirkt und die Elektronen im Abstand von etwa 10^{-8} cm vom Kern hält. Am einfachsten erscheint die Annahme, daß diese Kraft durch eine Kreisbewegung der Elektronen geliefert wird. Dadurch entsteht eine Zentripetalkraft, die vom Kern weg gerichtet ist und der elektrostatischen Anziehung das Gleichgewicht hält. Beide Kräfte müssen gleich groß sein, woraus sich eine Beziehung zwischen Geschwindigkeit der Bewegung und Radius der Bahn ergibt. Nach den Gesetzen der Mechanik ist die Zentripetalkraft gegeben durch $m \cdot r \cdot u^2$ (u = Winkelgeschwindigkeit), so daß also die Beziehung bestehen muß

$$m \cdot r \cdot u^2 = \frac{Z \cdot e^2}{r^2}.$$

Man muß sich also das Atom ähnlich einem Planetensystem vorstellen, in welchem der Atomkern der Sonne entspricht und die Elektronen den Planeten vergleichbar sind. Die Bahnen der Elektronen werden also im allgemeinen Fall Ellipsen sein, und die Bewegung wird durch die gleichen Gesetze beherrscht, die für die Planetenbewegung gelten, da das Kraftgesetz der Gravitation und der elektrostatischen Anziehung das gleiche ist. Den einfachsten Fall stellt offenbar das H-Atom dar, dessen einziges Elektron um einen Kern der Ladung e kreist.

Aus der Bewegung der Elektronen ergibt sich nun aber eine weitere Schwierigkeit. Es handelt sich nämlich bei der Kreisbewegung um eine periodische Bewegung des Elektrons. Wir haben aber weiter oben gesehen, daß eine periodisch bewegte Ladung Anlaß zu einer Strahlung geben muß, durch die das System Kern + Elektron dauernd Energie verliert. Das bedeutet, daß infolge dieses Energieverlustes eine dauernde Geschwindigkeitsminderung der Elektronen eintreten muß, die das Elektron — trotz seiner Bewegung und gerade wegen ihr — in den Kern stürzen lassen würde. Die klassische Physik gibt keine Lösung des Problems, und an dieser Stelle nahm Niels Bohr, auf den die obigen Gedanken zurückgehen, die völlig neuartige Plancksche Quantenhypothese zu Hilfe, indem er postulierte, daß es gewisse Zustände des Atoms gibt, die stationär sind, d. h. keine Energie durch Strahlung verlieren. Wenn eine Austrahlung von Energie in Form von Licht stattfindet, so ist das nur möglich, wenn der Energieinhalt des Atoms sich sprungweise ändert. Dabei soll die Schwingungszahl ν der Strahlung mit dem Energieunterschied verknüpft sein durch die Bohrsche Frequenzbedingung $E_2 - E_1 = h \cdot \nu$, wo E_1 und E_2 die Energieinhalte des Atoms vor und nach der Strahlung sind. Das Elektron „springt" also nach Bohr „auf eine Bahn anderer Energie". Die Unterschiede der Energiestufen des Atoms müssen sich also aus den vom Atom ausgesandten Lichtwellen ermitteln lassen, und in der Tat hat sich das Bohrsche Atommodell hauptsächlich deswegen so schnell durchgesetzt, weil es eine quantitative Deutung der Atomspektren geben konnte (vgl. S. 136).

Für den Chemiker sind diese Tatsachen deswegen wichtig, weil das Spektrum eine charakteristische Eigenschaft jedes Elementes ist, worauf man in der Spektralanalyse zurückgreift. Außerdem spielen sich alle chemischen Umsetzungen nur in der Außenhülle der Atome ab, denn diese wirken beim gegenseitigen Stoß der Atome oder Molekeln zuerst und ausschließlich aufeinander ein.

An die Kerne selbst gelangt man nur mit viel kleineren Geschossen heran, nämlich mit einzelnen Kernen, wie sie z. B. die α-Teilchen vorstellen. Das sind He-Atome, von denen alle Elektronen abgerissen sind, also He-Kerne. Helium hat nämlich das Atomgewicht 4 und die Ordnungszahl 2. Es kann daher nur zwei Elektronen verlieren. Wasserstoff besitzt nur ein entfernbares Elektron ($Z=1$, $A=1$); man bezeichnet diese kleinsten positiv geladenen Kerne als *Protonen.*

87. Der Atomkern

Über den Aufbau des Atomkerns kann man durch Untersuchung von Stoßprozessen Aufschluß erhalten. Beschießt man Atome z. B. mit energiereichen α-Teilchen, so kann eine teilweise Zertrümmerung des Kernes eintreten und man kann aus der Art der Spaltstücke die Bausteine der Kerne ermitteln. Der erste erfolgreiche Versuch in dieser Richtung gelang Rutherford (1919). Er konnte beim Beschuß von Stickstoff mit α-Teilchen die Bildung von Protonen nachweisen. Damit war gezeigt, daß Wasserstoffkerne als Bausteine im Kern vorhanden sein müssen.

Protonen können nun aber nicht die einzigen Kernbausteine sein, da sonst das Atomgewicht jedes Elementes gleich seiner Ordnungszahl sein müßte; Ladung und Masse des Kerns wachsen nämlich bei Anlagerung eines Protons um je eine Einheit, während in Wirklichkeit das Atomgewicht etwa das Doppelte der Kernladung beträgt. Diese Schwierigkeit wurde behoben, als Chadwick 1932 beim Beschießen von Beryllium mit α-Teilchen Atomtrümmer nachweisen konnte, die die Masse des Protons besitzen, jedoch elektrisch neutral sind. Man bezeichnet diese neuen „Elementarteilchen" als Neutronen, und nimmt heute allgemein an, daß die Kerne aus Protonen (Symbol p) und Neutronen (Symbol n) zusammengesetzt sind. Aus der Tatsache, daß das Atomgewicht etwa gleich der doppelten Kernladung ist, folgt dann, daß ungefähr gleichviel Protonen und Neutronen in den bekannten Atomkernen enthalten sein müssen. Der He-Kern muß z. B. wegen seiner zweifachen Kernladung und der Kernmasse (Atomgewicht) 4 aus zwei Protonen und zwei Neutronen bestehen.

88. Isotope

Da die Massen von Proton und Neutron fast gleich sind, sollten demnach alle Atomgewichte ganzzahlige Vielfache des Protonengewichtes sein. Das ist aber, wie man aus dem periodischen System (s. S. 118) sieht, keineswegs der Fall. — Soddy fand nun bereits 1909, daß beim radioaktiven Zerfall (s. unten) Produkte auftreten, die bei gleicher Kernladung verschiedene Atomgewichte besitzen. Sie sind infolgedessen an die gleiche Stelle des periodischen Systems zu setzen und werden deswegen als „Isotope" bezeichnet. Solche Atome enthalten also bei gleicher Protonenzahl eine wechselnde Zahl von Neutronen. Nimmt man nun an, daß solche Isotope nicht nur bei den radioaktiven Elementen, sondern auch bei den übrigen Stoffen vorkommen, so lassen sich die nicht ganzzahligen Atomgewichte dadurch deuten, daß die gewöhnlichen Elemente keine „Reinelemente" sind, sondern aus einer immer gleichen Mischung von Kernen bestehen, welche verschiedenen Neutronengehalt besitzen. Die Prüfung dieser Annahme läßt sich an allen Eigenschaften durchführen, bei denen die Massenunterschiede der einzelnen Kerne in Erscheinung treten.

Die meisten Erkenntnisse dieser Art sind mit Hilfe des von Aston entwickelten *Massenspektrographen* gewonnen worden. Er beruht auf der Bestimmung der spezifischen Ladung e/m an positiven Ionen der Elemente. Solche Ionen bilden sich in verdünnten Gasen bei elektrischer Entladung. Sie werden infolge ihrer positiven Ladung von der Kathode angezogen und erhalten eine der angelegten Spannung entsprechende Geschwindigkeit. Versieht man die Kathode mit durchgehenden Kanälen, so können die Ionen hindurchfliegen und werden der Untersuchung außerhalb des elektrischen Feldes zugänglich. Man bezeichnet diese aus positiven Ionen bestehenden Strahlen als *Kanalstrahlen*. Die Bestimmung ihrer spezifischen Ladung kann nun erfolgen, indem man die fliegenden Teilchen nacheinander durch ein elektrisches und ein magnetisches Feld ablenkt. Durch geeignete Anordnung gelingt es, alle Teilchen mit gleichem e/m auf einer Stelle einer Photoplatte zu vereinigen, obwohl sie infolge von Umladungen, die beim Zusammenstoß mit anderen Molekeln erfolgen, recht verschiedene Geschwindigkeiten besitzen können. e/m läßt sich so auf 0,1 promille genau bestimmen.

Auf diese Weise hat man bisher für die 92 Plätze des periodischen Systems etwa 300 Atomarten auffinden können und damit bestätigt, daß wirklich die Massen der Kerne ganzzahlige Vielfache der Protonenmasse sind. Das geht aus Tab. 10 hervor, in welcher die Isotopen der ersten 10 Plätze des periodischen Systems angegeben sind. Sauerstoff, der die Grundlage der chemischen Atomgewichtszählung bildet, erweist sich auch als „Mischelement", und zwar besteht der gewöhnliche Sauerstoff aus einer Mischung der Isotopen ${}^{16}_{8}O$, ${}^{18}_{8}O$ und ${}^{17}_{8}O$[1]) im Verhältnis: 500 : 1 : 0,2. In der Physik zählt man daher die Atomgewichte derart, daß dem häufigsten Sauerstoffisotop ${}^{16}_{8}O$ das Atomgewicht 16 zugeschrieben wird. Wasserstoff bekommt dann das Atomgewicht 1,008123. Das Atomgewicht des Neutrons weicht von dieser Zahl etwas ab ($m_n = 1{,}00893$).

Ein großer Fortschritt für die Chemie war die Entdeckung des schweren Wasserstoffisotops, des Deuteriums, das die Kernmasse 2 besitzt. Der Massenunterschied ist in diesem

Tabelle 10: Isotope der Ordnungszahlen 1—10

Ordnungszahl	Element	Atomgewicht	Massendefekt
0	Neutron	1,00893	0,0
1	Wasserstoff	1,008123	0,0
	Deuterium	2,014708	0,00235
2	Helium	3,0170	0,0082
		4,00386	0,03032
3	Lithium	6,01697	0,03437
		7,01822	0,04208
4	Beryllium	9,01503	0,06222
5	Bor	10,01618	0,06921
		11,01284	0,08145
6	Kohlenstoff	12,00382	0,09859
		13,00751	0,10385
7	Stickstoff	14,00751	0,1120
		15,00489	0,1236
8	Sauerstoff	16	0,1376
		17,00450	0,1411
		18,00490	0,1496
9	Fluor	19,00450	0,1582
10	Neon	19,99877	0,1719
		20,99963	0,1799
		21,99844	0,1904

[1]) Der linke obere Index am Elementsymbol gibt die abgerundete Atommasse, der untere die Kernladung an.

Fall außerordentlich groß, nämlich gleich 100%. Die Unterschiede in den Eigenschaften der beiden Isotope wirken sich deswegen ganz besonders stark aus, was hauptsächlich für die organische Chemie wichtig geworden ist. Man kann nämlich in vielen Molekeln *H* durch *D* ersetzen und den Verbleib des D-Atoms bei Reaktionen verfolgen. Die Klärung von Reaktionsmechanismen wird dadurch sehr erleichtert.

Durch das Vorhandensein der Mischelemente wird auch die gestörte Reihenfolge der Atomgewichte im periodischen System erklärt. Kalium und Argon sind z. B. deshalb zu vertauschen, weil beim *K* das leichtere Isotop mit der Kernmasse 39 häufiger vorhanden ist als das mit der Masse 41, während beim Ar das schwerere Isotop mit der Masse 40 in größerer Menge als ^{36}Ar vorkommt.

Der Nachweis isotoper Atomarten läßt sich auch mit Hilfe von *Bandenspektren* erbringen, und zwar können auf diese Weise sehr selten vorkommende Isotope noch nachgewiesen werden, die der Massenspektrograph nicht mehr erfaßt. Die Bestimmung ihrer Masse ist allerdings nur innerhalb des gleichen Mischelementes möglich.

89. Abtrennung reiner Isotope

Die Abtrennung reiner Isotope in wägbarer Menge kann auf Grund derjenigen Eigenschaften erfolgen, bei denen sich die verschiedene Masse der Isotope auswirkt; und zwar nutzt man meist die Massenabhängigkeit der Molekulargeschwindigkeit im Gaszustand aus, die nach S. 94 durch die Formel $\sqrt{\overline{w^2}} = \sqrt{\frac{3 \cdot RT}{M}}$ gegeben ist. Man hat die Verfahren der *fraktionierten Diffusion* und der *fraktionierten Destillation* im Vakuum derart entwickelt, daß sie zur Anreicherung von Isotopen gut brauchbar sind. Am leichtesten gelingt die Herstellung reinen Deuteriums, da in diesem Falle sich die Isotopeneigenschaften stark unterscheiden. Man elektrolysiert zu diesem Zwecke gewöhnliches Wasser, wobei infolge von Unterschieden in der Überspannung das leichte Isotop bevorzugt abgeschieden wird, während Deuterium zurückbleibt. Neuerdings wird in großem Umfang die Erscheinung der *Thermodiffusion* zur Herstellung reiner Isotope benutzt.

90. Massendefekt

Wenn die Kerne allgemein aus Protonen und Neutronen zusammengesetzt sind, so muß man das Atomgewicht z. B. des $^4_2$He-Kernes als Summe der Massen zweier Protonen und zweier Neutronen berechnen können. Ein Proton hat die Masse 1,008123, während für das Neutron $m = 1{,}00893$ gefunden wurde. Es sollte also das Atomgewicht des $^4_2$He gleich $2 \cdot 1{,}008123 + 2 \cdot 1{,}00893 = 4{,}03411$ sein. Experimentell findet man indessen den kleineren Wert von 4,00384. Ein Bruchteil der Masse scheint also verschwunden zu sein und dies ist bei allen anderen Atomen ebenfalls so: Immer ist die aus der Summe von Protonen und Neutronen berechnete Masse größer als die tatsächlich beobachtete. Den Unterschied beider Zahlen nennt man *Massendefekt.*

Man besitzt nun eine Reihe Anhaltspunkte dafür, daß *Masse und Energie einander gleichwertig* sind. Wie Kaufmann experimentell zeigen konnte, ändert sich z. B. die spezifische Ladung e/m von Elektronen mit ihrer Geschwindigkeit. Nimmt man an, daß die Ladung konstant ist, so gilt für die Masse m eines mit der Geschwindigkeit v fliegenden Elektrons die Beziehung

$$m = \frac{m_0}{\sqrt{1 - \left(\frac{v}{c}\right)^2}},$$

m_0 ist hierin die *Ruhmasse* des Elektrons, die es dann besitzt, wenn seine Geschwindigkeit gleich Null ist. Man erkennt aus der Gleichung, daß bei steigender Geschwindigkeit die Masse des fliegenden Elektrons zunimmt und bei Annäherung an die Lichtgeschwindigkeit der Wert von m unendlich groß werden muß. Man kann diese Tatsache als das *Prinzip von der Unerreichbarkeit der Lichtgeschwindigkeit* ausdrücken. Je höher die Energie eines Teilchens ist, um so höher erscheint also seine Masse.

Eine Begründung der obigen Formel gelingt, wenn man mit der Relativitätstheorie annimmt, daß ganz allgemein einer Energieänderung ΔE eines Teilchens eine Massenänderung entspricht, die gegeben ist durch die Gleichung $\Delta E = \Delta m \cdot c^2$

(c = Lichtgeschwindigkeit). Einer Energie entspricht also immer eine Masse der Größe

$$m = \frac{E}{c^2}.$$

Demnach muß z. B. bei jeder chemischen Reaktion, die exotherm verläuft, ein Massenverlust der Ausgangsstoffe eintreten. Nehmen wir als Reaktionsenergie einen Mittelwert von 200 000 cal an, so folgt aus der obigen Beziehung

$$\Delta m = \frac{E}{c^2} = \frac{200 \cdot 4{,}18 \cdot 10^{10}}{9 \cdot 10^{20}} \approx 10^{-8}\,\text{g}.$$

Das ist eine Änderung, die auch mit den feinsten Meßmethoden der Chemie nicht feststellbar ist. Nachweisbar sind erst Änderungen von etwa 0,001 g. Einem solchen Massenverlust (pro Formelumsatz) entspricht aber eine Energieänderung von $2{,}15 \cdot 10^9$ cal. Es handelt sich also um riesige Energiebeträge, die bei chemischen Reaktionen niemals auftreten.

Auf Grund der Gleichwertigkeit von Masse und Energie ist das Vorhandensein des Massendefektes erklärbar, indem man annimmt, daß beim Zusammenbau des Kerns eine dem Massenverlust entsprechende Energie frei wird. Diese Energiemenge ist dann als „Bindungsenergie" des Kernes aufzufassen, d. h. im Falle des He als Reaktionsenergie der Umsetzung

$$2\,{}^{1}_{1}p + 2\,{}^{1}_{0}n \rightarrow {}^{4}_{2}\text{He} + \Delta E.$$

Aus Tab. 10 entnimmt man für diesen Fall die entsprechende Massengleichung

$$2 \cdot 1{,}008123 + 2 \cdot 1{,}00893 = 4{,}00384 + \Delta m;$$

$$\Delta m = -0{,}03027\ \text{g/Mol};\ E = \Delta m \cdot c^2 = -6{,}51 \cdot 10^{11}\ \text{cal/Mol}.$$

Dieser riesige Energiebetrag macht es verständlich, warum man umgekehrt He-Kerne nur schwer zerschlagen kann; denn die gleiche Energie muß dem He-Kern offenbar zugeführt werden, damit die Reaktion wieder rückgängig gemacht, d. h. der Kern in Neutronen und Protonen zerschlagen wird. Die Stabilität der Kerne ist also außerordentlich viel größer als diejenige chemischer Verbindungen.

91. Packungsanteil

Als Maß für die Abweichung von der Ganzzahligkeit hat Aston den P a c k u n g s a n t e i l eingeführt, der definiert ist durch die Abweichung des Atomgewichtes von der Ganzzahligkeit, dividiert durch die Zahl der Protonen und Neutronen im Kern. Da die Atomgewichte auf O = 16 bezogen sind, ist also der Packungsanteil beim Sauerstoff gleich Null. Noch besser läßt sich die Größe der Bindungsenergie veranschaulichen, wenn man den p r o K e r n b a u s t e i n (Proton oder Neutron) auftretenden Massendefekt gegen die Masse der Atomarten aufträgt, wie dies in Fig. 25 geschehen ist. Die Bindungsenergie nimmt von Null ausgehend mit der Masse zunächst schnell zu, um bei Fe, Ni ein Maximum zu durchschreiten. Danach wird die Bindungsenergie pro Kernbaustein wieder kleiner. Diese Deutung von Δm als Bindungsenergie stimmt überein mit der Tatsache, daß Fe und Ni in den Planeten die häufigsten, also offenbar beständigsten Elemente zu sein scheinen, wie aus dem Vorhandensein des Fe-Ni-Kernes der Planeten hervorgeht. Schwerere Kerne als Fe haben wieder eine kleinere Bindungsenergie; sie sind also instabiler als Eisen. Auffällig ist, daß die Bindungsenergie des $^4_2$He-Kernes außergewöhnlich groß ist.

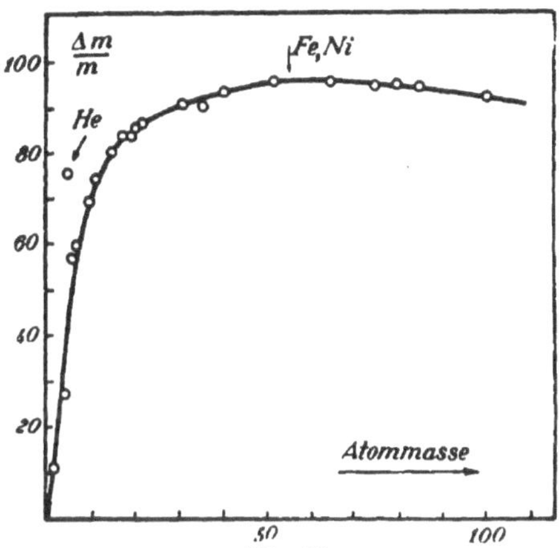

Fig. 25.
Massendefekt der Elemente pro Kernbaustein

Dieser Anordnung von Protonen und Neutronen scheint also eine besonders hohe Stabilität zuzukommen, was dadurch bestätigt wird, daß solche He-Kerne häufig als Spaltstücke von Kernen beobachtet werden (α-Teilchen!).

92. Radioaktivität

Die Instabilität der schwersten Kerne findet ihren Ausdruck darin, daß diese Elemente radioaktiv sind. Sie zerfallen freiwillig ohne erkennbare äußere Ursache unter Aussendung von α-, β- und γ-Strahlen. Die Geschwindigkeit des Zerfalls ist durch die Gesetze der monomolekularen Reaktionen gegeben und läßt sich durch die „Zerfallskonstante" oder die „Halbwertszeit" charakterisieren, wie bereits S. 87 ausgeführt wurde.

Ein α-Strahler sendet $^4_2$He-Kerne aus. Der ursprüngliche Kern verliert dabei 4 Masseneinheiten, während die Kernladung um 2 Einheiten sinkt. Die Ordnungszahl des neuen Kerns muß also um 2 Einheiten kleiner sein und daher das entstehende Element um zwei Stellen im periodischen System nach links rücken. Beim β-Zerfall eines Kernes wird infolge des Verlustes eines negativen Elektrons die Kernladung um eine Einheit größer, während der durch Austritt eines negativen Elektrons bewirkte Massenverlust so gering ist, daß die Atommasse praktisch konstant bleibt. Diese beiden Aussagen sind als die *Verschiebungssätze* der radioaktiven Stoffe von Fajans und Soddy bekannt.

Bei dem freiwilligen Zerfall der Kerne wird ein großer Energiebetrag frei, der teils als kinetische Energie der α- oder β-Strahlen auftritt oder in Form von γ-Strahlen ausgesandt wird. Dabei ist zu bemerken, daß die γ-Strahlung erst n a c h der Aussendung der α- bzw. β-Strahlen einsetzt. Man schließt daraus, daß der Kern sich nach Austritt der α-Teilchen oder Elektronen zunächst in einem instabilen, angeregten Zustand befindet, und daß erst bei Herstellung einer stabilen Anordnung der Kernbausteine die Abgabe der überschüssigen Energie in Form von γ-Strahlen erfolgt.

Man hat an α-Strahlen (z. B. von ThC) beobachtet, daß Gruppen verschiedener Reichweite ausgesandt werden. Von den einzelnen Gruppen werden also verschieden große Energiebeträge vom Kern weggeführt. Gleichzeitig damit treten γ-Strahlen auf, die eine weitere Verminderung der Kernenergie bewirken. Aus den hierbei gefundenen Beziehungen zwischen Reichweite der α-Strahlen und Wellenzahl der γ-Strahlen muß man schließen, daß auch die Kerne Energie nicht in beliebigen

Mengen, sondern nur in bestimmten Quanten aufnehmen oder abgeben können. *Kerne besitzen also auch Energiestufen,* wie Bohr dies für das ganze Atom hatte annehmen müssen.

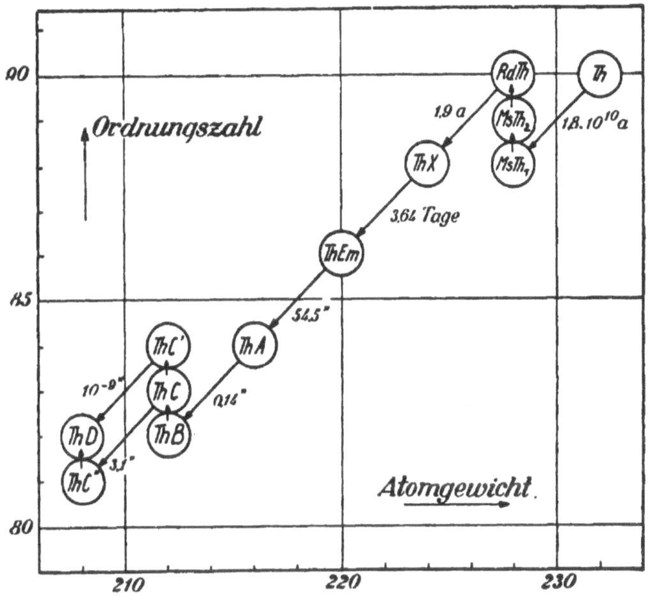

Fig. 26. Thoriumreihe

Bei den leichteren Elementen beobachtet man Radioaktivität bei K, Rb und Sm, während die übrigen in der Natur vorkommenden radioaktiven Stoffe sich in 3 größere Familien einordnen lassen, deren Einzelglieder jeweils durch α- oder β-Zerfall auseinander hervorgehen. Die Stammsubstanzen dieser Familien sind Uran, Aktinium und Thorium, wobei die Aktiniumreihe ein Seitenzweig der Uranreihe ist. Als Beispiel ist in Fig. 26 die Thoriumreihe wiedergegeben, in der die Halbwertszeiten außerordentlich schwanken, nämlich zwischen 10^{-9} sek. (ThC′) und 10^{10} Jahren (Th). Umwandlungen, bei denen das Atomgewicht unverändert bleibt, sind nach dem Verschiebungssatz β-Umwandlungen; bei den übrigen handelt es sich um α-Zerfall.

Endprodukt der Thoriumreihe wie auch der beiden anderen Zerfallsreihen ist ein Element mit der Ordnungszahl 82 (ThD). Im periodischen System steht an dieser Stelle das Blei. Die Endglieder ThD, AcD und RaG der Zerfallsreihen müssen also in ihren chemischen Eigenschaften mit Blei identisch sein. Sie besitzen jedoch die Atomgewichte 208 bzw. 207 bzw. 206, wie man aus den verschiedenen α- und β-Umwandlungen in jeder Reihe schließen muß. Hönigschmid gelang es auch wirklich, solche Atomgewichtsunterschiede nachzuweisen. Blei, das in der Natur mit Thoriummineralien vergesellschaftet vorkommt, besitzt tatsächlich ein weit höheres Atomgewicht als ein Blei, das in Gemeinschaft mit Radiummineralien gefunden wird. Man darf also schließen, daß das jeweilige Blei aus den radioaktiven Elementen im Laufe der Zeit gebildet wurde. Hierauf gründet sich eine Methode zur Bestimmung des Alters geologischer Gesteine aus ihrem Verhältnis an Bleigehalt und z. B. Th-Gehalt.

93. Kernumwandlungen

Kernumwandlungen, wie sie beim radioaktiven Zerfall freiwillig ablaufen, kann man künstlich durch Beschuß mit Teilchen hoher Energie erzwingen. Als solche Teilchen hat man Protonen, Deutonen (= Ionen des Deuteriums), α-Teilchen und Neutronen zur Verfügung. Die ersten drei Teilchenarten tragen positive Ladungen und werden daher von den elektrischen Feldern der beschossenen Atome leicht abgelenkt, während die Neutronen als ungeladene Teilchen einer solchen Einwirkung nicht unterliegen. Sie können dicke Materieschichten durchfliegen, bis sie schließlich in einem Atom steckenbleiben. Chadwick entdeckte sie bei Beschuß von Be mit α-Teilchen, der durch die „Reaktionsgleichung“

$$_{4}^{9}\mathrm{Be} + {}_{2}^{4}\mathrm{He} \rightarrow {}_{6}^{12}\mathrm{C} + {}_{0}^{1}n$$

beschrieben wird. Man erkennt aus dieser Gleichung, daß keine Atomzertrümmerung erfolgt ist, sondern ein *Atomaufbau.* Mit solchen Neutronen hat Fermi an fast allen

Elementen Kernumwandlungen erzielen können und viel zur Klärung solcher „Kernreaktionen" beigetragen.

Der große Vorteil, den die Neutronen z. B. gegenüber α-Teilchen bieten, geht daraus hervor, daß Kernumwandlungen an Stickstoff mit α-Teilchen nur mit einer Ausbeute von 1 : 50 000 beobachtet werden, während bei Bombardierung von Stickstoff mit Neutronen auf 130 Zusammenstöße 30 Umwandlungen erfolgen. Es sind heute schon etwa 700 solcher Kernreaktionen bekannt. Als Atomtrümmer treten dabei Protonen, α-Teilchen, Neutronen und Positronen auf.

94. Das Positron

Das Positron (Symbol e^+) wurde von Anderson (1932) bei der Untersuchung der Höhenstrahlung aufgefunden und als neues Elementarteilchen der Materie erkannt. Es besitzt fast die gleiche Masse und den gleichen Ladungsbetrag wie das negative Elektron. Der einzige Unterschied gegenüber letzterem besteht in dem positiven Vorzeichen der Ladung, wie man aus dem Sinn der Ablenkung im Magnetfeld folgert.

95. Künstliche Radioaktivität

Chemische Reaktionen verlaufen häufig über Zwischenstufen, bei denen Anlagerungsverbindungen auftreten, die alsdann wieder zerfallen oder weiter reagieren. Überträgt man diesen Reaktionsmechanismus auf Kernreaktionen, so wird man zu der Anschauung geführt, daß auch bei Kernreaktionen das Geschoß zunächst im Kern steckenbleiben kann, wodurch ein instabiler Kern gebildet wird, der dann nach kürzerer oder längerer Zeit wieder zerfällt. In der Reaktion zwischen ${}^{14}_{7}\mathrm{N}$ und α-Teilchen wäre dann ein instabiles (hypothetisches) Fluor-Isotop ${}^{18}_{9}\mathrm{F}$ anzunehmen, das weiter in ${}^{17}_{8}\mathrm{O}$ und ${}^{1}_{1}\mathrm{H}$ zerfällt, entsprechend der Gleichung

$${}^{14}_{7}N + {}^{4}_{2}He \rightarrow \left[{}^{18}_{9}F\right] \rightarrow {}^{17}_{8}O + {}^{1}_{1}H.$$

Eine solche Annahme wird dadurch bestätigt, daß man Zwischenprodukte hat auffinden können, die einige Zeit beständig sind. Es handelt sich dabei also um künstlich hergestellte radioaktive Stoffe. Joliot-Curie fanden 1933, daß bei Beschuß von Al mit α-Teilchen die folgenden beiden Reaktionen nacheinander ablaufen:

$$(I) \qquad {}^{27}_{13}Al + {}^{4}_{2}He \rightarrow {}^{30}_{14}Si + {}^{1}_{1}H,$$

$$(II) \qquad {}^{27}_{13}Al + {}^{4}_{2}He \rightarrow {}^{30}_{14}Si + {}^{1}_{0}n + {}^{0}_{1}e+.$$

Als Atomtrümmer werden also Positronen, Neutronen und Protonen erhalten. Es zeigte sich hierbei, daß nach Fortnahme der α-Strahlquelle die Positronenstrahlung nicht sofort aufhört, sondern noch einige Zeit fortdauert. Daraus muß man schließen, daß durch die α-Bestrahlung neue Kerne gebildet sein müssen, welche erst nach einiger Zeit zerfallen. Das Zwischenprodukt muß in diesem Fall ein radioaktives Phosphor-Isotop sein, und die Kernreaktion (II) ist zu ersetzen durch die Gleichungen

$$(a) \qquad {}^{27}_{13}Al + {}^{4}_{2}He \rightarrow {}^{30}_{15}P + {}^{1}_{0}n$$

$$(b) \qquad {}^{30}_{15}P \rightarrow {}^{30}_{14}Si + {}^{0}_{1}e+.$$

Tatsächlich hat man dieses P-Isotop auf chemischem Wege abtrennen und damit die Richtigkeit obiger Überlegungen nachweisen können. Die Halbwertszeit des radioaktiven Phosphors beträgt 3 min 15 sek.

Die besten Ergebnisse bei der Herstellung künstlich radioaktiver Stoffe liefert auch in diesem Fall die Bestrahlung mit Neutronen. Fermi hat in einer Vielzahl von Fällen solche radioaktiven Isotope herstellen können, wobei 3 Hauptumwandlungen zu unterscheiden sind: entweder es wird nur das Neutron eingefangen *(Br, J)*, oder es wird nach dem Einfangen ein Proton ausgesandt *(P, S, Fe, Zn)*, oder aber es wird ein α-Teilchen frei *(Al, Cl, Co)*. Je nach Art der Umwandlung erhält man Isotope mit höherem, gleichem oder geringerem Atomgewicht als das beschossene Element es besaß.

96. Radioaktive Indikatoren

Für die Chemie sind diese künstlichen radioaktiven Isotope von Bedeutung geworden, da sie als *Indikatoren* verwendet werden können, die den Verbleib einzelner Atome bei chemischen Umsetzungen anzeigen. Durch Benutzung von radioaktivem Blei hat man z. B. die Diffusionsgeschwindigkeit von *Pb*-Atomen in festem Blei und auch von *Pb*-Ionen in $PbCl_2$ bzw. PbJ_2 bestimmen und auf diese Weise Aufschlüsse über den festen Zustand erhalten können. Radioaktives Arsen ermöglichte ferner die Messung der Reaktionsgeschwindigkeit im Gleichgewichtszustand bei der Reaktion

$$H_3AsO_3 + J_3' + HOH \rightarrow H_3AsO_4 + 3J' + 2H^{\cdot}.$$

Auch der Nachweis von BiH_3 gelang erstmalig mit Hilfe eines radioaktiven *Bi*-Isotops.

Durch „Austauschversuche" mit radioaktivem Schwefel hat man eindeutig beweisen können, daß die beiden im Thiosulfat-Ion S_2O_3'' enthaltenen *S*-Atome ganz verschieden gebunden sind; und zwar gilt die Strukturformel

$$\begin{bmatrix} O & & S^{II} \\ & S^{VI} & \\ O & & O \end{bmatrix}''.$$

Löst man nämlich radioaktiven Schwefel in inaktiver Sulfitlösung zu Thiosulfatlösung auf, so entsteht beim Zersetzen dieser Lösung mit Säure nur inaktives SO_2 neben aktivem Schwefel. Überführt man andererseits dies Thiosulfat in Silberthiosulfat, so findet man bei dessen Hydrolyse nach der Gleichung

$$Ag_2S_2O_3 + HOH \rightarrow Ag_2S + H_2SO_4$$

die gesamte Radioaktivität beim Ag_2S, während die Schwefelsäure inaktiv ist. Die beiden *S*-Atome haben also im Thiosulfat-Ion gänzlich verschiedene Funktionen, die aus den obigen Gleichungen ersichtlich sind.

Wesentlich für die Brauchbarkeit eines solchen radioaktiven Indikators ist eine günstige Halbwertszeit. Sie darf nämlich einerseits nicht zu kurz sein, damit überhaupt Reaktionen durchgeführt werden können. Andererseits bereitet auch die Bestimmung eines Stoffes mit zu langer Halbwertszeit Schwierigkeiten, weil dann die Intensität der zu messenden radioaktiven Strahlung zu gering ist.

97. Transurane

Eine Erweiterung der Skala der natürlich vorkommenden Elemente über die Ordnungszahl 92 hinaus ist durch Beschießung von Uran mit Neutronen erreicht worden.

Kernreaktionen, nach denen diese Elemente erzeugt werden können, sind z. B. folgende

$U^{238}(n, \gamma)U^{239} \xrightarrow{\beta^-} Np^{239}$	*Neptunium*
$U^{238}(n, \gamma)U^{239} \xrightarrow{\beta^-} Np^{239} \xrightarrow{\beta^-} Pu^{239}$	*Plutonium*
$Pu^{239}(n, \gamma)Pu^{240}(n, \gamma)Pu^{241} \xrightarrow{\beta^-} Am^{241}$	*Americium*
$Am^{241}(n, \gamma)Am^{242} \xrightarrow{\beta^-} Cm^{242}$	*Curium*
$Cm^{244}(5\,n, \gamma)Cm^{249} \xrightarrow{\beta^-} Bk^{249}$	*Berkelium*
$Bk^{249} \xrightarrow{\beta^-} Cf^{249}$	*Californium*
$U^{253} \xrightarrow{\beta^-} E^{253}$	*Einsteinium*
$U^{255} \xrightarrow{\beta^-} Fm^{255}$	*Fermium*
$E^{253}(\alpha, n)Mv^{256}$	*Mendelevium*

In der folgenden Tabelle sind einige Daten über die bisher bekannten Transurane zusammengestellt.

Element	bekannt seit	stabilstes Isotop	Halbwertszeit	bekannte Isotope
Np	1940	237	$2{,}2 \cdot 10^6$ a	231—240
Pu	1940	242	$5 \cdot 10^5$ a	232—246
Am	1944	243	ca. 10^4 a	237—246
Cm	1944	248	$4{,}7 \cdot 10^5$ a	238—249
Bk	1949	247	$7 \cdot 10^3$ a	243—250
Cf	1950	249	470 a	244—254
E	1952	254	320 d	246—256
Fm	1953	253	ca. 1 d	250—256
Mv	1955	256	ca. 0,5 h	256

Aus den chemischen Eigenschaften der Transurane glaubt man heute schließen zu müssen, daß die Elemente ab Nummer 90 zur Gruppe der „Actiniden" (ähnlich wie die Lanthaniden, 58—71) zusammengefaßt werden müssen. Da die Untersuchung dieser häufig nur in winzigen Mengen erzeugten Stoffe äußerst schwierig ist, sind auch die in Tab. 14 (S. 146) angegebenen Elektronenbesetzungen nur als vorläufig anzusehen.

VI. Die Elektronenhülle des Atoms

98. Optische Spektren

Aufschlüsse über den Bau der Elektronenhülle der Atome erhält man am einfachsten aus den Spektren der Elemente. Man versteht hierunter die Gesamtheit des Lichtes, das von einem Stoff ausgesandt wird und dessen Zerlegung in die einzelnen Wellenlängen mit Prismen und Gittern gelingt. Eine solche Schlußweise beruht auf dem Gedanken, daß erstens in den Atomen periodisch bewegte Ladungen (die Elektronen) vorhanden sind, und daß zweitens eine periodisch bewegte elektrische Ladung Anlaß zur Aussendung von elektromagnetischen Schwingungen, also von Licht gibt. Daß das Spektrum eines Stoffes für diesen charakteristisch ist, hatten bereits Bunsen und Kirchhoff erkannt und hierauf die Methoden der Spektralanalyse gegründet. Wir betrachten im folgenden zunächst den sichtbaren Teil des Spektrums, das „optische" Spektrum.

Die Art des Spektrums eines Stoffes ist je nach dem Aggregatzustand des strahlenden Materials verschieden und hängt ferner von der Art und Weise ab, auf die das Spektrum hervorgerufen („angeregt") wird. Die Spektren einzelner Atome (Dämpfe) sind am einfachsten gebaut. Sie bestehen meist aus verhältnismäßig wenigen charakteristischen Linien. Molekeln, wie z. B. J_2, senden sog. *Bandenspektren* aus, die aus einer Vielzahl von periodisch angeordneten Linien, den sog. Banden bestehen. Feste Stoffe ergeben demgegenüber keine einzelnen Linien, sondern ein *kontinuierliches Spektrum*, das durch die Wärmeschwingungen der Atome im Kristallverband hervorgerufen wird. Zur Anregung des Leuchtens kann man die elektrische Entladung in Gasen, den elektrischen Lichtbogen oder Funken und die Erhitzung von Dämpfen benutzen. In allen diesen Fällen erhält man eine Ausstrahlung („Emission") von Licht. Andererseits kann man aber auch den zu untersuchenden Dampf mit weißem, d. h. alle Wellenlängen enthaltendem Licht durchstrahlen. Dabei werden von dem Material gewisse Wellenlängen verschluckt und man erhält ein *Absorptionsspektrum*, das aus dunklen Linien auf farbigem Grund besteht.

99. Linienspektren

Um die Eigenschaften der Atome zu ermitteln, werden wir uns im folgenden auf die Atomspektren (Linienspektren) beschränken. Für solche Spektren hat man zwei allgemein gültige Gesetze gefunden. Die in Atomspektren vorkommenden Linien lassen sich zu Serien zusammenfassen, deren Wellenlängen gesetzmäßig durch eine einfache Formel verknüpft sind und sich nach einer Seite einer „Seriengrenze" nähern. Die erste solche Formel fand Balmer (1885) für die im Sichtbaren liegenden Linien des Wasserstoffs, deren Frequenzen ν er durch die folgende Beziehung wiedergeben konnte:

$$\nu = 109700 \cdot \left(\frac{1}{2^2} - \frac{1}{n^2}\right) [cm^{-1}].$$

n durchläuft dabei alle ganzen Zahlen von 3 bis unendlich. Wie genau die Beziehung gilt, folgt aus der Tab. 11, in der die berechneten und beobachteten Wellenlängen der ersten drei Linien einander gegenübergestellt sind. Bei

Tabelle 11: Wellenlängen von Balmer-Linien (in A)

λ beob.	λ ber. (mit $R = 109700$)
6562,8	6562,96 (H_α)
4861,3	4861,68 (H_β)
4340,5	4340,84 (H_γ)

anderen Spektren lauten die Formeln nicht ganz so einfach; allen gemeinsam ist jedoch die Darstellungsmöglichkeit der Frequenz als Differenz zweier Ausdrücke (*Terme*), die kurz als „Spektralterme" bezeichnet werden.

Weiterhin findet man, daß die in gewöhnlichen Spektralapparaten einfach erscheinenden Linien bei höherem Auflösungsvermögen des verwendeten Apparates je nach Art des untersuchten Elementes doppelt, dreifach, vierfach usw. sind.

Diese als „Multiplizität" bezeichnete Vielfachheit der Linien ist abhängig von der Stellung des Elementes im periodischen System, und zwar ist sie charakteristisch für die Gruppe, in der das Element steht. Tab. 12 gibt die in den verschiedenen Gruppen beobachteten Multiplizitäten wieder.

Tabelle 12. Multiplizitäten

Gruppe des period. Syst.	Multiplizitäten	Vertreter
I	2	Alkalien
II	1 3	Erdalkal.
III	2 4	Sc
IV	1 3 5	Ti
V	2 4 6	V
VI	5 7	Co
VII	4 6 8	Mn
	3 5 7	Fe
VIII	2 4 6	Co
	1 3 5	Ni
I	2 4	Cu
II	1 3	Zn

100. Elektronenzustände

Eine Deutung dieser Gesetzmäßigkeiten gelingt sehr anschaulich mittels des BOHRschen Atommodells; und zwar sind die benutzten Begriffe (Masse, Bahn, Impuls, Drall usw.) der klassischen Mechanik entnommen. Grundlage dieser Deutung der Lichtemission ist die *BOHRsche Frequenzbeziehung*, die besagt, daß die Frequenz (Wellenzahl) des ausgesandten Lichtes durch die Beziehung $E = h \cdot \nu$ mit der Energiedifferenz der Atomzustände E_1 vor und E_2 nach der Ausstrahlung verknüpft sind durch

$$\nu = E_1/h - E_2/h.$$

Jeder Spektralterm entspricht also einem Energiezustand des Atoms bzw. der Elektronen. Die Kennzeichnung dieser Energiezustände erfolgt durch laufende Numerierung, wobei man mit dem tiefsten Zustand beginnt. Die so jedem Term zugeordnete ganze Zahl ist die *Hauptquantenzahl n* des betreffenden Elektronenzustandes. Sie kennzeichnet im H-Atomspektrum die Energie der Kreisbahn, auf der (nach Bohr) das Elektron umläuft.

Im allgemeinen Fall werden als Bahnen des „Leuchtelektrons", das bei Aussendung einer Spektrallinie springt, auch *Ellipsen* vorkommen, deren unterschiedliche Form (Verhältnis der kleinen zur großen Achse) ebenfalls für den Zustand des Elektrons charakteristisch ist. Man kann in ähnlicher Weise wie oben für die Energie zeigen, daß auf Grund einer weiteren Quantenbedingung nicht jeder beliebige Wert des Verhältnisses von großer zu kleiner Achse möglich ist, sondern nur ganz bestimmte Werte, die sich durch die sog. Nebenquantenzahl l beschreiben lassen. Mechanisch wird durch l der *Bahndrehimpuls* des Elektrons gegeben, der also nur bestimmte, „diskrete" Werte annehmen kann, was sich dadurch ausdrückt, daß l nur ganzzahlige Werte von 0 bis $n—1$ annehmen darf. Es gibt also eine ganze Reihe von Bahnformen, die alle die gleiche Energie (Wert von n), aber verschiedenen Bahndrehimpuls besitzen.

Durch diese beiden Quantenzahlen n und l ist die Bewegung des Elektrons um den Kern festgelegt. Dazu kommt noch, daß, ähnlich wie die Erde um ihre eigene Achse rotiert, auch dem Elektron ein solcher „Eigendrall" (= Spin) zugeschrieben werden muß. Die Ergebnisse der Spektroskopie (Auftreten von Multipletten) zwangen zur Berücksichtigung dieser Bewegung; und zwar wird der Drall des Elektrons durch Einführung einer dritten, der Spinquantenzahl s, auf die Werte $+ 1/2$ und $- 1/2$ beschränkt. s bedeutet also mechanisch den *Eigendrehimpuls* des Elektrons.

Energie, Bahndrehimpuls und Eigendrehimpuls des Elektrons sind für dessen Zustand im Atom charakteristich und können nach den Bohrschen Quantenbedingungen nur diskrete, durch die Quantenzahlen n, l und s gegebene Werte annehmen, womit die stationären Zustände des H-Atoms festgelegt sind.

Bahndrehimpuls und Eigendrehimpuls des Elektrons sind zwei Vektoren (d. h. durch ihre Größe und Richtung bestimmt), deren vektorielle Summe sich zu einem Gesamtdrehimpuls des Elektrons zusammensetzt. Man charakterisiert ihn durch die innere Quantenzahl j, die also die Werte $l + s$ und $l - s$ annehmen kann. Den Zustand eines Elektrons kann man also entweder durch n, l, und s oder durch n, l, j angeben.

Beachten wir nun, daß das Elektron außer seiner Masse noch eine elektrische Ladung trägt, so können wir das auf seiner Bahn kreisende Elektron als einen Kreisstrom ansehen. Ein solcher hat notwendig das Auftreten eines „magnetischen Momentes" zur Folge, da ein elektrischer Strom immer von konzentrischen magnetischen Kraftlinien umgeben ist. Die Drallbewegung des Elektrons bewirkt noch ein zusätzliches magnetisches Moment, das sich dem ersten addiert. Dieser kleine „Elementarmagnet" stellt sich beim Einbringen in ein schwaches äußeres Magnetfeld je nach seiner Größe (d. h. je nach den Werten von n, l und j) in verschiedene Richtung zum äußeren Feld ein; und zwar sind nach Bohr auch in diesem Fall nur bestimmte Stellungen möglich, die durch die sog. magnetische Quantenzahl m beschrieben werden können. m kann dabei, je nachdem der Gesamtdrehimpuls j (dessen Größe die magnetischen Eigenschaften des Elektrons bestimmt) sich entgegen oder genau in die Richtung des Feldes einstellt, halbzahlige Werte zwischen $-j$ und $+j$ annehmen; das sind insgesamt $2j + 1$ Werte.

Der Zustand eines Elektrons auf seiner Bahn läßt sich also durch 4 Quantenzahlen angeben und jeder Änderung des Wertes einer Quantenzahl entspricht eine Energieänderung des Atoms. Anders ausgedrückt: Ein Elektron hat im Atom vier Freiheitsgrade, die nur quantenweise Energie aufnehmen bzw. abgeben können. Jeder Kombination von 4 Quantenzahlen entspricht ein bestimmter Spektralterm und die Übergänge zwischen den Termen ergeben die Wellenlängen der Spektrallinien.

Die 4 Mannigfaltigkeiten der Quantenzahlen findet man in den Spektren wieder. Am H-Spektrum erkennt man, daß einer Änderung der Hauptquantenzahl n die Linien einer

Serie entsprechen. Die Änderungen der übrigen Quantenzahlen finden sich in anderen Spektren, z. B. denjenigen der Alkalien wieder. Man hat gefunden, daß die Erzeugung der Spektren auch der übrigen Elemente meist in der Weise erfolgt, daß nur ein Elektron, das sog. „Leuchtelektron", auf eine andere Quantenbahn springt, während die anderen ihren Energiezustand beibehalten. Als Beispiel ist in Fig. 27 das

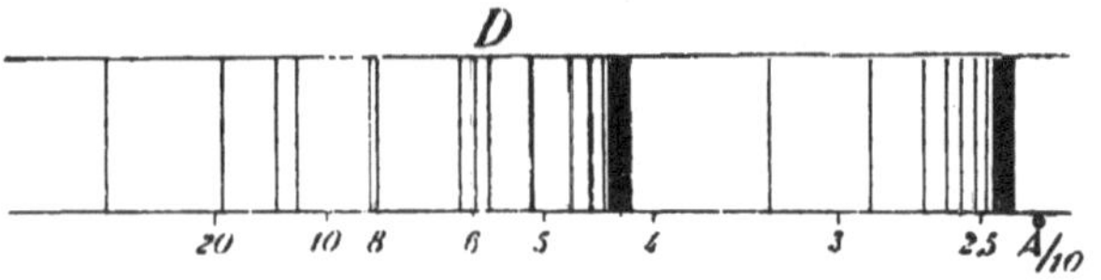

Fig. 27. Spektrum des Natriums

Spektrum des Natriums wiedergegeben. Man erkennt, daß in diesem Spektrum mehrere Serien nebeneinander vorhanden sind, die verschiedenen Werten von l entsprechen. Alle zu einem l-Wert gehörigen Terme pflegt man im Termschema untereinander zu zeichnen und erhält auf diese Weise das in Fig. 28 wiedergegebene Termschema des Natriums, in welches die den Serien entsprechenden Übergänge als schräge Linien eingetragen sind. Den verschiedenen Werten der Spinquantenzahl entspricht das Auftreten doppelter Linien, die sich im Termschema als verdoppelte Werte wiederfinden, in Fig. 28 jedoch nicht gezeichnet sind. Der Aufspaltung der Linien im Magnetfeld (Zeemann-Effekt) entspricht eine weitere Vervielfachung der einzelnen Terme, die ebenfalls nicht im Termschema wiedergegeben ist.

101. Atomzustände

Enthält ein Atom mehrere Elektronen, so gehört zur Angabe des Energiezustandes des Atoms die Festlegung aller 4 Quantenzahlen für j e d e s Elektron. Um eine bessere Lesbarkeit der Termsymbole zu erreichen, ersetzt man die Quantenzahl l nach folgendem Schlüssel durch Buchstaben

$$\begin{array}{llllll} l = & 0 & 1 & 2 & 3 & 4 \\ & s & p & d & f & g. \end{array}$$

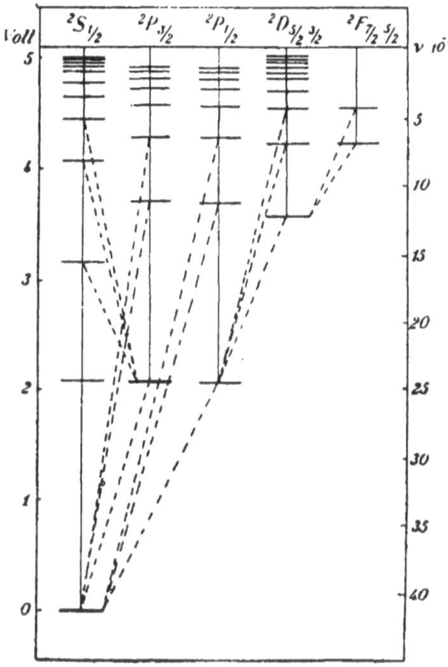

Fig. 28. Termschema des Natriumspektrums

Es gibt also s-Elektronen, p-Elektronen usw. Der Wert von n wird vor diesen Buchstaben gesetzt; z. B. bedeutet $1s$ ein Elektron mit $l = 0$ und $n = 1$. Die Zahl der Elektronen mit gleichem n und l wird als oberer rechter Index zugefügt; z. B. $2p^3$ bedeutet 3 Elektronen mit $n = 2$ und $l = 1$.

Den Zustand des gesamten Atoms kann man durch den Gesamtdrehimpuls, Gesamtdrall und Gesamtbahnimpuls des Atoms beschreiben, wenn dazu noch die Werte von n und l für jedes Elektron bekannt sind. Diese Gesamtwerte findet man durch vektorielle Addition der Einzelgrößen, die für jedes Elektron gelten. Die durch l gegebenen Bahnimpulse ergeben einen für das ganze Atom charakteristischen Wert L, der nach dem gleichen Schema wie l durch große Buchstaben benannt wird. Der Gesamtdrall wird mit S bezeichnet, und zwar gibt man statt seiner die Größe $2S + 1 = R$ an, die gleich der Multiplizität der Terme ist. Außer R und L gehört zur Kennzeichnung des Atomzustandes noch der Gesamtimpuls J, dessen Quantenwert dem L entsprechenden Buchstaben als unterer rechter Index angefügt wird. Das vollständige Symbol eines Atomzustandes muß also z. B. lauten: $1s^2 \cdot 2p^2 \cdot 3d^3\,{}^2P_{1/2}$ Das bedeutet: das Atom enthält 2 Elektronen mit $l = 0$, $n = 1$; zwei Elektronen mit $l = 1$, $n = 2$ und drei Elektronen mit $l = 2$, $n = 3$; die einzelnen Werte von l setzen sich so zusammen, daß $L = 1$ wird, während J sich zu ½ ergibt und $S = \frac{R-1}{2} = \frac{1}{2}$ ist.

102. Paulisches Eindeutigkeitsprinzip

Um nun die Gesamtwerte des Atoms L, R, J angeben zu können, muß man wissen, welche Werte die 4 Quantenzahlen für jedes Elektron einerseits überhaupt annehmen können, und welche Möglichkeiten andererseits zur Kombination der 4 Quantenzahlen bestehen. Aus den an den Spektren beobachteten Gesetzmäßigkeiten hat man die folgenden Auswahlregeln für die 4 Quantenzahlen gefunden:

1. $n = 1, 2, 3, \ldots$
2. $l = 0, 1, 2, \ldots, n - 1$
3. $s = -\frac{1}{2}, +\frac{1}{2}$
4. $j = l + s$ oder $l - s$
5. $m = -j, -(j-1), -(j-2), \ldots, -1, 0, 1, \ldots, (j-1), j.$

Aus diesen Auswahlregeln ergibt sich, daß folgende verschiedene Kombinationen von n, l, j und m vorkommen können:

Tabelle 13.
Kombinationsmöglichkeiten der vier Quantenzahlen

n	l	j	m	Anzahl	
1	0	$^1/_2$	$-^1/_2, +^1/_2$	2	2
2	0	$^1/_2$	$-^1/_2, +^1/_2$	2	8
	1	$^3/_2$	$-^3/_2, -^1/_2, +^1/_2, +^3/_2$	4	
		$^1/_2$	$-^1/_2, +^1/_2$	2	
3	0	$^1/_2$	$-^1/_2, +^1/_2$	2	18
	1	$^3/_2$	$-^3/_2, -^1/_2, +^1/_2, +^3/_2$	4	
		$^1/_2$	$-^1/_2, +^1/_2$	2	
	2	$^5/_2$	$-^5/_2, -^3/_2, -^1/_2, +^1/_2, +^3/_2, +^5/_2$	6	
		$^3/_2$	$-^3/_2, -^1/_2, +^1/_2, +^3/_2$	4	
4	0	$^1/_2$	$-^1/_2, +^1/_2$	2	32
	1	$^3/_2$	$-^3/_2, -^1/_2, +^1/_2, +^3/_2$	4	
		$^1/_2$	$-^1/_2, +^1/_2$	2	
	2	$^5/_2$	$-^5/_2, -^3/_2, -^1/_2, +^1/_2, +^3/_2, +^5/_2$	6	
		$^3/_2$	$-^3/_2, -^1/_2, +^1/_2, +^3/_2$	4	
	3	$^7/_2$	$-^7/_2, -^5/_2, -^3/_2, -^1/_2, +^1/_2, +^3/_2, +^5/_2, +^7/_2$	8	
		$^5/_2$	$-^5/_2, -^3/_2, -^1/_2, +^1/_2, +^3/_2, +^5/_2$	6	

Es sind hierbei alle diejenigen Zuordnungsmöglichkeiten berücksichtigt, bei denen die 4 Quantenzahlen des Elektrons sich in mindestens einer Quantenzahl unterscheiden. Die Energiezustände sind daher alle verschieden. In einem mehrelektronigen System können die Elektronen diese Energiezustände besetzen, und zwar hat Pauli erkannt, daß die Eigenschaften der Spektren und des periodischen Systems nur dann erklärt werden können, wenn man voraussetzt, daß *in einem Atom niemals zwei Elektronen vorhanden sein können, die untereinander in jeder der 4 Quantenzahlen übereinstimmen* (Paulisches Eindeutigkeitsprinzip). In jedem Atom können also nur zwei 1*s*-Elektronen, sechs 2*p*-Elektronen usw. vorkommen (s. Tab. 13). Dabei wird nun jedes Elektron in den Zustand tiefstmöglicher Energie einzurücken versuchen, dessen jeweilige Lage unter anderem von der Ladung des betreffenden Atomkernes abhängt.

103. Eindeutigkeitsprinzip und periodisches System

Mit Hilfe des Eindeutigkeitsprinzips können wir nun das gesamte periodische System der Elemente aufbauen, indem wir immer die Kernladung um eins wachsen lassen und dann ein Elektron nach dem anderen anfügen. H hat die Kernladung $Z = 1$, und das eine Elektron nimmt im „Grundzustand" des Atoms, d. h. im tiefsten Energiezustand, eine 1*s*-Bahn ein. Liegt ein Kern mit der Ladung $Z = 2$ vor (He), so läuft das erste Elektron auf der gleichen 1*s*-Bahn, deren Energie jedoch infolge der höheren Kernladung eine andere ist als beim H-Atom. Das zweite Elektron läuft ebenfalls auf einer 1*s*-Bahn, unterscheidet sich jedoch vom ersten im Wert von *s*. Das dritte Elektron kann bei einem Element höherer Kernladung wegen des Eindeutigkeitsprinzips nun nicht mehr auf einer 1*s*-Bahn eingebaut werden, sondern muß ein 2*s*-Elektron sein. Auf diese Weise wird ein Elektron nach dem anderen angelagert, bis die der Kernladungszahl des betreffenden Elementes entsprechende Elektronenzahl erreicht ist. Damit ist dann der Zustand der Elektronen eindeutig festgelegt und demzufolge auch der Grundzustand des ganzen Atoms. Je nach den Werten von l, j und s besitzen Gesamtbahnimpuls, Gesamtdrall und Gesamtimpuls des **Atoms** verschiedene Werte, und durch Angabe des sich ergebenden Termsymbols kann man das Atom in seinem Energiezustand sehr einfach charakterisieren. Die durch Analyse der Linienspektren erhaltenen Elektronenbesetzungen der Elemente sind in Tab. 14 wiedergegeben. Sie werden auf S. 149 diskutiert.

Tabelle 14.

Elektronenbesetzung der Elemente im Normalzustand

Schale	*K*	*L*	*M*	*N*	*O*	*P*	*Q*
Elektronenzustand	1*s*	2*s* 2*p*	3*s* 3*p* 3*d*	4*s* 4*p* 4*d* 4*f*	5*s* 5*p* 5*d*	6*s* 6*p* 6*d*	7*s*
1 H	1						
2 He	2						
3 Li	2	1					
4 Be	.	2					
5 B	.	. 1					
6—9		. 2-5					
10 Ne	2	2 6					
11 Na	2	2 6	1				
12 Mg	.	. .	2				
13 Al	.	. .	. 1				
14—17	2	. .	. 2-5				
18 Ar	2	2 6	2 6				
19 K	2	2 6	2 6	1			
20 Ca	.	. .	. .	2			
21 Sc	.	. .	. . 1	.			
22 Ti	.	. .	. . 2	.			
23—28	2	. .	. . 3-8	2(1)			
29 Cu	.	. .	. . 10	1			
30 Zn	.	. .	. . .	2			
31 Ga	.	. .	. . .	. 1			
32—35	.	. .	. . .	. 2-5			
36 Kr	2	2 6	2 6 10	2 6			

Tabelle 14 (Fortsetzung)

Schale	*K*	*L*		*M*			*N*				*O*				*P*			*Q*
Elektronenzustand	1*s*	2*s*	2*p*	3*s*	3*p*	3*d*	4*s*	4*p*	4*d*	4*f*	5*s*	5*p*	5*d*	5*f*	6*s*	6*p*	6*d*	7*s*
37 Rb	2	2	6	2	6	10	2	6			1							
38 Sr	.	.	.	.	.	.	.	.			2							
39 Y	.	.	.	.	.	.	.	.	1		2							
40 Zr	.	.	.	.	.	.	.	.	2		2							
41—45	.	.	.	.	.	.	.	.	4-8		1							
46 Pd	.	.	.	.	.	.	.	.	10		.							
47 Ag	.	.	.	.	.	.	.	.	.		1							
48 Cd	.	.	.	.	.	.	.	.	.		2							
49 In	.	.	.	.	.	.	.	.	.		2	1						
50—53	.	.	.	.	.	.	.	.	.		2	2-5						
54 Xe	2	2	6	2	6	10	2	6	10		2	6						
55 Cs	2	2	6	2	6	10	2	6	10		2	6			1			
56 Ba	.	.	.	.	.		.	.	.		.	.			2			
57 La	.	.	.	.	.	.	.	.	.		.	.	1		2			
58 Ce	.	.	.	.	.	.	.	.	.	1	.	.	1		2			
59 Pr	.	.	.	.	.	.	.	.	.	2	.	.	1		2			
60—70	.	.	.	.	.	.	.	.	.	3-13	.	.	1		2			
71 Lu	.	.	.	.	.	.	.	.	.	14	.	.	1		2			
72 Hf	.	.	.	.	.	.	.	.	.	.	.	.	2		2			
73—78	.	.	.	.	.	.	.	.	.	.	.	.	3-8		2			
79 Au	.	.	.	.	.	.	.	.	.	.	.	.	10		1			
80 Hg	.	.	.	.	.	.	.	.	.	.	.	.	.		2			
81 Tl	.	.	.	.	.	.	.	.	.	.	.	.	.		2	1		
82—85	.	.	.	.	.	.	.	.	.	.	.	.	.		2	2-5		
86 Em	2	2	6	2	6	10	2	6	10	14	2	6	10		2	6		
87 Fr	2	2	6	2	6	10	2	6	10	14	2	6	10		2	6		1
88 Ra	2	2	6	2	6	10	2	6	10	14	2	6	10		2	6		2
89 Ac	2	2	6	2	6	10	2	6	10	14	2	6	10		2	6	1	2
90 Th	2	2	6	2	6	10	2	6	10	14	2	6	10		2	6	2	2
91 Pa	2	2	6	2	6	10	2	6	10	14	2	6	10	2	2	6	1	2
92 U	2	2	6	2	6	10	2	6	10	14	2	6	10	3	2	6	1	2
93 Np	2	2	6	2	6	10	2	6	10	14	2	6	10	5	2	6		2
94 Pu	2	2	6	2	6	10	2	6	10	14	2	6	10	6	2	6		2
95 Am	2	2	6	2	6	10	2	6	10	14	2	6	10	7	2	6		2
96 Cm	2	2	6	2	6	10	2	6	10	14	2	6	10	7	2	6	1	2

Tabelle 14 (Fortsetzung)

Schale	K	L		M			N				O				P			Q
Elektronenzustand	1s	2s	2p	3s	3p	3d	4s	4p	4d	4f	5s	5p	5d	5f	6s	6p	6d	7s
97 Bk	2	2	6	2	6	10	2	6	10	14	2	6	10	8	2	6	1	2
98 Cf	2	2	6	2	6	10	2	6	10	14	2	6	10	10	2	6		2
99 E	2	2	6	2	6	10	2	6	10	14	2	6	10	11	2	6		2
100 Fm	2	2	6	2	6	10	2	6	10	14	2	6	10	12	2	6		2
101 Mv	2	2	6	2	6	10	2	6	10	14	2	6	10	12	2	6		2

104. Ionisierungsspannung

Als Bild der Lichtemission hat man sich vorzustellen, daß das „äußerste", d. h. auf der energiereichsten Bahn gebundene Elektron durch Energiezufuhr auf eine Bahn höherer Energie gehoben wird und beim Zurückfallen eine der Energiedifferenz entsprechende Strahlung aussendet. Die übrigen „inneren" Elektronen behalten ihren Energiezustand bei. Man kann nun die Energie dieses Leuchtelektrons nicht beliebig weit steigern, wie schon aus dem Vorhandensein einer Seriengrenze hervor-

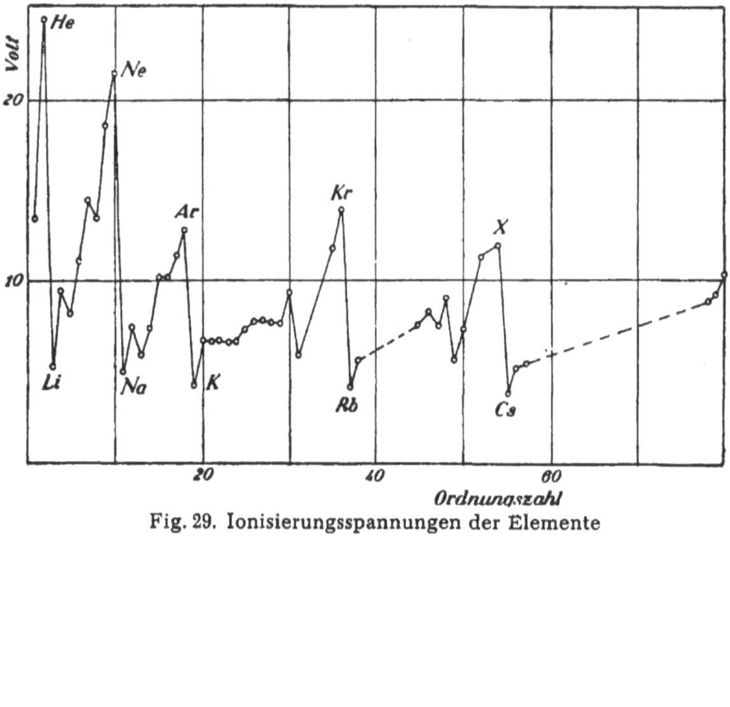

Fig. 29. Ionisierungsspannungen der Elemente

geht. Übersteigt die Anregungsenergie einen bestimmten Betrag, so bleibt das Elektron nicht mehr beim Atom, sondern wird aus dem Atom herausgeschlagen. Das Atom hat dann ein Elektron verloren und ist zum positiven Ion geworden; es ist ionisiert. Die zur Ionisierung erforderliche Energie läßt sich aus der Seriengrenze ermitteln, die der Hauptquantenzahl $n=\infty$ entspricht.

In Fig. 29 sind die „ersten" Ionisierungsspannungen der Elemente wiedergegeben. Man erkennt, daß die Leichtigkeit, mit der ein Elektron aus der Hülle herausgeschlagen werden kann, periodisch von der Atomnummer abhängt. Besonders leicht läßt sich ein Elektron von den Alkalien abtrennen, während dies bei den Edelgasen nur verhältnismäßig schwer zu erreichen ist. Daraus ist zu folgern, daß die Edelgase eine besonders stabile Elektronenhülle besitzen, wie das auch aus ihren chemischen Eigenschaften folgt.

Aus den Röntgenspektren der Elemente kann man schließen, daß die Elektronenhülle der Atome in „Schalen" aufgeteilt sein muß, wobei bei den Edelgasen gerade eine Schale voll besetzt ist, während bei den Alkalien eine neue Schale angefangen ist, aus der das Elektron verhältnismäßig leicht zu entfernen ist.

105. Röntgenspektrum

Außer der schon erwähnten kontinuierlichen Bremsstrahlung tritt beim Beschießen fester Stoffe mit schnellen Elektronen noch eine „charakteristische" Strahlung auf, die im Gegensatz zur Bremsstrahlung nur aus verhältnismäßig wenigen Liniengruppen (Serien) besteht, deren Wellenlängen für das beschossene Material charakteristisch sind. Die kleinen Wellenlängen von 0,1—10 Å beweisen, daß die Terme, zwischen denen die Übergänge erfolgen, ziemlich weit auseinanderliegen (ν groß).

Nach Kossel kommen diese Linien nicht wie die des optischen Spektrums dadurch zustande, daß das äußerste Elektron in einen Zustand höherer Energie gehoben wird, sondern dadurch, daß aus dem I n n e r e n der Elektronenhülle ein Elektron herausgeschlagen wird. Es kann dann von den übrigen, auf höheren Energiezuständen befindlichen Elektronen eins nachrücken und den freigewordenen Platz einnehmen. Dabei wird dann das Röntgenlicht ausgesandt.

Die Einfachheit der Röntgenspektren gegenüber den optischen Spektren zeigt, daß es viel weniger Serien gibt als

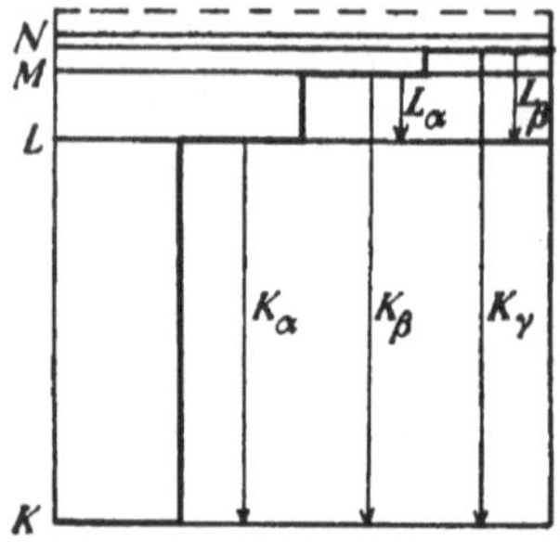

Fig. 30
Entstehung einer Röntgenserie

Elektronen im Atom vorhanden sind. Eine Anzahl von Elektronen muß sich daher auf jeweils nahezu der gleichen Energiestufe befinden; man sagt, diese Elektronen bilden eine Schale und numeriert diese Schalen von innen angefangen mit den Buchstaben *K*, *L*, *M*, *N*, usw. Das Zustandekommen einer Serie ist dann nach Fig. 30 zu deuten: Wird aus der *K*-Schale ein Elektron herausgeschlagen, so kann aus den höheren Schalen ein Elektron nachrücken. Erfolgt dies Nachrücken von der nächsten, der *L*-Schale aus, so wird die erste Linie (λ am größten) der *K*-Serie ausgesandt, die mit K_α bezeichnet wird. Fällt ein Elektron von der *M*-Schale in den freien Platz der *K*-Schale, so wird die K_β-Linie erhalten. In ähnlicher Weise entsteht die aus den Linien L_α, L_β, L_γ, ... bestehende *L*-Serie durch Nachrücken eines Elektrons aus der *M*-, *N*-, *O*-, usw. -Schale in die *L*-Schale.

In Fig. 31 sind die Seriengrenzen der Röntgenspektren der Elemente zusammengestellt. Man entnimmt der Figur, daß die Lage der Seriengrenze eine stetige Funktion der Ordnungszahl der Elemente ist. Moseley hat gefunden, daß die Ordnungszahl z. B. der *K*-Seriengrenze recht genau der Wurzel aus der Wellenzahl ν z. B. der *K*-Seriengrenze proportional ist. Das ist darauf zurückzuführen, daß infolge der wachsenden Kernladung die innersten Elektronen (*K*-Schale) immer fester an den Kern gebunden werden. Eine Periodizität der Linienlage kann hier nicht mehr eintreten, da die *K*-Schale bei allen Elementen oberhalb Helium in ihrer Struktur unverändert erhalten bleibt, und nur von der Lage dieser Energiestufe ist

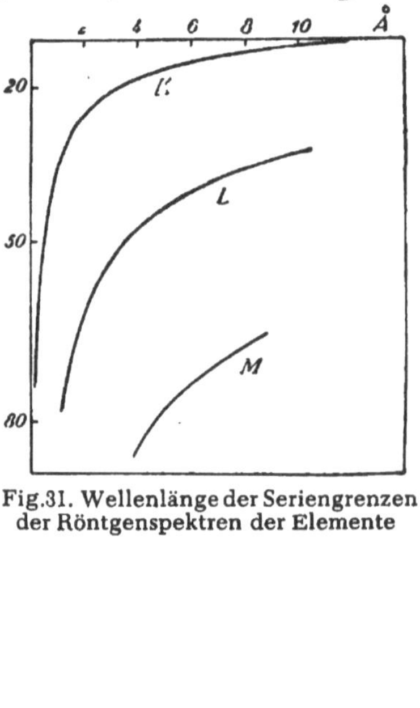

Fig. 31. Wellenlänge der Seriengrenzen der Röntgenspektren der Elemente

nach der Kosselschen Theorie die Wellenlänge der Röntgenlinien abhängig.

106. Schalenbau und periodisches System

Die Schalenanordnung kann man mit der Periodizität der chemischen Eigenschaften in Zusammenhang bringen. Die chemisch sehr inaktiven Edelgase besitzen offenbar eine sehr schwer verletzbare Elektronenhülle, was auch aus der Größe ihrer Ionisierungsspannung hervorgeht. Bei ihnen ist eine Elektronenschale gerade abgeschlossen, während die ihnen folgenden Alkalien ein Elektron mehr haben. Vergleicht man mit diesen Tatsachen die möglichen Kombinationen der Quantenzahlen der Elektronen (s. Tab. 13), so zeigt sich, daß die Elektronen einer Schale immer den gleichen Wert der Hauptquantenzahl n besitzen. He als leichtestes Edelgas besitzt nach dem periodischen System nur 2 Elektronen, die die K-Schale vorstellen. Diese beiden Elektronen sind $1s$-Elektronen, und es gibt auch nur gerade zwei solcher Elektronenzustände mit $n = 1$. Neon mit der Ordnungszahl 10 besitzt als innerste Elektronen zwei $1s$-Elektronen, ferner zwei $2s$-Elektronen und sechs $2p$-Elektronen. Damit sind die Energiestufen, die für $n = 2$ möglich sind, erschöpft, und die L-Schale ist abgeschlossen. Wir haben also die chemische Inaktivität der Edelgase in Zusammenhang gebracht mit den Eigenschaften der Elektronenhülle der Atome. Aus Tab. 13 können wir nun voraussagen, daß das nächste Edelgas die Ordnungszahl $2 + 8 + 8 = 18$ besitzen muß, da dann wieder eine Elektronenschale gefüllt ist. Tatsächlich steht an dieser Stelle ein Edelgas, nämlich Argon.

Die Alkalien besitzen außerhalb der vorhergehenden Edelgasschale ein weiteres Elektron. Das stimmt überein mit ihrer (positiven) Einwertigkeit bei chemischen Reaktionen und ihrer kleinen Ionisierungsenergie. Dies äußerste Elektron wird besonders leicht abgegeben. — Die Halogene, denen noch ein Elektron an der Edelgasschale fehlt, sind chemisch einwertig negativ. Sie nehmen also besonders leicht ein Elektron auf. Aus diesen Tatsachen folgerte Kossel, daß die Elemente ein „Streben zur Ausbildung einer Edelgasschale" besitzen, die in allen Fällen (außer He mit 2) aus 8 Elektronen besteht. Diese „Achterschale" ist in jeder Hinsicht vor den anderen Elektronenanordnungen durch ihre Stabilität ausgezeichnet. Man versteht nun auch die experimentelle Tatsache, daß die Spektren der Alkalien „wasserstoffähnlich" sind, da sie, ebenso wie das H-Atom, ein Elektron außerhalb einer vollen Schale besitzen. Durch die negativen Elektronen dieser vollen Schale wird nur die Wirkung der positiven Kernladung nach außen „abgeschirmt", während allein das Außenelektron (Leuchtelektron) das Spektrum und die chemischen Eigenschaften der Alkalien bestimmt. Die zweiwertigen Erdalkalien besitzen außerhalb der Edelgasschale 2 Elektronen, die dreiwertigen Erden 3 und so fort. Tatsächlich

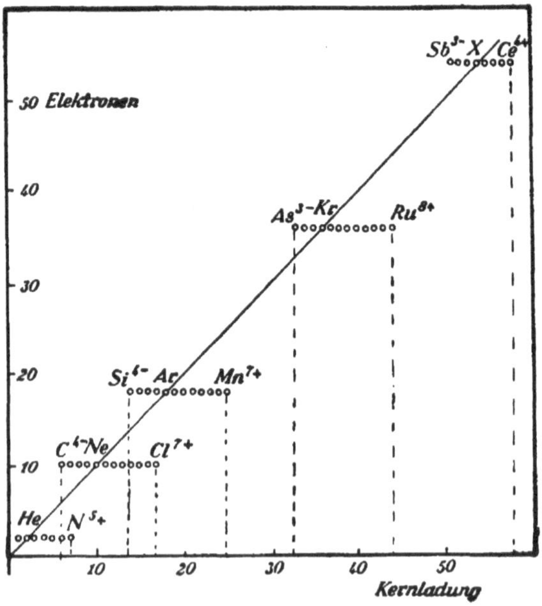

Fig. 32. Chemische Ionen mit Edelgaskonfiguration

bestimmt also der Bau der Elektronenhülle die chemischen Eigenschaften der Elemente. Die chemisch beständigen Ionen besitzen, wenn es sich um Kationen handelt, meist soviel Elektronen weniger, daß ein „edelgasähnlicher Atomrumpf" übrigbleibt, während die elementaren Anionen (z. B. Cl′, Br′, S″) die entsprechende Elektronenzahl aufgenommen haben, die ihnen an der Edelgasschale noch gefehlt hat. Fig. 32 gibt die Elektronenzahl einer Reihe von Ionen in Abhängigkeit von der Ordnungszahl wieder, aus der diese Tatsache gut ersichtlich ist.

Besonderheiten in der Elektronenanordnung bedingen auch besondere chemische Eigenschaften der Elemente. Wie aus Tab. 14 hervorgeht, tritt beim *K* zum erstenmal der Fall ein, daß das letzte Elektron nicht in die angefangene *M*-Schale, sondern gleich in die *N*-Schale eingebaut wird. Hieraus folgt, daß die 3*d*-Bahn in diesem Fall eine höhere Energie besitzt als die 4*s*-Bahn. Auch die zweite 4*s*-Bahn hat bei der um eins höheren Kernladung des *Ca* noch geringere Energie als die 3*d*-Bahn. Diese wird nämlich erst bei dem folgenden Element, dem Scandium besetzt. Solche Überschneidungen der Reihenfolge der Energiewerte der Elektronenzustände geben Anlaß zur *Bildung der Nebengruppen* des periodischen Systems. In den Nebengruppen wird die zunächst unbesetzt gebliebene z w e i t äußerste Elektronenschale aufgefüllt, während die Zahl der in der äußersten Schale enthaltenen Elektronen immer die gleiche bleibt. Ob ein Element zur Haupt- oder Nebengruppe gehört, entscheidet man also aus der Elektronenbesetzung. *Al, Ga, In, Tl* besitzen z. B. in der äußersten Schale zwei *s*-Elektronen und ein *p*-Elektron; sie gehören daher zusammen in die Hauptgruppe, während die Elemente *Sc, Y, La* ein *d*-Elektron und zwei *s*-Elektronen enthalten, sich also vom *Al* unterscheiden. Ähnlich zeigt man, daß alle Elemente von *Sc* bis *Zn* in die Nebengruppen gehören.

Am meisten wirkt sich die Auffüllung einer tieferen Schale bei der Gruppe der *seltenen Erden* (Nr. 58—71) aus, die in ihren chemischen Eigenschaften außerordentlich ähnlich sind. Das ist nach Tab. 14 nunmehr verständlich, da bei diesen Elementen die d r i t t äußerste *N*-Schale aufgefüllt wird, während die *O*-Schale und die angefangene *P*-Schale im gleichen Zustand bleiben. Es ist dies wohl der beste Beweis, wie sehr die chemischen Eigenschaften der Elemente durch die äußersten Elektronen bedingt sind.

107. Atomvolumen

Einen weiteren Beweis für den Schalenbau der Elektronenhülle bietet die Abhängigkeit des Volumens der Atome von der Ordnungszahl, deren Verlauf in Fig. 33 wiedergegeben ist. Man erkennt aus der Figur die gleiche periodische Abhängigkeit, wie sie die Ionisierungsspannung aufweist. Die Alkalien besitzen ein auffallend großes Atomvolumen, was mit dem Beginn einer neuen Elektronenschale zusammenhängt. Diese Schale muß nämlich zwangsläufig weiter vom Atomkern entfernt liegen, wodurch die Größe der Alkali-Atome erklärt wird. Mit wachsender Kernladung nimmt dann z. B. in der Reihe *Li, Be, B, C* das Volumen ab, da infolge der höheren Kernladung

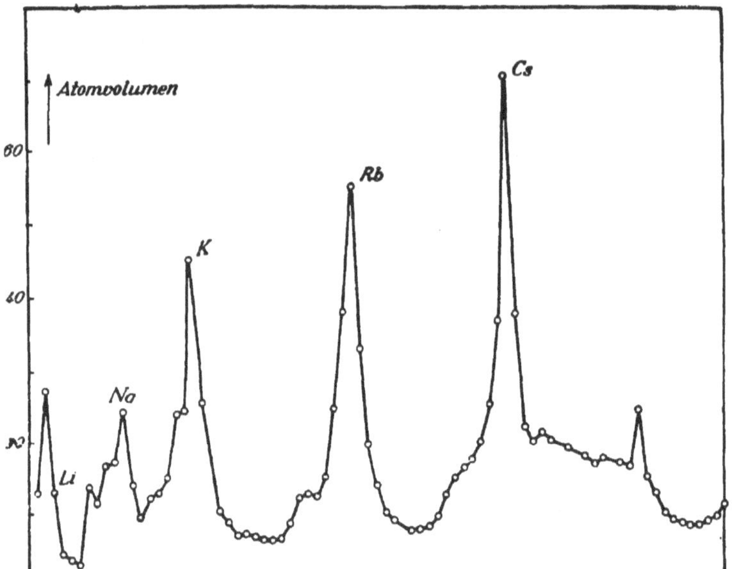

Fig. 33. Atomvolumina der Elemente

eine stärkere elektrostatische Anziehung der Elektronen erfolgt, die eine Verkleinerung der Bahnradien bewirkt. Die Elektronenhülle wird also laufend „verfestigt".

108. Polarisierbarkeit und Molrefraktion

In engem Zusammenhang mit der Festigkeit der Elektronenhülle steht die Polarisierbarkeit der Atome, worunter man die folgende Erscheinung versteht: Beim Einbringen eines Atoms in ein elektrisches Feld muß die negative Elektronenhülle zum positiven Pol des Feldes gezogen werden, während der positive Kern zum negativen Pol des Feldes hinstrebt. Es tritt also im elektrischen Feld eine Verzerrung der Elektronenhülle in der Weise ein, daß der Schwerpunkt der negativen Ladungen (d. i. der Ort, an dem man sich die negativen Ladungen vereinigt denken darf) nicht mehr mit dem positiven Kern zusammenfällt, wie dies in Fig. 34 veranschaulicht ist. Es entsteht so ein elektrischer „Dipol"; das Atom wird „polarisiert". Für die Stärke eines solchen Dipols ist der Abstand l der Ladungsschwerpunkte und die Größe der in ihnen vereinigten Ladung e maßgebend. Das Produkt $e \cdot l = \mathfrak{m}$ bezeichnet man als „Dipolmoment". Seine Größe ist nach der elektrostatischen Theorie proportional der vorhandenen elektrischen Feldstärke:

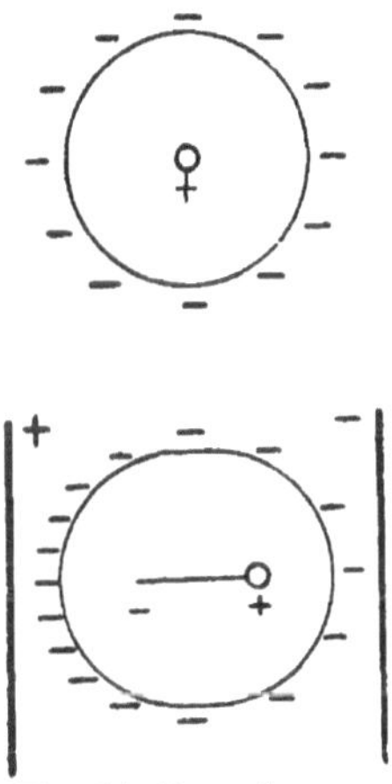

Fig. 34. Entstehung eines Dipols

$$\mathfrak{m} = \mathfrak{a} \cdot \mathfrak{E}.$$

Den Faktor α, der ebenfalls ein Maß für die Stärke des Dipols ist, bezeichnet man als *Polarisierbarkeit* der betreffenden Atomsorte. Es ist einleuchtend, daß α um so größer sein wird, je lockerer die Struktur der Elektronenhülle ist; denn um so leichter wird sich die Hülle gegenüber dem Kern verschieben lassen. Man beobachtet dementsprechend, daß Ionen mit gleichem Bau der Elektronenhülle, aber zunehmender Kernladung, wie z. B. die Reihe O'', F', Ne, $Na^{\cdot}$, $Mg^{\cdot\cdot}$, $Al^{\cdot\cdot\cdot}$, eine schnell abnehmende Polarisierbarkeit besitzen. In der gleichen Folge nimmt auch der Radius dieser Ionen ab.

Aus den Theorien der Elektrodynamik folgt, daß zwischen der Dielektrizitätskonstante ε des untersuchten Stoffes und α die Beziehung besteht:

$$\frac{\varepsilon - 1}{\varepsilon + 2} = \frac{4}{3} \pi \cdot N \cdot \alpha.$$

N = Atomzahl pro Volumeneinheit. Einführung der Loschmidtschen Zahl N_L ergibt:

$$P = \frac{\varepsilon - 1}{\varepsilon + 2} \cdot v = \frac{4}{3} \pi \cdot N_L \cdot \alpha,$$

wobei v das Molvolumen des Stoffes bedeutet. Diesen Ausdruck bezeichnet man als *Elektronenpolarisation*, weil er auf der Verzerrung der Elektronenhülle beruht. P ist also eine reine Eigenschaft des Zustandes der Elektronenhülle.

Zwischen ε und dem Brechungsvermögen n eines Stoffes besteht weiterhin nach der elektrodynamischen Theorie des Lichtes die Maxwellsche Beziehung $\varepsilon = n^2$. Damit ergibt sich eine der Elektronenpolarisation entsprechende Größe

$$R = \frac{n^2 - 1}{n^2 + 2} \cdot v = \frac{4}{3} \pi N_L \cdot \alpha = 2{,}54 \cdot 10^{24} \cdot \alpha,$$

die als *Molrefraktion* bezeichnet wird. Ihre Bedeutung besteht darin, daß sie auch auf Molekeln anwendbar ist und daß wegen ihrer Abhängigkeit von der Struktur der Elektronenhülle die für Verbindungen gültige Molrefraktion sich additiv aus Anteilen zusammensetzt, die für die in der Verbindung enthaltenen Atome maßgebend sind, und für ein Atom nur dann voneinander verschieden sind, wenn das Atom in verschiedenem Bindungszustand vorliegt. Denn verschiedener Bindungszustand bedeutet eine andere Form der Elektronenhülle. Z. B. besitzt das C-Atom in Gruppen wie CH_3-, CH_2OH-, CH_2NH_2- usw. fast den gleichen Wert der Atomrefraktion. Man kann demzufolge aus einer Abweichung der beobachteten Molrefraktion von der Summe der Atomrefraktionen schließen, daß irgendein Atom der betrachteten Verbindung in einem anderen Bindungszustand vorliegt, als der angenommenen chemischen Strukturformel entspricht. Auf diese Weise läßt sich z. B. entscheiden, ob eine Verbindung ein einfach, doppelt oder dreifach gebundenes C-Atom enthält; denn jede Bindungsart ergibt einen anderen Beitrag zur Molrefraktion. Die Molrefraktion kann also bei der Aufklärung der Konstitution chemischer Verbindungen von Nutzen sein.

109. Die magnetischen Eigenschaften der Stoffe

Die magnetischen Eigenschaften der Stoffe sind durch die Größe des dem Atom eigentümlichen Gesamtdrehimpulses gegeben, der aus dem Atomsymbol ablesbar ist. Es wurde schon erwähnt, daß einem kreisenden Elektron ein kleiner Elementarmagnet entspricht. Je nach Art der im Atom vorhandenen Elektronenzustände können sich die Einzelbahnimpulse und Spinimpulse so kompensieren, daß das Atom magnetisch oder unmagnetisch erscheint. Kennzeichnend ist das magnetische Moment μ des Atoms, das ähnlich dem elektrischen Moment als Produkt aus der Polstärke m und dem Abstand l der Pole definiert ist. Die magnetischen Momente der Elektronen eines Atoms kompensieren sich immer gerade dann, wenn die betreffenden Quantenzahlen entgegengesetzte Werte besitzen z.B. $s = +\frac{1}{2}$ und $-\frac{1}{2}$ oder $m = +\frac{3}{2}$ und $-\frac{3}{2}$). Daraus folgt, daß alle Atome, in deren Elektronenhülle nur volle Schalen vorhanden sind, das Moment Null besitzen. Auch solche Atome, die volle Unterschalen (z. B. alle p-Elektronen oder alle möglichen d-Elektronenzustände) enthalten, müssen das Moment Null aufweisen. Das magnetische Moment ist daher ganz allgemein gleich Null bei folgenden Elektronenbesetzungen:

1. Edelgase mit 2 (*He*) bzw. 8 Außenelektronen, oder Ionen, die aus einem „Edelgasrumpf“ bestehen (z. B. $Na^{\cdot}$, $Mg^{\cdot\cdot}$, $Al^{\cdot\cdot\cdot}$, S'', F').
2. Atome oder Ionen mit 18 Außenelektronen ($Cu^{\cdot}$, $Ag^{\cdot}$, $Cd^{\cdot\cdot}$).
3. Atome oder Ionen, die außer einer vollen Achter- oder Achtzehnerschale nur noch zwei s-Elektronen besitzen (*Zn*, $Pb^{\cdot\cdot}$, $P^{\cdot\cdot\cdot}$).

Die übrigen Elektronenanordnungen haben meist das Auftreten eines magnetischen Momentes zur Folge. Z. B. müssen alle Atome oder Ionen mit ungerader Elektronenzahl mindestens ein vom Spin der Elektronen herrührendes magnetisches Moment besitzen. Bei den Übergangselementen *Sc* bis *Cu*, *Y* bis *Ag*, *La* bis *Au* sind meist magnetische Momente vorhanden.

Stoffe, die von sich aus ein magnetisches Moment besitzen, heißen *paramagnetisch*. Die Atommomente stellen bei Anlegen eines Magnetfeldes ihre Achsen in die äußere Feldrichtung ein und werden zu Stellen größter Feldstärke hingezogen. Der Ausrichtung der Momentachsen wirkt die Temperaturbewegung der Atome entgegen, weswegen man eine Abhängigkeit der Magnetisierbarkeit von der Temperatur beobachtet. Im Gegensatz dazu suchen *diamagnetische* Stoffe, die Atome ohne magnetisches Moment enthalten, die Stellen geringster Feldstärke auf. In ihnen wird erst durch das Anlegen des

Magnetfeldes ein Moment induziert. Da hierbei die Lage der Atome im Raum unwesentlich ist, findet man keine Abhängigkeit des Diamagnetismus von der Temperatur.

Wichtig sind die magnetischen Eigenschaften der Stoffe deswegen, weil der Magnetismus auf Grund der obigen Theorie eine Eigenschaft ist, die allein vom Bau der Elektronenhülle abhängt. Man verwendet magnetische Messungen daher häufig zur Klärung von Wertigkeitsfragen; denn eine veränderte Wertigkeit hat eine andere Besetzung der Eektronenhülle und damit andere magnctischen Eigenschaften zur Folge. Ein weiterer Vorzug der Methode ist ihre Anwendbarkeit auch auf feste Stoffe, für die sonst nur wenig Untersuchungsverfahren bekannt sind.

110. Das wellenmechanische Atombild

Unbefriedigend bei der obigen Ableitung der Atomeigenschaften bleibt die Tatsache, daß die für die Elektronenzustände charakteristischen Quantenzahlen dadurch erhalten wurden, daß die Bohrschen Quantenbedingungen einfach postuliert wurden, ohne daß eine tiefere Begründung für das Bestehen dieser Bedingungen gegeben werden konnte. Weiterhin haben sich bei Rechnungen mit dem Bohrschen Atommodell Schwierigkeiten ergeben, z. B. schon bei der Berechnung des He-Atoms, dessen Eigenschaften das Modell nicht mehr richtig wiedergibt.

Man hat daher versucht, bessere Modelle zu finden, was mittels der Wellenmechanik auch gelungen ist. Die beim wellenmechanischen Atombild auftretenden Begriffe sind der allgemeinen Schwingungslehre entnommen; und zwar dient als Grundlage des Modells die Möglichkeit, *jedes Materieteilchen durch einen Wellenvorgang zu charakterisieren*. Es wurde bereits erwähnt, daß zufolge der Beziehung $E = m \cdot c^2$ jeder Masse eine Energie entspricht. Diese Energie läßt sich nun auf Grund der Strahlungserscheinungen darstellen mittels der Gleichung $E = h \cdot \nu$, wo ν die Schwingungszahl der Strahlung bedeutet. Durch Kombination dieser beiden Gleichungen kann man also jeder Masse m einen Strahlungsvorgang der Frequenz $\nu = \frac{mc^2}{h}$

zuschreiben. Die zugehörige Wellenlänge folgt mit der Beziehung $\nu = c/\lambda$ zu $\lambda = \frac{h}{m \cdot c}$. Da es sich hier keineswegs um Lichtwellen handelt, ist c (die Lichtgeschwindigkeit) zu ersetzen durch die Fortbewegungsgeschwindigkeit v des Materieteilchens, so daß also die der Masse m entsprechende „Materiewelle" eine Wellenlänge von

$$\lambda = \frac{h}{m \cdot v}$$

bekommt. Diese Gedankengänge stammen von de Broglie, der das Versagen der klassischen Punktmechanik in atomaren Dimensionen auf dieselbe Ursache zurückführte, die das Versagen der geometrischen Optik bedingt. Diese ist nämlich nicht mehr brauchbar, wenn die Apparaturdimensionen die Größenordnung der benutzten Lichtwellen erreichen. — Bei Verwendung enger Spalte und Blenden treten nämlich die bekannten Beugungserscheinungen auf, die erst durch eine Wellentheorie erfaßt werden können.

Ein Elektron der Masse $m = 9{,}108 \cdot 10^{-28}$ g und einer Geschwindigkeit von 1 e-Volt = $0{,}593 \cdot 10^{8}$ cm/sek besitzt nach der obigen Gleichung eine Wellenlänge von

$$\lambda = \frac{6{,}62 \cdot 10^{-27}}{9{,}1 \cdot 10^{-28} \cdot 0{,}593 \cdot 10^{8}} = 1{,}2 \cdot 10^{-7}\, cm.$$

Das heißt also, die dem Elektron entsprechende Materiewelle hat eine Wellenlänge, die in der Größenordnung eines Atomdurchmessers liegt. Ähnlich wie unter diesen Bedingungen die geometrische Optik versagt, ist nach de Broglie auch die klassische Punktmechanik nicht mehr brauchbar und muß durch eine „Wellenmechanik" ersetzt werden.

Daß Elektronen (und materielle Teilchen ganz allgemein) Welleneigenschaften besitzen, konnte auch experimentell gezeigt werden. In ihren berühmten Versuchen konnten DAVISSON und GERMER mit Elektronen bekannter Geschwindigkeit Interferenzerscheinungen (bei Streuung an Goldfolien z. B.) hervorrufen, wie sie sonst als typische Eigenschaft von Wellenvorgängen bekannt sind. Zusätzlich ergibt sich aus diesen Experimenten quantitativ für die Wellenlänge λ, die einem Elektron der Geschwindigkeit v zugeordnet werden muß, die von DE BROGLIE theoretisch geforderte Beziehung $\lambda = h/mv$.

Der Bohrschen Elektronenbewegung entspricht beim wellenmechanischen Bild also ein Schwingungsvorgang bestimmter Wellenlänge. Demgemäß stellt man sich ein Elektron nicht mehr als kreisenden Punkt vor, sondern denkt im einfachsten Fall die Ladung e auf eine Kugelfläche vom Bohrschen Radius r „verschmiert". Die so verteilte Ladung besitzt nun nicht an allen Stellen gleiche Dichte. Es bilden sich vielmehr Maxima und Minima der Ladungsdichte aus, deren Lage durch eine „Wellenfunktion" darstellbar ist, die allgemein mit ψ bezeichnet wird. Da diese Funktion eine Welle darstellen soll, muß sie sicherlich eine periodische Funktion sein.

Die Bedeutung von ψ läßt sich aus der allgemeinen Wellentheorie folgern, wie sie aus Elektrodynamik und Optik bekannt ist. Danach ist das Quadrat der Amplitude ψ ein Maß für die in einer Welle vorhandene Energiedichte. Auf dem Umweg über die allgemeine Beziehung $E = mc^2$ kann man so zu der Vorstellung kommen, daß bei der obigen Wellenfunktion der Wert von ψ^2 an einer Stelle des Raumes ein Maß für die Ladungsdichte des Elektrons darstellt. Dieser wichtige Zusammenhang liefert die Begründung dafür, daß man besonders bei chemischen Fragestellungen die Art dieser Funktionen genauer diskutieren muß. Denn daraus ergeben sich weit mehr Einzelheiten über das Reaktionsverhalten der „Valenzelektronen" als man aus der BOHRschen Theorie erhalten kann. Ferner ergeben sich aus dem Lösungsverfahren für Gl. (6) zwangsläufig bereits drei der vier Quantenzahlen, die einen Elektronenzustand kennzeichnen. Dies folgt aus der einzigen Bedingung, daß die ψ-Funktionen trotz ihres periodischen Charakters eindeutige Funktionen sein müssen, wenn sie ein Elektron darstellen sollen. Alle im Laufe des Lösungsverfahrens noch einzuführenden sonstigen Bedingungen sind rein mathematischer Natur.

Um Einblick in die verschiedenartige Natur der Energiezustände eines Elektrons in der Elektronenhülle zu gewinnen, wollen wir einfache Grenzfälle betrachten. Zunächst sein ein in einer Ebene um ein Zentrum rotierendes Elektron behandelt und dann eine dreidimensionale Rotationsbewegung, die das Analogon zum BOHRschen Modell darstellt.

Die einfachsten periodischen Funktionen sind Sinus und Cosinus. Sie haben die Periode 2π. Eine in der x-Richtung vorhandene Welle der Wellenlänge λ wird z. B. beschrieben durch

$$\psi = \psi_0 \cdot \cos 2\pi \frac{x}{\lambda}$$

Darin läßt sich λ nach der DE BROGLIE-Gleichung ersetzen durch $\lambda = h/p$. Dann folgt

(1) $$\psi = \psi_0 \cdot \cos \frac{2\pi p}{h} \cdot x$$

Nun hätte man an die Stelle des Cosinus auch den Sinus oder eine beliebige lineare Kombination der Form $y = \text{a} \cdot \sin x + \text{b} \cdot \cos x$ wählen können, um eine Welle zu charakterisieren. Um alle solche Möglichkeiten in einer einzigen Gleichung zu erfassen, greift man auf eine allen solchen Funktionen gemeinsame Eigenschaft zurück, nämlich die Tatsache, daß z. B. $\sin x$ sich bei zweimaliger Differentiation nach x bis auf das Vorzeichen wieder reproduziert. Das gilt auch für $\cos x$ und die Linearkombination. Daher erfaßt die Differentialgleichung

$$\frac{d^2y}{dx^2} = -\text{const.} \cdot y$$

alle genannten Funktionen. Für eine Funktion der Form (1) lautet die betreffende Diff.-Gl.

$$\frac{d^2\psi}{dx^2} + \frac{4\pi^2p^2}{h^2} \cdot \psi = 0.$$

An Stelle des Impulses $p = mv$ kann man nun noch die kinetische Energie $E_k = mv^2/2 = p^2/2m$ setzen. Wenn man ferner abkürzend schreibt * $h = h/2\pi$, so ergibt sich

(2) $$\frac{h^2}{2m} \cdot \frac{d^2\psi}{dx^2} + E_k \cdot \psi = 0$$

* Im Folgenden bedeutet h immer Wirkungsquant dividiert durch 2π.

Alle Lösungen dieser Diff.-Gl. sind Darstellungen einer Welle in x-Richtung.

111. Wellengleichung des ebenen Rotators

Wenn nun eine Wellenfunktion ein auf einer Kreisbahn des Radius r sich bewegendes Elektron darstellen soll, so liegt eine geschlossene Bahn der Länge $2\pi r$ vor. Dann ist es zweckmäßig Polarkoordinaten einzuführen, wobei die Bahnweglänge x mittels der Beziehung $x = r \cdot \varphi$ durch den Winkel φ ersetzt wird. Ferner führt man, wie immer bei Rotationsbewegungen, statt der Masse m das Trägheitsmoment $J = mr^2$ ein. So folgt aus Gl. (2)

$$\frac{d^2\psi}{d\varphi^2} + \frac{2E_k J}{h^2} \cdot \psi = 0. \tag{3}$$

Lösungen dieser Gleichung sind zum Beispiel

$$\psi = \cos \sqrt{\frac{2E_k J}{h^2}} \cdot \varphi \text{ oder } \psi = \sin \sqrt{\frac{2E_k J}{h^2}} \cdot \varphi, \tag{4}$$

wie man durch zweimalige Differentiation und Einsetzen in (3) bestätigt.

Wenn diese Lösungsfunktionen nun den zeitlich konstanten Zustand eines Elektrons beschreiben sollen, so muß der Wert von ψ an einer vorgegebenen Stelle der Kreisbahn eindeutig festliegen. Andere Funktionen sind nicht erlaubt. Das bedeutet, daß ψ die Periode 2π haben muß und also eine „stehende" Welle vorhanden ist. Wäre das nicht der Fall, so würden die Werte der Funktion ψ sich im Mittel (durch Interferenz) auslöschen.

Diese Forderung stehender Wellenfunktionen ist das Fundament aller wellenmechanischen Beschreibungen von Elektronenzuständen. Aus dieser Nebenbedingung ergeben sich nämlich alle erlaubten ψ-Funktionen, d. h. Elektronenzustände mit all ihren unterschiedlichen Eigenschaften.

Wenn ψ die Periode 2π haben soll, so muß gelten

$$\psi(\varphi) = \psi(\varphi + 2\pi).$$

Ist z. B. $\psi = \cos k\varphi$, so soll also sein

$$\cos k\varphi = \cos [k(\varphi + 2\pi)] = \cos (k\varphi + k\,2\pi).$$

Die Periode 2π dieser Funktion ist gesichert, wenn als Faktor von 2π nur ganzzahlige Werte auftreten. Das heißt, k muß ganzzahlig sein.

Entnimmt man den Ausdruck für k aus (4), so führen daher alle Lösungen von (4) zu Funktionen der Periode 2π, für die gilt

$$\sqrt{\frac{2E_k J}{h^2}} = n \quad (\text{mit } n = 0, 1, 2, 3, \ldots).$$

Da das Trägheitsmoment J einen festen Wert hat, bedeutet diese Gleichung, daß die kinetische Energie des Teilchens der Bedingung unterworfen ist

$$E_k = \frac{h^2}{2J} \cdot n^2 \quad (\text{mit } n = 0, 1, 2, 3, \ldots).$$

Diese sogenannten E i g e n w e r t e der kinetischen Energie ergeben sich also wegen der Forderung stehender Wellen. Man beachte, daß dieser „ebene Rotator" noch kein Modell eines Elektrons im Atom darstellt, da ein Kraftzentrum positiver Ladung bisher nicht vorausgesetzt war.

112. Elektron im zentralen Kraftfeld (H-Atom)

Die Wellengleichung für ein dreidimensional bewegliches Teilchen ist ganz analog der des ebenen Rotators, nur treten alle drei Koordinaten x, y, z auf:

$$(5) \qquad \frac{h^2}{2m}\left(\frac{\partial^2\psi}{\partial x^2} + \frac{\partial^2\psi}{\partial y^2} + \frac{\partial^2\psi}{\partial z^2}\right) + E_k \cdot \psi = 0$$

Ist nun außer dem Elektron noch ein positiv geladener Kern vorhanden, so wirkt auf das Elektron eine Kraft gemäß dem Coulombschen Gesetz. Infolge dieser Kraft besitzt das Elektron dann auch potentielle Energie E_p, die aber nur von der Abstandskoordinate r abhängt. Man wird daher für E_k die Gesamtenergie einführen müssen mit

$$E_k = E - E_p(r).$$

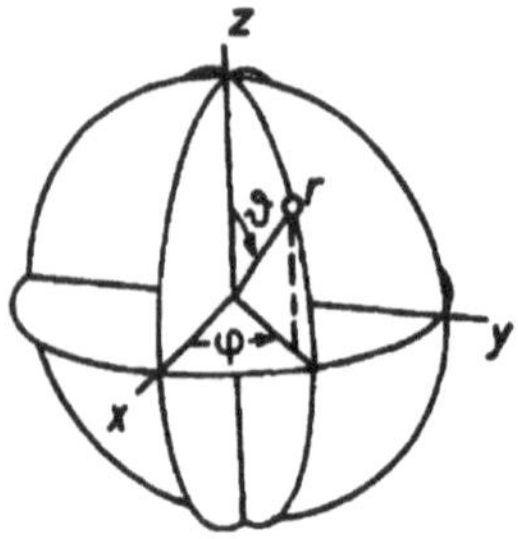

Fig. 35
Umrechnung des Koordinatensystems

Zweckmäßig führt man dann Polarkoordinaten r, ϑ, φ an Stelle von x, y, z ein. Ihr Zusammenhang geht aus Figur 35 hervor. Die Umrechnung der Gl. (5) ergibt dann

$$(6)\qquad \frac{h^2}{2m}\left[\frac{1}{r^2}\frac{\partial}{\partial r}\left(r^2\frac{\partial\psi}{\partial r}\right)+\frac{1}{r^2\sin\vartheta}\frac{\partial}{\partial\vartheta}\left(\frac{\partial\psi}{\partial\vartheta}\sin\vartheta\right)+\right.$$
$$\left.+\frac{1}{r^2\sin^2\vartheta}\frac{\partial^2\psi}{\partial\varphi^2}\right]+E_k\cdot\psi=0$$

Die Lösung von Gl. (6) gelingt nur, wenn man imstande ist, durch Wahl des geeigneten Koordinatensystems, das der Symmetrie des Problems angepaßt sein muß, eine Separierung in drei einzelne Diffgln. vorzunehmen, deren jede nur eine einzige der drei Variablen enthält. Bei Gl. (6) führt der Produktansatz

$$(7)\qquad \psi=f(r)\cdot Y(\vartheta,\varphi)$$

zunächst zur Abtrennung der Variablen r. Bildet man die in Gl. (6) benötigten Differentialquotienten aus (7) und setzt in (6) ein, so folgt

$$(8)\qquad \frac{1}{f}\cdot\frac{d}{dr}\left(r^2\frac{df}{dr}\right)+\frac{E-E_p}{h^2}\,2mr^2+$$
$$+\frac{1}{Y\sin\vartheta}\frac{\partial}{\partial\vartheta}\cdot\left(\frac{\partial Y}{\partial\vartheta}\sin\vartheta\right)+\frac{1}{Y\sin^2\vartheta}\cdot\frac{\partial^2 Y}{\partial\varphi^2}=0.$$

Das ist nun eine Summe, in der die beiden ersten Glieder ausschließlich von r abhängen, die übrigen nur von φ und ϑ. Allgemein geschrieben:

$$F(r)+X(\vartheta,\varphi)=0.$$

Wenn diese Summe bei j e d e r beliebigen, völlig willkürlich gewählten Kombination aus Werten r, ϑ, φ gleich

Null sein soll, so kann das nur sein, wenn jeder der beiden Summanden zahlenmäßig gleich derselben Konstanten c ist, wenn also getrennt gilt

$$F(r) - c = 0$$
$$X(\vartheta, \varphi) + c = 0.$$

Es bleibt nur noch die Aufgabe, den Wert dieser Konstanten c zu bestimmen.

Zuvor jedoch trennen wir noch die Variablen ϑ und φ durch einen analogen Produktansatz der Form

$$Y(\vartheta, \varphi) = \Theta(\vartheta) \cdot \Phi(\varphi). \tag{9}$$

Bildet man aus (9) wieder die in (8) benötigten Differentialquotienten und setzt ein, so folgt

$$\underbrace{\frac{\sin\vartheta}{\Theta} \cdot \frac{d}{d\vartheta}\left(\frac{d\Theta}{d\vartheta} \cdot \sin\vartheta\right) + c \cdot \sin^2\vartheta}_{f(\vartheta)} + \underbrace{\frac{1}{\Phi} \cdot \frac{d^2\Phi}{d\varphi^2}}_{g(\varphi)} = 0$$

worin jetzt die Variablen separiert sind. Auch hier müssen nach der obigen Schlußweise die beiden Funktionen $f(\vartheta)$ und $g(\varphi)$ gleich derselben Konstanten sein, die wir mit b bezeichnen. Ebenso wie c bleibt noch der Wert von b zu bestimmen. Die separierten Diffgln. lauten nun

$$\frac{d^2\Phi}{d\varphi^2} + b \cdot \Phi = 0, \tag{10a}$$

$$\frac{\sin\vartheta}{\Theta} \cdot \frac{d}{d\vartheta}\left(\frac{d\Theta}{d\vartheta} \cdot \sin\vartheta\right) + c \cdot \sin^2\vartheta - b = 0, \tag{10b}$$

$$\frac{1}{f} \cdot \frac{d}{dr}\left(r^2 \frac{df}{dr}\right) + \frac{E - E_p}{h^2} 2mr^2 - c = 0. \tag{10c}$$

Der Wert von b läßt sich leicht angeben, weil Gl. (10a) mit der Gl. (3) des ebenen Rotators übereinstimmt und daher auch deren Lösungen hat.

Es muß also $\sqrt{b}$ ganzzahlig sein, wofür wir schreiben wollen

$$b = m^2 \quad \text{mit } m = 0, \pm 1, \pm 2, \ldots$$

Für das in Gl. (10a) bzw. (10b) auftretende b sind also nur die Werte 0, 1, 4, 9, 16, ... erlaubt, wenn eine eindeutige Lösung der Periode 2π erhalten werden soll.

113. Lösungen für den Winkelanteil

Um bei Lösung von (10b) die trigonometrischen Funktionen zu eliminieren, wird substituiert

$$\mu = \cos\vartheta,$$

so daß also $\sin\vartheta \cdot d\vartheta = -d\mu$ ist, und man bekommt

$$\frac{d}{d\mu}\left[(1-\mu^2)\frac{d\Theta}{d\mu}\right] + \left(c - \frac{m^2}{1-\mu^2}\right) \cdot \Theta = 0. \tag{11}$$

Wir untersuchen den einfachsten Fall mit $m = 0$ und versuchen als Lösungsansatz folgende Potenzreihe in μ zu benutzen:

$$\Theta = a_0 + a_1\mu^1 + a_2\mu^2 + a_3\mu^3 + \ldots = \Sigma\ a_\nu\ \mu^\nu \tag{12}$$

Wenn man dies in (11) einsetzt, so ergibt sich ein Ausdruck, der nur noch eine Summe von Gliedern darstellt, die man nach Potenzen von μ ordnen kann. Wenn diese Summe gleich Null sein soll, gleichgültig welchen Wert man für die Variable μ ($= \cos\vartheta$) benutzt, so ist das nur möglich, wenn jeder der Koeffizienten bei den jeweiligen μ-Potenzen einzeln gleich Null ist. Das ergibt eine Reihe von Bedingungsgleichungen für die Werte, die die a_ν haben dürfen, damit μ eine Lösung von (11) ist. Sie lassen sich zusammenfassen in die Bedingungsgleichung

$$a_{\nu+2} = \frac{(\nu+1)\,\nu - c}{(\nu+1)\cdot(\nu+2)} \cdot a_\nu \tag{13}$$

Aus der Tatsache, daß immer nur der übernächste Koeffizient aus dem ν-ten berechnet werden kann, muß man folgern, daß es entweder nur geradzahlige oder nur ungeradzahlige Koeffizienten in der Potenzreihe für Θ gibt, je nachdem man nämlich mit $\nu = 0$ oder $\nu = 1$ beginnt. Wählt man $a_0 = 0$, so werden alle geradzahligen a laut Gl. (13) ebenfalls Null.

Gleichung (13) gestattet die Berechnung unendlich vieler Koeffizienten, d. h. die Reihe für Θ ist im allgemeinen Fall unendlich, woraus sich mit Sicherheit auch unendlich große Zahlenwerte für Θ ergeben würden. Das hat aber physikalisch keinen Sinn, da es zu einer unendlich großen Aufenthaltswahrscheinlichkeit des Elektrons in dieser Richtung ϑ

führen würde. Deswegen muß gefordert werden, daß die Potenzreihe endlich bleibt. Ein solches Abbrechen der Potenzreihe kann aber nur eintreten, wenn der Zähler in (13) gleich Null wird, da dann das betreffende $a_{\nu+2}$ und alle folgenden gleich Null werden. Also muß für physikalisch sinnvolle Lösungen gelten

(14) $$\nu(\nu+1) - c = 0.$$

Nun ist ν als Laufzahl der Koeffizienten in der Potenzreihe (12) notwendigerweise ganzzahlig und positiv. Wegen (14) gilt das gleiche also auch für c. Wenn wir vorschreiben, daß die Potenzreihe (12) z. B. bei dem Wert $\nu = l$ abbrechen soll, so kann nur sein

(15) $$c = l(l+1) \quad \text{mit } l = 0, 1, 2, 3, \ldots$$

Damit sind die beiden noch unbekannten Konstanten b und c aus Gl. (10a) bzw. (10b) festgelegt, und man kann auf ganz ähnliche Weise auch den allgemeinen Fall $m \neq 0$ durchrechnen, was aber nichts grundsätzlich Neues liefert.

Man erhält analog (4) im φ-abhängigen Teil der Funktion $Y(\vartheta, \varphi)$ zwei Funktionen Φ

$$\Phi_I = \cos m\varphi \quad \text{und } \Phi_{II} = \sin m\varphi,$$

zu deren jeder als Faktor eine Funktion P tritt, die lautet

(16) $$P = (\sin\vartheta)^m \cdot \frac{d^m}{d(\cos\vartheta)^m} \cdot \left[\sum_{\nu=0}^{l} a_\nu \cdot (\cos\vartheta)^\nu\right]_l.$$

Die allgemeinen Lösungen von (10a) und (10b) sind also

(17) $$\begin{aligned} Y_I &= P_{m,l}(\cos\vartheta) \cdot \cos m\varphi \\ Y_{II} &= P_{m,l}(\cos\vartheta) \cdot \sin m\varphi. \end{aligned}$$

Das Aussehen dieser Lösungen hängt von den gewählten Werten von l und m ab. Die in (16) möglichen Potenzreihen lauten für verschiedene l-Werte

$$\begin{aligned} l &= 0 & \Theta &= a_0 \\ l &= 1 & \Theta &= a_1 \cdot \cos\vartheta \\ l &= 2 & \Theta &= a_0 + a_2 \cdot \cos^2\vartheta \\ l &= 3 & \Theta &= a_1 \cdot \cos\vartheta + a_3 \cdot \cos^3\vartheta. \end{aligned}$$

Bei Multiplikation von Θ mit einer beliebigen Konstanten erhält man wiederum Lösungen von (10b). Daher kann der erste Koeffizient dieser Reihen jeweils beliebig normiert werden.

Aus (16) kann man sofort sehen, daß m höchstens gleich l sein kann. Wenn man nämlich die höchste Potenz $\cos^l \vartheta$ m-mal (d. h. $(1 + l)$-mal nach $\cos \vartheta$ differenziert, so resultiert der Wert Null. Solche Funktionen sind daher identisch Null, und man findet auf diese Weise die Bedingung

$$m = 0, \pm 1, \pm 2, \ldots, \pm l. \tag{18}$$

114. Lösungen für den Radialteil

Zur Lösung der Diffgl. (10c) muß die Abhängigkeit der potentiellen Energie E_p von r bekannt sein. Zwischen dem Elektron mit der Ladung $-e$ und einem Kern mit der Ladung $+Ze$ wirkt nach dem Coulombschen Gesetz die Kraft $K = -Ze^2/r^2$. Bezeichnet man als E_p diejenige Energie, die das Elektron abgeben kann, wenn es von seinem Kernabstand r_0 auf $r = \infty$ gebracht wird, so ist

$$E_p = \int_{r_0}^{\infty} K \cdot dr = -Ze^2 \int_{r_0}^{\infty} \frac{dr}{r^2} = -\frac{Ze^2}{r_0}. \tag{19}$$

Setzt man dies in (10c) ein, multipliziert die Gleichung mit f/r und setzt noch aus (15) für $c = l\,(l + 1)$ ein, so folgt

$$\frac{d^2}{dr^2}(r \cdot f) - \frac{l\,(l+1)}{r^2}(r \cdot f) + \frac{2M}{h^2}\left(E + \frac{Ze^2}{r}\right)(r \cdot f) = 0. \tag{20}$$

Als Lösungsansatz ist brauchbar

$$r \cdot f = v(r) \cdot e^{-\frac{1}{h}\sqrt{-2ME} \cdot r} \tag{21}$$

Dieser Ausdruck erfüllt die physikalisch sinnvolle Forderung, daß $r \cdot f$ für $r \to \infty$ gleich Null werden muß. Damit ist gesichert, daß es sich um ein gebundenes und nicht etwa um ein freies Elektron handelt.

Bildet man aus (21) die in (20) erforderliche 2. Ableitung von $(r \cdot f)$ nach r und setzt in (20) ein, so erhält man als neue Diffgl. für die in (21) enthaltene Funktion $v(r)$ den Ausdruck

$$\frac{d^2v}{dr^2} - 2\,\frac{\sqrt{-2ME}}{h}\cdot\frac{dv}{dr} + \left(\frac{2MZe^2}{h^2 r} - \frac{l(l+1)}{r^2}\right)\cdot v = 0. \tag{22}$$

Als Lösungsfunktion dieser Diffgl. kann man nun ganz analog wie bei Auflösung von Gl. (10b) für $v(r)$ eine Potenzreihe ansetzen

$$v(r) = \sum_{0}^{\infty} a_\nu\, r^\nu\,. \tag{23}$$

Für deren Koeffizienten a läßt sich wiederum durch Einsetzen in (22) eine Bedingung finden, die diese Reihe zu Lösungen von (22) macht. Aus der Forderung, daß bei Einführen von (23) in (22) jeder Koeffizient bei dem nach Potenzen von r geordneten Ausdruck einzeln gleich Null sein muß, erhält man als Koeffizientenbedingung

$$[\nu(\nu+1) - l(l+1)]\cdot a_{\nu+1} = 2\,a_\nu\left[\nu\frac{\sqrt{-2ME}}{h} - \frac{MZe^2}{h^2}\right], \tag{24}$$

woraus sich bei vorgegebenem Wert des ersten Koeffizienten a_0 alle folgenden a_ν berechnen lassen.

Analog wie bei Gl. (13) kann hier ein Abbrechen — und damit Endlichbleiben — der Potenzreihe dann eintreten, wenn der rechte Klammerausdruck gleich Null wird. Für welchen Wert $\nu = n$ dies eintritt, hängt ausschließlich von dem Wert der Gesamtenergie E ab. Umgekehrt sind auch die überhaupt möglichen Werte von E dadurch festgelegt, daß ν ja als Laufzahl der Potenzreihe (23) notwendig ganzzahlig sein muß. Nullsetzen der rechten Klammer in (24) ergibt für diese sogenannten Energie-Eigenwerte E

$$E = -\frac{MZ^2e^4}{2h^2}\,\frac{1}{n^2} \quad (\text{mit } n = 0, 1, 2, \ldots). \tag{25}$$

Eine zweite wichtige Folgerung ergibt sich durch Betrachtung des linken Klammerausdrucks in (24). Letzterer wird gleich Null für $\nu = l$. Damit ist $a_l = 0$ und ebenso alle niedrigeren Koeffizienten $a_{l-1} = a_{l-2} = \ldots = 0$. Die

Potenzreihe (23) beginnt also erst mit dem Glied $a_{l+1} \cdot r^{l+1}$. Falls ferner nach (25) ein Energiewert E durch einen n-Wert vorgegeben ist, muß die Potenzreihe bei $\nu = n - 1$ wieder abbrechen. Daher kann l nur die Werte

(26) $$l = 0, 1, 2, \ldots, n-1$$

besitzen. Sonst gibt es keine Potenzreihe und somit keine von Null verschiedene Lösungsfunktion von Gleichung (10 c).

Die in Gl. (7) definierte Funktion $f(r)$ hat nun also die Form

(27) $$f(r) = \frac{1}{r}\left[\sum_{l+1}^{n} a_\nu\, r^\nu\right] \cdot e^{-\frac{1}{\hbar}\sqrt{-2ME}\, r}$$

worin die a_ν sich nach (24) berechnen lassen. Ihre Werte hängen noch von l ab.

Die Gesamtlösung von Gl. (6) setzt sich aus dem „Radialteil" (27) und dem „Winkelanteil" (17) zusammen. Beide werden zweckmäßig getrennt diskutiert.

115. Quantenzahlen

Die bei Lösung der dreidimensionalen Wellengleichung für ein Elektron im zentralsymmetrischen Kraftfeld gefundenen Ergebnisse lassen folgende allgemeine Folgerungen zu: (SCHRÖDINGER)

1. Die Energie des Elektrons ist auf Werte beschränkt, die nach (25) durch die ganzzahlige „Hauptquantenzahl" n festliegen.

2. Zu jedem gegebenen n gibt es nach (26) n verschiedene ψ-Funktionen, die sich durch den Wert der „Nebenquantenzahl" l unterscheiden.

3. Zu jedem Wert von l gibt es nach (18) wieder $2l + 1$ verschiedene ψ-Funktionen, die sich im Wert der „magnetischen Quantenzahl" m unterscheiden.

Das sind genau die „Auswahlregeln" für die Quantenzahlen n, l, m, die bereits aus der Interpretation der Atomspektren nach der älteren BOHR-SOMMERFELDschen Atomtheorie gefunden wurden. Hier treten sie zwangsläufig bei der Lösung der Wellengleichung auf und ergeben sich aus der Forderung nach der Eindeutigkeit der ψ-Funktionen. Die Forderung, daß die ψ im Unendlichen verschwinden müssen, ist notwendig, damit der Sinn von ψ^2 als Maß für die Anwesenheit des Elektrons gewahrt bleibt.

Die vierte, die *Spinquantenzahl* läßt sich aus der einfachen Wellengleichung nicht erhalten, sondern erst aus einer von DIRAC stammenden Theorie, die zusätzlich die relativistische Massenveränderung des Elektrons berücksichtigt. Um mit einfachen mathematischen Hilfsmitteln auskommen zu können, werden wir die Existenz des Spins als experimentell gesicherte Tatsache übernehmen. Jede ψ-Funktion muß also noch um einen 4. Faktor ergänzt werden, der die Spineigenschaften des Elektrons angibt. Dem PAULI-Prinzip entsprechend lassen sich dann auf jedem der oben abgeleiteten Orbitale zwei Elektronen unterbringen, die sich in ihrer Spinquantenzahl unterscheiden.

116. Geometrische Charakterisierung des Winkelanteils

Auf einer um den Kern gedachten Kugelfläche des Radius r werden die Amplitudenwerte der Funktion ψ bis auf einen konstanten Faktor schon durch die Funktion $\Theta \cdot \Phi$ dargestellt. Man könnte also die Vorstellung benutzen, daß eine reelle, dünnwandige Kugel des Radius r (z. B. ein Luftballon) vorhanden sei, die mit der durch $\psi = \text{const.} \cdot \Theta \cdot \Phi$ gegebenen Amplitude stehende Schwingungen ausführt. Solche stehenden Wellen lassen sich im eindimensionalen Fall einer schwingenden Saite relativ einfach durch die Zahl der „Knotenpunkte“ der Schwingung beschreiben. Die Grundschwingung hat Null Knoten, die 1., 2., ... Oberschwingung besitzt ein, zwei, ... Knoten. Im zweidimensionalen Fall schwingender ebener Platten (CHLADNIsche Klangfiguren) bilden sich Knoten*linien* aus, in denen die Amplitude der Schwingung zu jeder Zeit gleich Null ist. Solche Knotenlinien dienen auch zur Kennzeichnung der Schwingung einer Kugel. Die Amplitudenfunktionen ψ, die sich für verschiedene l- und m-Werte als Lösungen $Y = \Theta \cdot \Phi$ der Gleichung (10a) bzw. (10b) ergeben, sind in Tabelle 15 zusammengefaßt. Die Lage der Knotenlinien erhält man durch Aufsuchen der Nullstellen dieser „Kugelfunktionen".

Die Funktion $Y = 3\cos^2\vartheta - 1$ hat als Nullstelle $\cos\vartheta = 1/\sqrt{3}$. Da φ nicht vorkommt und demzufolge beliebig sein kann, ist das ein „Breitenkreis" bei $\vartheta = 54° 43'$.

In Figur 36 sind die Knotenlinien einiger Kugelfunktionen durch quadratische Ebenen markiert. Bis auf die Funktion d_{z^2} geben diese Ebenen auf ihrer gesamten Fläche die Nullstelle der betreffenden Funktion. Im Fall von d_{z^2} liegen diese Werte auf einem Kegel mit dem Öffnungswinkel $2\vartheta = 2.54° 43' = 109° 26'$.

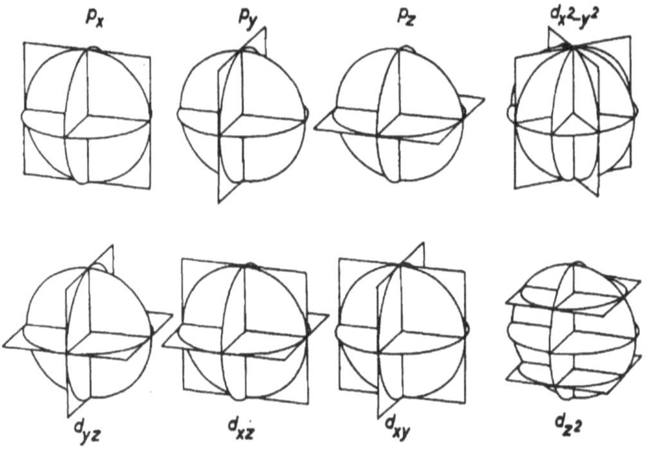

Fig. 36. Knotenebenen einiger Wellenfunktionen

Die Kenntnis dieser Knotenflächen ist für die Diskussion chemischer Probleme deswegen wichtig, weil ψ^2 ja die Verteilung der Ladungsdichte im Raum kennzeichnet und an den (für ψ und ψ^2 identischen) Knotenlinien die Ladungsdichte gleich Null ist.

Tabelle 15: Kugelfunktionen (nicht normiert)

m	$l=0$ (s)	1 (p)	2 (d)	3 (f)
0	1	$\cos\vartheta$	$3\cos^2\vartheta - 1$	$5\cos^2\vartheta - 3\cos\vartheta$
1	—	$\sin\vartheta\,\cos\varphi$ $\sin\vartheta\,\sin\varphi$	$\sin\vartheta\,\cos\vartheta\,\cos\varphi$ $\sin\vartheta\,\cos\vartheta\,\sin\varphi$	$\sin\vartheta\,(5\cos^2\vartheta - 1)\,\cos\varphi$ $\sin\vartheta\,(5\cos^2\vartheta - 1)\,\sin\varphi$
2	—	—	$\sin^2\vartheta\,\cos 2\varphi$ $\sin^2\vartheta\,\sin 2\varphi$	$\sin^2\vartheta\,\cos\vartheta\,\cos 2\varphi$ $\sin^2\vartheta\,\cos\vartheta\,\sin 2\varphi$
3	—	—	—	$\sin^3\vartheta\,\cos 3\varphi$ $\sin^3\vartheta\,\sin 3\varphi$

Man kann aus der Fig. 36 und Tab. 15 folgende Regeln ableiten:

1. Für $l = 0$ gibt es keine Knotenlinien
2. Für $m = 0$ sind die Knotenlinien ausschließlich Breitenkreise
3. Falls $m = l$ ist, sind alle Knotenlinien Längenkreise
4. l gibt die Gesamtzahl der Knotenlinien
5. Allgemein sind m Längenkreise und $l-m$ Breitenkreise als Knotenlinien vorhanden.

Die Winkelverteilung der Ladungsdichte ist also bei s-Elektronen ($l = 0$) zentralsymmetrisch. Bei p-Elektronen ($l = 1$) gibt es eine Knotenlinie, die entweder im Äquator (xy-Ebene) oder in einer von zwei senkrecht zueinander stehenden Längenkreisebenen (xz-Ebene bzw. yz-Ebene) liegt. Dadurch ist eine axialsymmetrische Verteilung der Ladung gegeben, die ihr Maximum in Richtung je einer der Koordinatenachsen besitzt (p_x-, p_y-, bzw. p_z-Elektron). Ist jeder dieser Zustände mit Elektronen besetzt, so resultieren also Maxima der Ladungsdichte in jeder der Koordinatenrichtungen. Diese Maxima sind für die Diskussion von gerichteten Bindungen außerordentlich wichtig. Es sei jedoch hier schon bemerkt, daß bei voller Besetzung aller solcher Zustände mit gleichem l-Wert (also hier aller p-Zustände) die Gesamt-Ladungsdichte sich zu einer kugelsymmetrischen Verteilung ergänzt. Man erkennt dies schon bei Addition der Quadrate aller Kugelfunktionen mit $l = 1$ aus Tab. 15. Der Ausdruck

$$\cos^2\vartheta + \sin^2\vartheta\,\cos^2\varphi + \sin^2\vartheta\,\sin^2\varphi$$

ist tatsächlich gleich Eins, und das Herausfallen aller Winkelvariablen bedeutet Kugelsymmetrie. Für d-Zustände muß man die nach Gl. (29) richtig normierten Funktionen verwenden, um zum gleichen Ergebnis zu kommen.

117. Ladungsdichte und Wahrscheinlichkeit

Die Größe ψ^2 ist nur eine mathematische Funktion, die die Verteilung irgendeiner für das Elektron charakteristischen Eigenschaft beschreibt. Das kann beispielsweise die

Ladung e_0 des Elektrons sein. Dann ist das Produkt $e_0 \cdot \psi^2$ die Ladungsdichte an der betreffenden Stelle, d. h. die dort auf die Volumeneinheit entfallende Ladung.

Man kann nun den ganzen Raum in Volumenelemente dv eingeteilt denken. Im einfachen Fall eines x,y,z-Koordinatensystems haben alle $dv = dx \cdot dy \cdot dz$ untereinander gleiche Größe, was bei anderen Aufteilungen aber nicht der Fall zu sein braucht. Immer gibt aber der Ausdruck $dW = \psi^2 \cdot dV$ die Wahrscheinlichkeit dW an, mit der das Elektron in einem solchen dV vorgefunden wird:

$$dW = \frac{\text{gefundene Ladung}}{\text{mögliche Ladung}} = \frac{e_0 \psi^2 dV}{e_0}.$$

Nach dieser Überlegung muß man ψ^2 die Dimension [1/Volumen] zuordnen.

Als Maß für die Ladungsdichte des Elektrons sind allerdings nur solche Verteilungsfunktionen ψ^2 brauchbar, bei denen die Integration aller $\psi^2 dV$ über den ganzen Raum den Wert 1 ergibt:

$$\int dW = \int \psi^2 dV = 1.$$

Der Sinn dieser Aussage ist, daß man irgendwo im Raum das Elektron mit absoluter Sicherheit antreffen muß.

Aus Gl. (10) erhält man die Lösungsfunktionen in Polarkoordinaten r, ϑ, φ in Form des Produktes $f(r) \cdot \Theta(\vartheta) \cdot \Phi(\varphi)$. Bei Übergang von rechtwinkligen zu Polarkoordinaten transformiert sich das Volumelement $dx \cdot dy \cdot dz$ in

$$dV = r^2 \sin\vartheta \, dr \, d\vartheta \, d\varphi.$$

Die Normierungsbedingung lautet also

$$(28) \quad \int dW = \int \psi^2 dV = \int_0^\infty \int_0^\pi \int_0^{2\pi} f^2 \Theta^2 \Phi^2 \cdot r^2 \sin\vartheta \, dr \, d\vartheta \, d\varphi = 1.$$

Häufig werden die Teilfunktionen auch einzeln normiert durch

$$(29) \quad \int_0^\infty f^2 r^2 dr = 1; \int_0^\pi \Theta^2 \sin\vartheta \, d\vartheta = 1; \int_0^{2\pi} \Phi^2 \, d\varphi = 1,$$

indem man alle von der jeweiligen Variablen abhängenden Größen einzeln zusammenfaßt. Dies hat Vorteile, wenn man den „Radialteil“ und den „Winkelanteil“ getrennt betrachten möchte.

Wenn untersucht werden soll, mit welcher Wahrscheinlichkeit dW_r sich das Elektron „im Abstand r“ vom Kern aufhält, so müssen dazu alle diejenigen $dV = dx \cdot dy \cdot dz$ gleichzeitig erfaßt werden, die gleichen Abstand r vom Zentrum haben. In dem Ausdruck (28) ist also über alle ϑ- und φ-haltigen Anteile zu summieren, d. h.

$$dW_r = f^2 r^2 dr \int_0^{2\pi} \Phi^2 \, d\varphi \int_0^{\pi} \Theta^2 \sin\vartheta \, d\vartheta .$$

Die Werte der beiden Winkel-Integrale sind nun aber nach (29) wegen der Normierung von Θ und Φ je gleich Eins. Also ist

$$dW_r = f^2 r^2 dr.$$

Die Wahrscheinlichkeit, das Elektron in einer Kugelschale des Radius r und der Dicke dr zu finden, läßt sich also bei verschiedenen r vergleichen, wenn man die Funktion $f^2 r^2$ als Funktion von r aufträgt. $e_0 f^2 r^2$ hat die Dimension [Ladung/Länge] und gibt die Ladung an, die im Abstand r vom Kern auf die Längeneinheit entfallen würde.

Man muß sich dabei bewußt bleiben, daß diese Betrachtung immer dann lückenhaft ist, wenn ψ^2 eine ungleichmäßige Winkelverteilung aufweist, da ja bei der Integration über alle Richtungen gemittelt wurde.

Zur Untersuchung der *Winkelverteilung* der Ladung müssen alle diejenigen Werte von ψ^2 gemeinsam betrachtet werden, die ohne Rücksicht auf den Abstand r vom Kern in den Bereich eines Raumwinkelelementes $d\Omega$ fallen. $d\Omega$ läßt sich messen als Oberflächenelement auf der Kugel des Radius 1 und hat die Größe

$$d\Omega = \sin\vartheta \, d\vartheta \, d\varphi .$$

Es stellt einen Kegel des Öffnungswinkels $d\Omega$ dar, dessen Spitze im Kern liegt.

Integriert man in dem Ausdruck (28) für dW über alle r-haltigen Anteile, so erhält man

$$dW_\Omega = \Theta^2\Phi^2 \sin\vartheta \, d\vartheta \, d\varphi \cdot \int_0^\infty f^2 r^2 dr.$$

Da das Integral auf Grund der Normierung (29) gleich Eins ist, folgt also

$$dW_\Omega = \Theta^2\Phi^2 \, d\Omega.$$

Man erkennt nun, daß die Funktion $\Theta^2\Phi^2$ den in die Einheit des Raumwinkels fallenden Ladungsanteil des Elektrons kennzeichnet.

Man beachte, daß bei dieser Betrachtung alle verglichenen Raumelemente gleiche Größe besitzen. Bei Diskussion des Radialteils wurden infolge Aufteilung des Raumes in konzentrische Kugelschalen Raumelemente verschiedener Größe miteinander verglichen!

Um eine einfache räumliche Vorstellung des Winkelanteils zu vermitteln, ist es üblich, die Funktion $\Theta \cdot \Phi$ (oder gelegentlich auch $\Theta^2 \cdot \Phi^2$) in einem räumlichen Koordinatensystem so darzustellen, daß ϑ und φ wie bisher die Richtung kennzeichnen, daß aber die Länge des Radiusvektors R als Maß für den Funktionswert von $\Theta \cdot \Phi$ verwendet wird (und nicht mehr den Ort im Raum festlegt, an dem z. B. die Ladungsdichte betrachtet werden soll). Ein großer Wert von R in einer Richtung bedeutet also einen in dieser Richtung hohen Wert von $\Theta \cdot \Phi$, nicht aber eine besonders weit in den Raum hinaus greifende Ladungswolke!

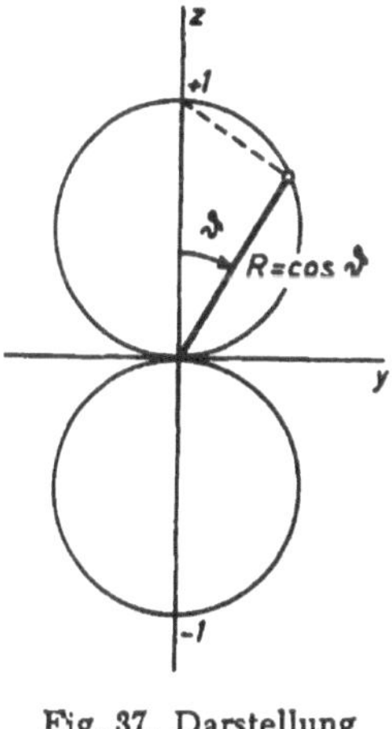

Fig. 37. Darstellung eines p-Orbitals

Beispielsweise findet man aus Tabelle 15 für $l = 1$, $m = 0$ den (nicht normierten) Wert $\Theta \cdot \Phi = \cos\vartheta$. Da φ nicht vorkommt, kann man die Darstellung auf die yz-Ebene beschränken. Figur 37 läßt erkennen, daß die geometrische Figur, für die die Endpunkte des Radiusvektors R den Werten von $\cos\vartheta$ entsprechen, ein den

Nullpunkt berührender Kreis ist. ϑ-Werte von mehr als 90° ergeben einen zweiten Kreis. Dabei sind R-Werte, die im Bereich der negativen z-Achse liegen, negativ zu zählen.

Rotation der Figur 37 um die z-Achse (= Variation von φ) gibt zwei Kugeln, durch die die Funktionswerte von $\Theta \cdot \Phi$ gekennzeichnet werden können. Man bezeichnet

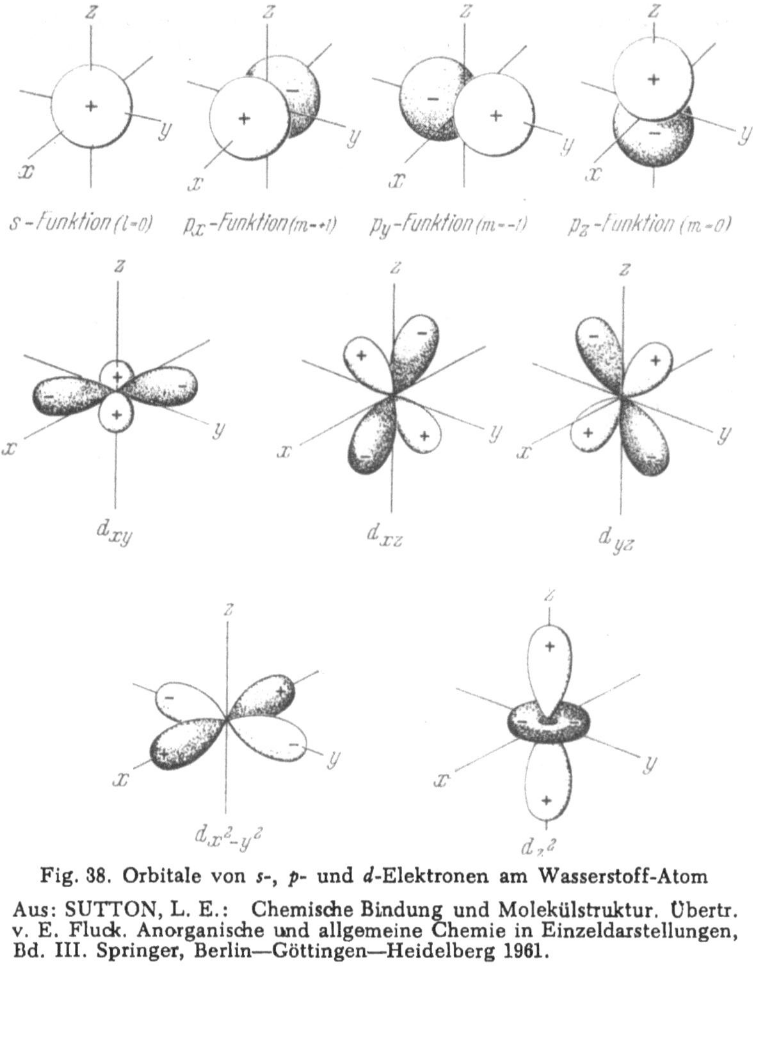

Fig. 38. Orbitale von *s*-, *p*- und *d*-Elektronen am Wasserstoff-Atom

Aus: SUTTON, L. E.: Chemische Bindung und Molekülstruktur. Übertr. v. E. Fluck. Anorganische und allgemeine Chemie in Einzeldarstellungen, Bd. III. Springer, Berlin—Göttingen—Heidelberg 1961.

$\Theta \cdot \Phi$ im allgemeinen abkürzend als Orbitale. Figur 37 stellt also einen Schnitt durch das „p_z-Orbital" dar.

Abb. 38 zeigt die Orbitale, die bei s-, p- und d-Elektronen vorkommen, in räumlicher Darstellung. Die Bezeichnung der d-Orbitale ist so gewählt, daß die Indices diejenige Koordinatenebene angeben, in der die Maxima sämtlich liegen. Maxima auf den Achsen werden durch eine zugefügte 2 gekennzeichnet.

Um bei gleichzeitiger Variation von Abstand (r) und Richtung (ϑ, φ) die Verteilung der Ladung des Elektrons diskutieren zu können, ist es zweckmäßig, folgende Kombination der eben beschriebenen Aufteilung des Raumes zu verwenden: Man untersucht, welcher Ladungsanteil innerhalb von Volumenelementen $dr \cdot d\Omega$ sitzt, vergleicht also Volumenelemente der in Figur 39c angedeuteten Art. Da $dr \cdot d\Omega = dr \sin\vartheta \, d\vartheta \, d\varphi$ ist, liefert nach Gl. (28) die Funktion $r^2 f^2 \Theta^2 \Phi^2 = r^2 \psi^2$ ein Maß für diese Ladungsanteile. Eine solche Betrachtung gestattet einen quantitativen Vergleich der Ladungsanteile vor allem auch dann, wenn ausgeprägte Richtungsabhängigkeiten vorliegen, wie dies bei p- und d-Elektronen der Fall ist.

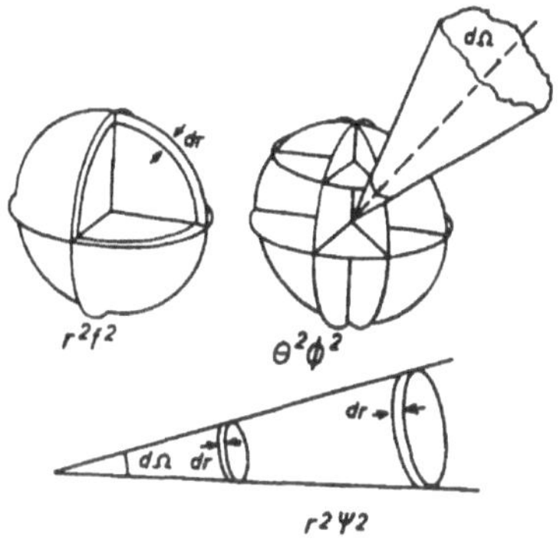

Fig. 39. Volumenelemente bei Diskussion der Ladungsverteilung

In Figur 40 sind Werte von $r^2\psi^2$ als Funktion von r aufgetragen, die in Richtung der z-Achse ($r = z$) vorliegen. Die Kurve für das $3s$-Elektron gilt dabei wegen der Kugelsymmetrie der s-Zustände auch für beliebige Raumrichtungen. Von den p- und d-Zuständen sind solche herausgesucht worden, die in Richtung der z-Achse ihr Maximum besitzen (nämlich p_z bzw. $d_{x^2-y^2}$). Man erkennt aus der Figur, daß $3s$ und $3p_z$ bei etwa dem gleichen

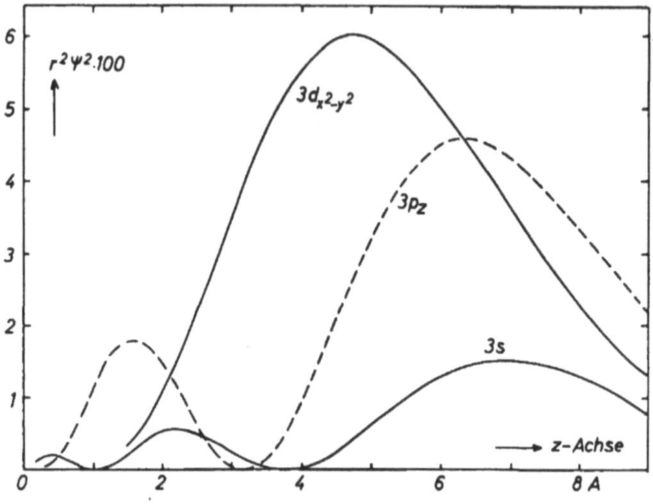

Fig. 40. $r^2\psi^2$ als Funktion der Entfernung (H-Atom)

$r = 6{,}5$ Å maximale Ladung aufweisen, daß aber die Ladungsmenge an dieser Stelle im Raumelement $dr \cdot d\Omega$ beim p_z-Zustand dreimal größer ist als beim s-Zustand. Weicht man aus der z-Achse um den Winkel ϑ ab, so verringern sich die $r^2\psi^2$-Werte beim p_z-Zustand mit $\cos^2 \vartheta$, während die Kurve für $3s$ ihre Lage beibehält. Solche Betrachtungen sind für die spätere Behandlung der Hybridisierung sehr nützlich.

118. Kompliziertere Atome

Die bisher besprochenen Wellenfunktionen beschreiben genau genommen nur die Zustände, die ein einziges, immer höher angeregtes Elektron in der Umgebung eines Atomkernes der Ladung Z annehmen kann. Inwieweit diese Ergebnisse auch auf kompliziertere Atome mit mehreren Elektronen zutreffen, läßt sich an Hand der von Atomen ausgesandten Sprektren experimentell feststellen, denn in diesen dokumentieren sich die Differenzen zwischen den möglichen Energiezuständen. Eine exakte Rechnung zwecks Auflösung der betreffenden Wellengleichung ist infolge mathematischer Schwierigkeiten in den meisten Fällen noch gar nicht durchgeführt. Da bei Näherungsrechnungen der Grad der Erlaubtheit der benutzten Näherung nie vorherzusehen ist, entnimmt man am zweckmäßigsten immer noch die Energiewerte der betreffenden Elektronenzustände aus den Spektren.

Dabei sind zwei grundsätzliche Erkenntnisse wichtig. 1. Da bis auf wenige Ausnahmen die Energiesprünge eines einzigen, des „Leuchtelektrons", das Spektrum bestimmen, kann man als Näherung für quantenmechanische Rechnungen ein Modell benutzen, das aus Elektron + Atomrumpf besteht. Welche Eigenschaften dem Atomrumpf zugeordnet werden müssen, damit die beobachteten Energiewerte erhalten werden, ist dabei je nach dem Elektronenzustand verschieden. Jedoch ist das allgemeine Prinzip einleuchtend, daß durch die „Rumpf-Elektronen" die Wirkung der Kernladung Z auf das Leuchtelektron abgeschirmt wird, so daß mit „effektiven" Kernladungszahlen Z^* gerechnet werden muß.

2. Ferner ist sicherlich das Coulombsche Gesetz der Anziehung des Leuchtelektrons durch den Atomrumpf und damit auch der Ausdruck (19) nur noch dann brauchbar, wenn der Abstand des Leuchtelektrons vom Kern groß ist gegenüber dem der Rumpfelektronen. Gerade dann, wenn die Zustände tiefster Energie beschrieben werden sollen, trifft das nicht zu, und die potentielle Energie geht nicht mehr proportional zu $1/r$. Diese Tatsache ist der Grund dafür, daß die Energie der Elektronenzustände nicht mehr ausschließlich, wie in (25), von der Hauptquantenzahl n abhängt, sondern auch bei Änderung von l bereits Unterschiede aufweist. Die aus den Atomspektren abgeleiteten Werte für die Energie der möglichen Zustände sind in ihrer relativen Lage zueinander in Figur 41 dargestellt. An Hand dieser Figur kann die Diskussion aus Abschn. 106 (S. 153) über die Elektronenbesetzung der Elemente sowie die Entstehung der Nebengruppen sehr einfach gestaltet werden.

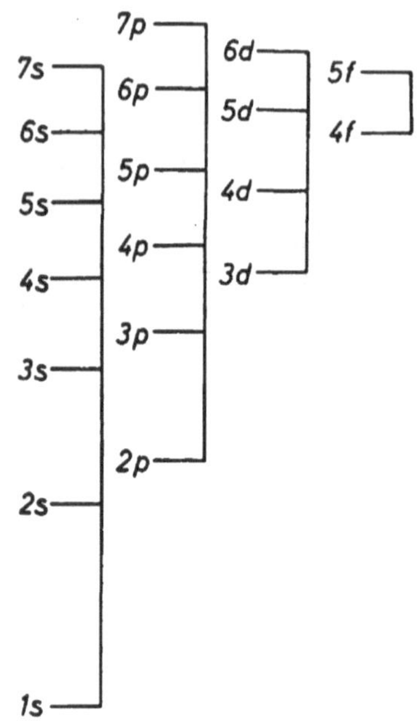

Fig. 41. Relative Lage der Energiezustände bei Atomen mit vielen Elektronen

Man geht dabei von der Tatsache aus, daß die Spektren sich als Energieänderungen eines einzigen, des Leuchtelektrons, erklären lassen und fügt schrittweise immer ein weiteres Elektron an den vorhergehenden Atomrumpf an, indem man die Art der möglichen Elektronenzustände aus den beim H-Atom gefundenen entnimmt und jedes Orbital entsprechend dem Pauli-Prinzip mit 2 Elektronen besetzt.

In welcher Reihenfolge die Besetzung stattfindet, ist primär durch die energetische Lage der Zustände zufolge Abb. 41 bestimmt. Für die Besetzung energetisch gleichwertiger Zustände, wie z. B. der p-Zustände, gilt als Grundprinzip nicht die Spinkompensation, sondern das Streben des Atoms, so lange wie möglich lokale Anhäufungen an Ladung zu vermeiden. Auf den Orbitalen werden daher zunächst nacheinander je ein p_x-, p_y- und p_z-Elektron mit parallelem Spin untergebracht (HUNDsche Regel), da sich hierdurch die Ladungsverteilung homogenisiert. Würde man das p_x-Orbital mit 2 Elektronen besetzen und das dritte Elektron auf p_y unterbringen, so würde in der x-Richtung eine sehr hohe Ladungsdichte entstehen.

Für das Zentralatom in fertigen Molekülen gilt gerade das Umgekehrte! Dort herrscht das Streben, möglichst viel Ladung in den Bindungsrichtungen anzuhäufen.

VII. Chemische Bindung

119. Bindungstypen

Da die chemischen Eigenschaften der Elemente durch den Bau ihrer Elektronenhülle bedingt sind, müssen auch die Kräfte, welche die Verbindung der Atome zu Molekülen bewirken, elektrischer Natur sein. Zweckmäßig unterscheidet man drei Grenztypen der chemischen Bindung:

1. Unpolare oder Kovalenzbindung,
2. Polare oder Ionenbindung,
3. Metallische Bindung.

Ihre Eigentümlichkeiten sowie die Übergänge zwischen den einzelnen Typen lassen sich mit Hilfe der detaillierten Vorstellungen des wellenmechanischen Atommodells verstehen. Wir beschränken uns hier zwecks Erläuterung der Grundbegriffe auf eine einzige Theorie, die sogenannte Valenzbindungstheorie. Ihr liegt der Gedanke zugrunde, daß man versucht, die Eigenschaften der Moleküle und ihre Entstehung aus solchen Kenngrößen zu verstehen, die den einzelnen Atomen zugeordnet werden.

In diesem Sinne ist auch das Bestreben der theoretischen Physik zu beurteilen, für die Lösungsfunktionen der Wellen gleichung von Molekülen solche Näherungsfunktionen zu benutzen, die aus den Wellenfunktionen der beteiligten Atome zusammengesetzt sind.

120. Bindungstheorie von HEITLER und LONDON

Von einer chemischen Verbindung sprechen wir dann, wenn zwei Atome bei gegenseitiger Annäherung eine kleinere Energie besitzen als der Summe der Einzel-Energiewerte beider Atome entspricht. Befinden sich zwei H-Atome in unendlich großem Abstand, so ist die Energie dieses Systems einfach gleich der Summe der Energien beider Atome, $E_A + E_B$. Durch Lösung der betreffenden Wellengleichung kann man nachweisen, daß zu diesem Energiewert des Systems als ψ-Funktion der Elektronen das Produkt $\psi_A \cdot \psi_B$ gehört.

Nähert man nun die Atomkerne allmählich einander, so überlagern sich die ψ-Funktionen des einen und des anderen Elektrons, so daß die ψ-Funktion des Gesamtsystems nicht mehr $\psi_A \cdot \psi_B$ sein kann. Jedoch werden die Abweichungen zunächst noch klein sein. Sie rühren davon her, daß das Elektron 1 des Kerns A nun auch dem Kraftfeld des Kerns B unterliegt, und überdies vom Elektron 2 des Kerns B beeinflußt wird. Analoge Verhältnisse liegen beim Elektron 2 vor und ferner stoßen sich auch die Kerne A und B nun ab. Die Wellengleichung des Systems läßt sich zwar exakt hinschreiben. Jedoch sind nur Näherungslösungen ψ der Wellengleichung erhältlich.

HEITLER und LONDON haben 1927 erstmals eine solche Näherungslösung gefunden und damit das Verständnis der chemischen Bindung zwischen zwei gleichen Atomen ermöglicht. Als Näherungsausdruck für die ψ-Funktion haben sie verwendet

$$(30) \qquad \psi = \frac{1}{N} [\psi_A(1) \cdot \psi_B(2) + \psi_A(2) \cdot \psi_B(1)].$$

[N ist Normierungsfaktor, der dem Wert ψ^2 wieder die Bedeutung einer Ladungsdichte verleiht!]Die Brauchbarkeit dieser Funktion läßt sich daran prüfen, ob sie als Energie-Eigenwert des Systems die gleiche Zahl ergibt, die experimentell für die Dissoziationsenergie des H_2-Moleküls beobachtet wird. Heitler und London erhielten 67 % des experimentellen Wertes. Daraus folgt, daß die Näherungsfunktion im wesentlichen das Richtige trifft, daß aber noch Verfeinerungen nötig sind.

Bildet man aus (30) durch Quadrieren die Ladungsdichte-Verteilung, so erhält man

$$(31) \qquad \psi^2 = \frac{1}{N} \Big[\psi_A^2(1) \cdot \psi_B^2(2) + \psi_A^2(2) \cdot \psi_B^2(1) + 2\, \psi_A(1) \cdot \psi_A(2) \cdot \psi_B(1) \cdot \psi_B(2)\Big]$$

ψ^2 ist also nicht einfach die Summe der Ladungsdichten, die aus den Einzelfunktionen $\psi_A(1)\, \psi_B(2)$ und $\psi_B(1)\, \psi_A(2)$ durch Quadrieren erhalten würden, sondern es tritt ein weiteres „gemischtes“ Glied auf. Dieses hat die Eigenschaft, daß es an den Stellen besonders ins Gewicht fällt, an denen g l e i c h z e i t i g $\psi_A(1)$ und $\psi_B(1)$ [bzw. $\psi_A(2)$ und $\psi_B(2)$] merkliche Werte besitzen. Das ist aber das Gebiet zwischen den beiden Atomkernen. Eine Erhöhung der Ladungsdichte an dieser Stelle liefert tatsächlich eine Verringerung des Energieinhalts des Systems, wie man aus folgendem einfachen Modellversuch der Elektrostatik erkennen kann: Bringt man in die Nähe zweier, in festem Abstand befindlicher, positiver Ladungen eine bewegliche negative Ladung, so muß die Mitte zwischen den beiden positiven Ladungen eine Stelle kleinster potentieller Energie sein. In dieser, allerdings labilen Anordnung besitzt das System ein Minimum an Energieinhalt.

Denkt man jetzt zwei *H*-Atome beweglich und beachtet, daß jedes Elektron in kleinste Ladungselemente aufgelöst gedacht werden muß, deren Verteilung um den jeweiligen Kern durch die ψ-Funktion des 1*s*-Zustandes festgelegt ist, so kann nach der obigen Aussage dies System dann ein Minimum an Energie erreichen, wenn der größtmögliche Ladungsanteil zwischen beiden Kernen konzentriert ist. Das gemischte Glied in (31) liefert gerade eine solche Verzerrung der Ladungsdichte-Verteilung der Einzelatome, daß eine Stabilisierung des Systems eintritt und der Begriff „chemische Bindung“ berechtigt erscheint.

Die einfache HEITLER-LONDON-Funktion (30) liefert das qualitative Verständnis für das Zustandekommen einer chemischen Bindung zwischen 2 g l e i c h e n Atomen. Eine quantitative Übereinstimmung mit der Erfahrung (hinsichtlich der Zahlenwerte für Atomabstand und Bindungsenergie) kann man erst bei weiterer Verfeinerung der ψ-Funktion erwarten, wie sie JAMES oder COOLIDGE (1934) schließlich gelungen ist. Auch bei solchen verbesserten ψ-Funktionen greift man auf Atomfunktionen zurück. Zur Verfügung stehen solche der angeregten *H*-Atome, sowie auch solche, bei denen z. B. beide Elektronen an dem gleichen *H*-Atom vorhanden sind, während das andere kein Elektron hat. Letztere werden abgekürzt als „Ionenstrukturen“ bezeichnet.

Endziel dieser Rechenoperationen ist es, eine solche ψ-Funktion aus Atomfunktionen zusammen zu setzen, daß die tatsächliche Ladungsdichte-Verteilung des H_2-Moleküls genauestens wiedergegeben wird. Kriterien sind hierfür immer Atomabstand und Bindungsenergie des Moleküls.

Dies Ziel muß man auch bei der modellmäßigen Beschreibung immer im Auge behalten. Wenn sich schließlich eine brauchbare ψ-Funktion gefunden hat, die durch Summation unterschiedlicher Anteile verschiedener Atomfunktionen gebildet ist, so wird im Modell oft davon gesprochen, daß die betreffenden Atomzustände oder Ionenstrukturen „an dem Molekül beteiligt“ seien. Das ist jedoch nur e i n e von vielen Ausdrucksmöglichkeiten. Denn die ψ-Funktion des Moleküls hätte man auch auf ganz andere Weise zusammensetzen können. Es ist also nur sehr begrenzt zulässig zu sagen, daß Ionenstrukturen des Typs H^+H^- am H_2-Molekül mit wenigen Prozent beteiligt seien. Richtig ist die Formulierung: w e n n man die HEITLER-LONDON-Funktion als 1. Näherung benutzt, d a n n wird die Beschreibung verbessert, falls die ψ-Funktion der Ionenstruktur hinzugenommen wird. Benutzt man andere Funktionen als 1. Näherung, so sehen auch die Korrektionen anders aus. Diesen Sachverhalt muß man bei Modell-Diskussionen immer beachten und darf vor allem nicht zwischendurch auf ein anderes Modell übergehen!

121. Pauli-Prinzip bei Molekülen

Auf Grund der bisherigen Betrachtungen könnte man meinen, daß zur Bildung einer Bindung zwischen zwei Atomen beliebig viele Elektronen herangezogen werden könnten, und zwar je mehr, desto besser. Die überwiegende Mehrzahl der bekannten Moleküle zeigt indessen, daß nur 2 Elektronen an einer Bindung beteiligt sind.

Den Grund hierfür liefert das Pauli-Prinzip, das also auch für Moleküle Gültigkeit besitzen muß. Auch in Molekülen müssen sich Elektronen in mindestens einer Quantenzahl unterscheiden. Bei gleichen Atomen muß wegen der Gleichheit der durch n, l, m charakterisierten Grundzustände der getrennten Atome die Spinquantenzahl unterschiedlich sein. Man könnte das so formulieren, daß zwei Elektronen sich im gleichen Volumelement nur dann „vertragen", wenn der Spin unterschiedlich ist. Immer dann kommt es zu einer Stabilisierung des Systems und damit zur Bindungsbildung. Man spricht deswegen häufig von „Spinkompensation des bindenden Elektronenpaares".

122. Überlappungsprinzip

Damit eine energetische Stabilisierung des Moleküls zustande kommt, muß das gemischte Glied der quadrierten Heitler-London-Funktion möglichst groß ausfallen. Das bedeutet, daß die Atomfunktionen ψ_A und ψ_B in einem möglichst großen Gebiet gleichzeitig große Werte besitzen sollen. Die von beiden Atomen herrührenden Ladungsdichte-Verteilungen müssen sich also möglichst stark überlappen. Dann wird die Bindung am stabilsten.

Sieht man dies Modell der Überlappung der ψ-Funktionen als allgemein brauchbare Näherung an, so ergeben sich eine ganze Reihe fundamentaler Folgerungen, die sich bei der Deutung chemischer Bindungen als sehr nützlich erwiesen haben:

1. An einer Bindung sind im Normalfall 2 Elektronen beteiligt. Bei gleichen Atomen entsteht eine völlig symmetrische Ladungsverteilung derart, daß die beiden Elektronen beiden Kernen gemeinsam sind.

2. Werden zwei ungleiche Atome zum Molekül verbunden, so sind die Atomfunktionen jedes Elektrons unterschiedlich, die Ladungsdichte-Verteilung ist schon bei den Atomen verschiedenartig. Das kann von den Radialteilen der ψ-Funktionen herrühren, aber auch durch andersartige Winkelanteile bedingt sein.

3. Falls p- oder d-Zustände an einer Bindung beteiligt sind, wie z. B. bei (N-H)-Bindungen, bedingt maximale Überlappung die Bevorzugung einer bestimmten Rich-

tung. Die übrigen, nicht an dieser Bindung beteiligten p- oder d-Zustände erhalten dadurch relativ zur Richtung der schon gebildeten Bindung eine bestimmte Orientierung. Nur in dieser können weitere Bindungen angebaut werden.

123. Elektronegativität

Treten ungleiche Atome zu einer Bindung zusammen, so ist wegen der dann immer vorhandenen Unterschiede in den sich überlappenden Atomfunktionen mit einer unsymmetrischen Verzerrung der Ladungsdichte-Verteilung zu rechnen.

Wir bezeichnen mit Pauling als normale Kovalenzbindung eine solche, bei der die beiden an der Überlappung beteiligten Elektronen ihre Ladungen ganz gleichartig austauschen. D. h., soviel Ladungsanteile, wie von dem einen Elektron des Atoms 1 an den Raum des anderen Atoms abgegeben werden, liefert auch das Atom 2 wieder an den Raum des Atoms 1 zurück. Auch bei verschiedenartigen verknüpften Atomen bleibt in diesem angenommenen Idealfall einer „normalen" Kovalenzbindung die Ladungsverteilung derart, daß die Schwerpunkte von negativen und positiven Ladungen zusammenfallen. Das gebildete zweiatomige Molekül AB sollte daher kein Dipolmoment besitzen.

Tatsächlich haben aber solche AB-Moleküle in den meisten Fällen ein Dipolmoment. Die bindenden Elektronen sind also bevorzugt in der Umgebung des einen Atoms anzutreffen. Wären sie gänzlich zu dem einen Atom übergegangen, so würde das Molekül aus 2 entgegengesetzt geladenen Ionen bestehen, d. h. es würde eine Ionenbindung vorliegen. Als Dipolmoment $\mu = e \cdot l$ müßte man dann einen Wert beobachten, der der Verschiebung einer ganzen elektrischen Elementarladung e um den Abstand l der Atomkerne entspricht. Letzterer ist aus Röntgenstrukturmessungen oder IR-Spektren bekannt (vgl. Göschen Band 768, Molekülbau).

Man kann nun das Verhältnis aus μ_{exp} und dem bei reiner Ionenbindung zu erwartenden μ_{theor} als Maß für den Anteil an Ionenbindung in der vorhandenen Bindung benutzen. Für die Halogenwasserstoffe sind die Kernabstände r_0 sowie die μ_{exp}-Werte in Tabelle 16 enthalten. Daraus kann der ionische Charakter (in %) der jeweiligen Bindungen berechnet werden.

Tabelle 16: Dipolmoment und Ionencharakter bei Halogenwasserstoffen

Molekül	Abstand r_0 [Å]	μ_{theor} $e \cdot r_0$	μ_{exp}	$\frac{\mu_{exp}}{\mu_{theor}}$	Ionencharakter
HCl	1,28	6,07	1,03	0,170	17%
HBr	1,43	6,82	0,78	0,114	11%
HJ	1,62	7,74	0,38	0,049	5%

Für solche Moleküle ist also der Bindungszustand mit Ionencharakter stabiler als der mit normaler Kovalenzbindung. Dies gilt ganz allgemein, solange man ein isoliertes Molekül betrachtet.

Um zu erkennen, von welcher Eigenschaft der Einzelatome das Auftreten von Ionencharakter abhängt, greift man zweckmäßig (PAULING, 1930) auf energetische Betrachtungen zurück. Die Bildungsenergie E_{AB} eines Moleküls AB aus zwei ungleichen Atomen A und B läßt sich vergleichen mit derjenigen E_{AA} des Moleküls A_2 und E_{BB} des Moleküls B_2. Wenn die Bildungsenergie ein Maß für die bindenden Kräfte der Kovalenzbindung ist, so sollte man erwarten, daß E_{AB} durch Mittelbildung aus E_{AA} und E_{BB} erhältlich ist:

$$E_{AB} = \frac{E_{AA} + E_{BB}}{2} \text{ oder } E_{AB} = \sqrt{E_{AA} \cdot E_{BB}},$$

je nachdem, ob man das arithmetische oder das geometrische Mittel benutzt.

Experimentell findet man bei AB-Molekülen aber immer eine zusätzliche Stabilisierung, d. h. eine höhere Bildungsenergie als dem obigen Mittelwert entspricht. Diese Stabilisierung könnte mit der oben diskutierten zusätzlichen Elektronenverschiebung zusammenhängen. Sie wird daher häufig als „ionische Extraenergie" Δ bezeichnet. Tabelle 17 enthält die Bindungsenergien der Halogenwasserstoffe sowie die daraus berechenbare ionische Extraenergie Δ. Durch Vergleich mit Tabelle 16 erkennt man, daß die Δ-Werte einen Gang zeigen, der dem Ionencharakter der Bindung genau entspricht. Die Δ-Werte für etwa 40 weitere Bindungen hat PAULING aus kalorimetrischen Meßdaten berechnet. Diese Δ-Werte sind nach den oben entwickelten Vorstellungen ein Maß für die Unterschiede in der Fähigkeit der Atome, im gebundenen Zustand Elektronen an sich zu ziehen. Nach PAULING nennt man diese Fähigkeit Elektronegativität (im folgenden abgekürzt als EN). Wenn man Verbindungsreihen vergleicht, findet man ferner, daß nicht Δ selbst sondern $\sqrt{\Delta}$ eine additive Größe ist. Die Zahlenwerte von $0{,}208 \cdot \sqrt{\Delta}$

Tabelle 17: Ionische Extra-Energie Δ bei Halogenwasserstoffen (nach Pauling) [kcal/mol]

$$\Delta = E_{HX} - \tfrac{1}{2}\left(E_{H_2} + E_{X_2}\right) \; ; \; \Delta' = E_{HX} - \left(E_{H_2} \cdot E_{X_2}\right)^{1/2}$$

Molekül	E_{X_2}	Molekül	E_{HX}	Δ	Δ'
H_2	103,4				
F_2	63,5	HF	147,5	64,0	66,5
Cl_2	57,8	HCl	102,7	22,1	25,4
Br_2	46,1	HBr	87,3	12,5	18,3
J_2	36,2	HJ	71,4	1,6	10,2

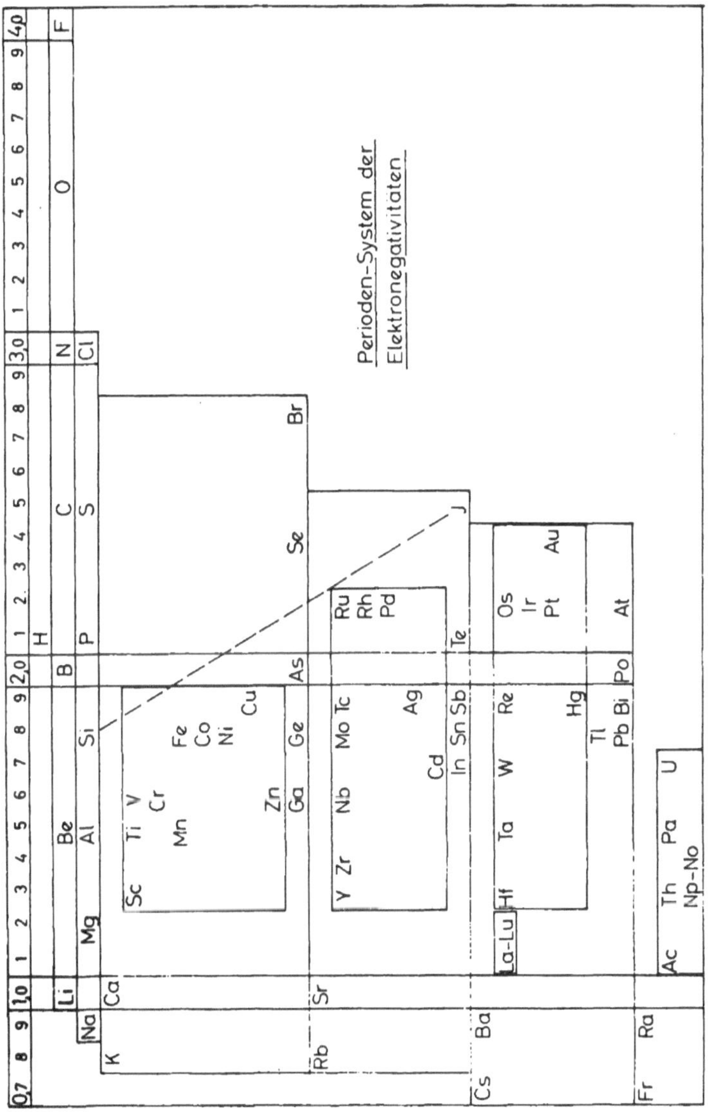

Fig. 42. Periodensystem der Elektronegativitäten

werden direkt als *EN*-Differenzen benutzt. PAULING hat den Nullpunkt der *EN*-Skala derart festgesetzt, daß das *H*-Atom den Wert 2,1 bekommt. Dann entstehen leicht merkbare runde Zahlen, deren Werte in dem Periodensystem der Figur 42 wiedergegeben sind. Fluor hat die höchste *EN*, nämlich 4.

Durch Kombination mit dem aus den Dipolmomenten erschlossenen Anteil an Ionencharakter kann man nun die *EN*-Differenzen benutzen, um den ionischen Anteil einer Bindung wenigstens grob vorherzusagen. Figur 43 zeigt

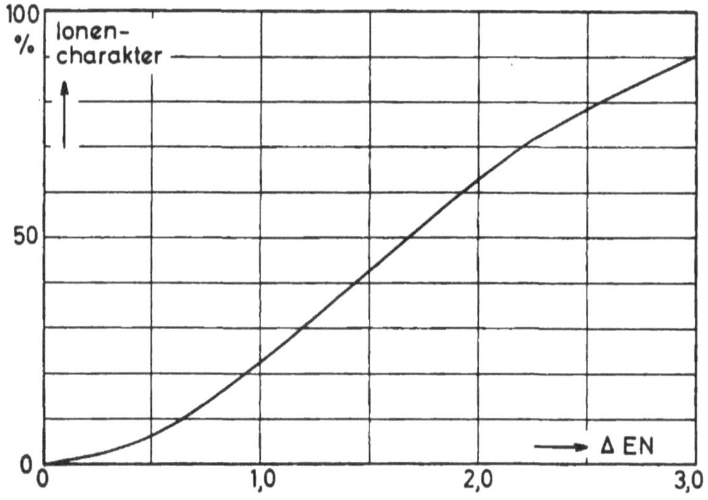

Fig. 43. Ionencharakter und *EN*-Differenz

eine Kurve dieser Art, die auf den Zahlenwerten für die Halogenwasserstoffe basiert. Sie ist vor allem nützlich, wenn man sich informieren möchte, ob eine bestimmte Bindung im wesentlichen als Kovalenzbindung (*EN*-Differenz kleiner als 1,7) oder vornehmlich als Ionenbindung *EN*-Differenz größer als 1,7) anzusehen ist. Im ersten Fall wird man der Diskussion die Theorie der Kovalenzbindung zugrunde legen und den Ionenanteil als Störung ansehen. Im zweiten Fall wird man die Theorie reiner Ionenbindungen als Grundlage wählen und den Kovalenzanteil als Störung betrachten. Am schwierigsten sind natürlich Bindungen mit etwa 50 % Ionencharakter zu diskutieren.

Die *EN* ist als Eigenschaft von Atomen in einer Bindung ausdrücklich verschieden von den Begriffen Ionisierungsenergie bzw. Elektronenaffinität, die beide für isolierte, freie Atome gelten. Jedoch bestehen Zusammenhänge, auf die MULLIKEN aufmerksam gemacht hat. Will man die Atome A und B in ein Ionenpaar A^+ und B^- überführen, so ist dazu die Ionisierungsenergie J_A aufzuwenden, während die Elektronenaffinität E_B frei wird. Der benötigte Energiebetrag ist also $J_A - E_B$. Soll andererseits das Ionenpaar aus A^- und B^+ bestehen, so erfordert das den Energieumsatz $-E_A + J_B$. Nimmt man nun mit MULLIKEN an, daß zwei Atome dann gleiche *EN* besitzen, wenn diese Energieumsätze den gleichen Wert haben, so wäre $J_A - E_B = -E_A + J_B$ oder

$$J_A + E_A = J_B + E_B.$$

Falls A eine höhere *EN* besitzt als B, muß man das Paar A^-B^+ leichter herstellen können, d. h. es sollte dann $J_A + E_A > J_B + E_B$ sein. Daher ist $J + E$ also eine der Elektronegativität proportionale Größe. Zahlenmäßige Übereinstimmung wird jedoch nur erzielt, wenn man z. B. den Alkalimetallen Elektronenaffinitäten des Wertes Null zuschreibt.

Die bisher diskutierte *EN*-Reihe enthält fast ausschließlich Nichtmetalle. Daher ist eine von GORDY und THOMAS (1956) gefundene Methode zur Bestimmung der *EN* von Metallen besonders wichtig. Sie benutzt den linearen Zusammenhang

$$\Phi = 2{,}27 \cdot EN + 0{,}34 \text{ [eVolt]}$$

der *EN* mit der Austrittsarbeit Φ von Elektronen aus Metallen. Φ ist relativ leicht aus der Grenzwellenlänge des Photoeffekts nach der Gegenfeldmethode erhältlich. Mit den so erhaltenen Zahlen ist die vollständige Reihe der Elektronegativitäten der Elemente zusammengestellt worden.

Es sei darauf hingewiesen, daß die *EN*-Werte aus den energetischen Daten solcher Verbindungen ermittelt wurden, in denen die Atome ihre normalen Wertigkeiten bestätigen. Daher gelten Schlußfolgerungen aus diesen *EN*-Werten auch nur für solche Verbindungen.

124. Gewinkelte Bindungen

Die quantenmechanische Theorie der Kovalenzbindung hat erstmals verstehen gelehrt, wie gerichtete Bindungen zustande kommen. Es ist bekannt, daß 3-atomige Moleküle entweder gewinkelt oder gestreckt sein können. Mit Hilfe des Überlappungsprinzips kann man unter Beachtung der verschiedenen Formen der Ladungsdichteverteilung bei den sich überlappenden Atomfunktionen vorhersagen, in welchen Molekülen gewinkelte Gestalt zu erwarten ist. Ein Sauerstoff-Atom hat z. B. zwei nur halb besetzte *p*-Zustände:

$$\begin{matrix} s & p_x & p_y & p_z, \\ \uparrow\downarrow & \uparrow\downarrow & \uparrow & \uparrow \end{matrix}$$

kann also 2 kovalente Bindungen betätigen, z. B. mit *H*-Atomen, wobei das H_2O-Molekül entsteht. Die Ladungsdichte der p_y- und p_z-Zustände besitzt nun auf der *y*- bzw. *z*-Achse besonders hohe Werte. In diesen Richtungen können also besonders günstige Überlappungen mit den ψ-Funktionen der *H*-Atome erfolgen und man müßte demzufolge ein *HOH*-Molekül mit einem Winkel *H-O-H* von 90° erwarten. Experimentell findet man wirklich für analog gebaute Moleküle (H_2O, H_2S, H_2Se, H_2Te, NH_3, PH_3, AsH_3, SbH_3) Winkelwerte, die sämtlich in der Umgebung von 90° liegen. Meist sind die Zahlen um wenige Grad größer. Das ist auf die bisher nicht berücksichtigte Wechselwirkung der *H*-Atome untereinander zurückzuführen.

Alle *H* des gleichen Moleküls besitzen die gleiche (positive) Ladung und müssen sich daher nach dem Coulombschen Gesetz um so mehr abstoßen, je näher sie infolge der eingegangenen Bindungen einander kommen. Der

Effekt der Winkelspreizung ist daher bei den kleinsten Zentralatomen (*O* bzw. *N*) am größten und ergibt beim *HOH*-Molekül einen Winkel von 104°27′.

Allgemein kann man sagen, daß immer dann Winkel von ca. 90° zu erwarten sind, wenn zu den Bindungen in einem Molekül mehrere *p*-Orbitale des gleichen Atoms benutzt werden.

125. Mischzustände (Hybrid-Orbitale)

Mit diesen Vorstellungen kommt man scheinbar nicht zu einer Deutung der bekannten Tetraeder-Anordnung der 4 Bindungen am *C*-Atom. Nach den obigen Ausführungen sollte man schließen, daß das *C*-Atom 2 Bindungen betätigt, die einen Winkel von 90° einschließen.

PAULING hat 1931 für die Tetraeder-Bindungen am *C*-Atom eine einleuchtende Erklärung gegeben. Sie geht davon aus, daß die für *s*-, *p*-, ... -Elektronen benutzten ψ-Funktionen nur einen Satz von willkürlich ausgesuchten Lösungsfunktionen der Wellengleichung darstellen, nämlich derart, daß die an isolierten Atomen beobachteten Spektren auf einfache Weise erklärbar werden. Diese ψ-Funktionen sind nicht die mathematisch einzig möglichen, sondern auch alle Linearkombinationen des Typs

$$\psi = a \cdot \psi_s + b \cdot \psi_{p_x} + c \cdot \psi_{p_y} + \ldots$$

mit konstanten Faktoren *a*, *b*, *c*, ... und den ψ-Funktionen der Tabelle 15 sind ebenfalls Lösungen der Wellengleichung, mit denen möglicherweise das Verhalten der Gesamtheit aller Valenzelektronen eines Atoms besser zu beschreiben ist.

Für die 4 am *C*-Atom vorkommenden Bindungen müssen vier Orbitale (*s*- und 3 *p*-Orbitale) benutzt werden. Man würde also eine Linearkombination der Art

(32) $$\psi = a \cdot s + b \cdot p_x + c \cdot p_y + d \cdot p_z$$

verwenden müssen. Damit nun eine solche Funktion für die Beschreibung der Bindungen brauchbar ist, muß sie gegenüber den Einzelfunktionen *s*, p_x, p_y und p_z festere

Bindungen, d. h. ein energetisch stabileres Molekül erzeugen können.

Als grobes Maß für die Festigkeit der Bindung und damit für das Ausmaß der Überlappung kann der Maximalwert in der Ladungsdichteverteilung des betreffenden Orbitals benutzt werden.

Genau genommen handelt es sich um den Wert des „Überlappungsintegrals“ $\int \psi_A \psi_B dV$ über den ganzen Raum, wobei die ψ von jeweils einem der verbundenen Atome herrühren.

Für ein p-Orbital ist das der Wert $\sqrt{3}$, wenn man den Radialteil fortläßt und nach (29) normiert. Damit auch die neue Wellenfunktion (32) wieder eine Ladungsdichteverteilung darstellt, muß sie ebenfalls nach Gl. (29) normiert werden, das bedeutet die Notwendigkeit der Beziehung

(33) $$a^2 + b^2 + c^2 + d^2 = 1.$$

Um nun für $a, b, \ldots$ diejenigen Werte zu finden, die eine maximale Ladungsdichte z. B. in Richtung der z-Achse bewirken, können wir zunächst diejenigen Orbitale unberücksichtigt lassen, die in Richtung der z-Achse den Beitrag Null zur Ladungsdichte liefern. Das sind p_x und p_y. Dann ist an Stelle von (32) nur noch

$$\psi = a \cdot s + d \cdot p_z$$

und wegen (33) $d = \sqrt{1 - a^2}$. Daher folgt

$$\psi = a \cdot s + \sqrt{1 - a^2} \cdot p_z.$$

Normierung nach Gl. (29) liefert für die Funktionen der Tabelle 15 die Ausdrücke $s = 1$ bzw. $p_z = \sqrt{3} \cdot \cos\vartheta$. In der z-Richtung ist $\vartheta = 0$, also $p_z = \sqrt{3}$. Daher muß gelten

$$\psi_{\vartheta=0} = a + \sqrt{3} \cdot \sqrt{1 - a^2}.$$

Bildet man jetzt zwecks Ermittlung des Maximums von ψ die 1. Ableitung nach a und setzt sie gleich Null, so folgt $a = 1/2$. Daher ist die gesuchte Funktion

$$\psi = \frac{1}{2} s + \frac{\sqrt{3}}{2} p_z.$$

Einsetzen der Werte für s und p_z liefert

$$\psi = \frac{1}{2} + \frac{3}{2} \cdot \cos\vartheta,$$

was bei $\vartheta = 0$ den Wert $\psi_{\vartheta=0} = 2$ ergibt. Die „Bindungsstärke" dieses kombinierten Orbitals ist also wirklich größer als $\sqrt{3}$.

Auf analoge Weise kann man noch drei weitere Richtungen finden, in denen gleichgroße Maxima der Ladungsdichte vorliegen. Je zwei von ihnen schließen genau den Tetraederwinkel von 109°27′ ein, der aus Strukturuntersuchungen organischer Moleküle immer gefunden wird.

Eine Drehung des Koordinatensystems läßt diese 4 Orbitalfunktionen in sehr symmetrischer Schreibweise darstellen durch

$$\psi_1 = \frac{1}{2}(s + p_x + p_y + p_z)$$

$$\psi_2 = \frac{1}{2}(s + p_x - p_y - p_z)$$

$$\psi_3 = \frac{1}{2}(s - p_x + p_y - p_z)$$

$$\psi_4 = \frac{1}{2}(s - p_x - p_y + p_z).$$

Da ein s-Zustand und drei p-Zustände benutzt wurden, bezeichnet man diese Zustände als sp^3-Orbitale. Die so gefundenen „hybridisierten" Orbitale weisen ein höheres Maximum der Ladungsdichte auf als dies bei den reinen Orbitalen gefunden wird. Sie sind also energetisch günstiger, vorausgesetzt, daß alle vier zu Bindungen benutzt werden.

Es ist naheliegend, auch andere Kombinationen auf die Möglichkeit zur Bildung von Mischorbitalen zu untersuchen. Die wichtigsten der sich dabei ergebenden Kombinationen sind in Tabelle 18 enthalten, wobei zugleich auch die geometrische Figur angeführt ist, in deren Ecken die Bindungen weisen.

Tabelle 18: Bindungsrichtung von Mischzuständen

sp	Gerade
sp^2	Dreieck
sp^3	Tetraeder
dsp^2	Quadrat
d^2sp^3	Oktaeder

Zur Beantwortung der Frage, unter welchen Umständen solche Mischzustände sich bevorzugt ausbilden können, wird man vermuten, daß nur energetisch benachbarte Orbitale sich miteinander mischen. Diese Möglichkeiten sind aus dem Schema der Figur 41 zu entnehmen. Beispielsweise liegen die Richtungen der Mischzustände sp^3 derart, daß dort die Ladungsdichte, z. B. der reinen $3s$ und $3p_z$, gleiche Werte besitzt. In den Darstellungen der Figur 38 entspricht das etwa gleicher Ausdehnung der Figuren für die zu mischenden Orbitale.

Es sei bemerkt, daß diese Mischzustände in den isolierten Atomen natürlich nicht vorgebildet sind, sondern sich erst bei Eingehen der sämtlichen Bindungen ausgebildet haben können.

Derartige Hybrid-Orbitale haben sich bei der Beschreibung und Deutung der Bindungen in Komplexen erstmals sehr bewährt, da durch sie Unterschiede der geometrischen Anordnung (z. B. tetraedrisch oder quadratisch) der Liganden erklärbar werden. Daß diese Deutung zutreffend ist, läßt sich in vielen Fällen durch die magnetischen Eigenschaften der betreffenden Komplexe beweisen (vgl. Abschnitt 109), die die Anzahl der ungepaarten Elektronen in einer Verbindung zu ermitteln erlauben.

126. Freie Drehbarkeit um Bindungen

Bei Bildung einer chemischen Bindung treten die Zustände von zwei Atomen in Wechselwirkung. Je nach Art dieser Zustände lassen sich dabei zwei Typen von Kovalenzbindungen unterscheiden, die einen sehr unterschiedlichen Einfluß auf die Beweglichkeit der Atome im Molekül und damit auf die Struktur haben.

Den ersten Typ bilden solche Kombinationen, bei denen die resultierende Ladungsdichte-Verteilung rotationssymmetrisch zur Verbindungslinie der beiden Atome ist (σ-Bindungen). An Hand der Modelle in Figur 38 findet man, daß derartige σ-Bindungen (in z-Richtung) durch Überlappung folgender Zustände erhalten werden:

$$s + s, \qquad p_z + p_z$$
$$s + p_z, \qquad p_z + d_{z^2}$$
$$s + d_{z^2}, \qquad d_{z^2} + d_{z^2}$$

Auch die unter Beteiligung von z. B. sp^3-Mischorbitalen entstehenden Bindungen verhalten sich analog.

Ist diese fragliche σ-Bindung im Inneren eines größeren Moleküls vorhanden, so sind die beiden Molekülteile um diese Bindung frei drehbar, da sich infolge der Rotationssymmetrie der Grad der Überlappung beim Verdrehen nicht ändert, also die Stabilität der Bindung in jeder Lage die gleiche bleibt. Beispielsweise sind also die Zickzack-Ketten der normal-Alkane in jeder räumlichen Lage gleich stabil.

Der zweite Typ von Kovalenz-Bindungen entsteht, wenn zwei parallele p-Orbitale bzw. zwei parallele d-Orbitale bzw. ein p- und ein d-Orbital sich in jeweils zwei Raumgebieten überlappen (= π-Bindungen), wie dies in Figur 44 gezeichnet ist. Maximale Überlappung liegt

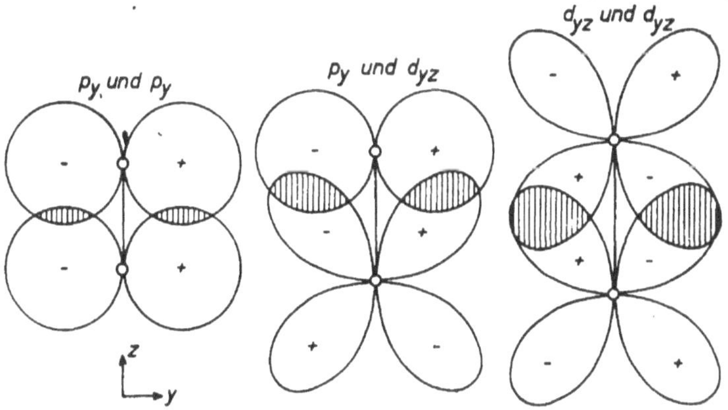

Fig. 44. Überlappung der Orbitale bei π-Bindungen

vor, wenn die Achsen beider Orbitale in einer Ebene liegen. Jede Verdrehung um die Kernverbindungslinie würde die Überlappung vermindern und Energieaufwand erfordern. Damit sind also die übrigen an den beiden Atomen gegebenenfalls sitzenden Substituenten räumlich fixiert, das Molekül ist nicht mehr um diese Bindung drehbar.

127. Mehrfachbindungen

Mit solchen π-Bindungen läßt sich ein tieferes Verständnis der doppelten und dreifachen Bindungen erreichen. Dies sei am Beispiel des Aethylens, C_2H_4, erläutert. Würde man nach der klassischen Methode zwei tetraedrische C-Atome an einer Kante zusammenfügen, um auf diese Weise 2 Valenzen jedes C-Atoms zur $C=C$-Bindung zu verwerten, so wären nach unseren Vorstellungen nun je zwei von den sp^3-Mischorbitalen an der Überlappung beteiligt. Diese kann dann nicht so stark sein wie dem doppelten Wert einer $C—C$-Bindung entspricht. Das stimmt noch mit der Erfahrung überein, daß eine Doppelbindung keineswegs etwa doppelt so „fest" ist wie eine Einfachbindung. Als Winkel der H-Atome am C-Atom wird aber experimentell ca. 120° gefunden, während nach der klassischen Deutung der Tetraederwinkel von 109°45′ beobachtet werden sollte. Bindungswinkel von 120° entstehen nun nach Tabelle 18 bei Ausbildung von Mischorbitalen des Typs sp^2. Denkt man p_x und p_y für die Hybridisierung benutzt, so bleibt von jedem C-Atom noch das p_z-Orbital übrig. Dreht man die z-Achsen beider Atome in Parallelstellung, so erreichen diese p_z ihre höchste Überlappung, und außerdem liegen dann alle beteiligten C- und H-Atome in einer Ebene, wie dies experimentell auch gefunden wird. Abweichungen zu kleineren Winkeln als 120° treten auf, wenn an Stelle von H größere Atome, z. B. Halogene vorhanden sind.

Nach dieser Vorstellung besteht also eine Doppelbindung aus einer σ-Bindung, bei der (hier) zwei sp^2-Mischorbitale überlappen, und einer π-Bindung, an der zwei parallele p-Orbitale beteiligt sind.

Auf analoge Weise kann man auch Dreifachbindungen wie im Acethylen, C_2H_2, beschreiben, indem man primär die Ausbildung von *sp*-Mischorbitalen annimmt. Hierdurch wird nach Tabelle 18 die gestreckte Form des ($H—C \vdots C—H$)-Moleküls bestimmt. Je zwei *p*-Zustände sind dann noch unbenutzt. Sie stehen untereinander und zur *C—C*-Bindung senkrecht, können also beide bei Parallelstellung zu maximaler Überlappung gebracht werden. Damit würden wir eine Dreifachbindung zusammengesetzt denken aus einer σ-Bindung und zwei π-Bindungen.

Es sei bemerkt, daß die klassische Theorie der Dreifachbindung mit dem Modell zweier Tetraeder, denen eine Fläche gemeinsam ist, hier ebenfalls zum gestreckten Molekül führt.

128. Konjugierte Doppelbindungen,

wie sie beispielsweise im Butadien

$$\underset{}{H_2C}=\underset{H}{C}—\underset{H}{C}=CH_2$$

vorliegen, zeigen erfahrungsgemäß Besonderheiten, wie die 1,4-Addition. Dies Verhalten ist unter Benutzung der oben gegebenen Deutung einer Doppelbindung sofort verständlich. Die Zeichnung in Figur 45 läßt erkennen, daß die zur π-Bindung beitragenden *p*-Orbitale an jedem der *C*-Atome vorhanden sind. Daher erfolgt eine völlig

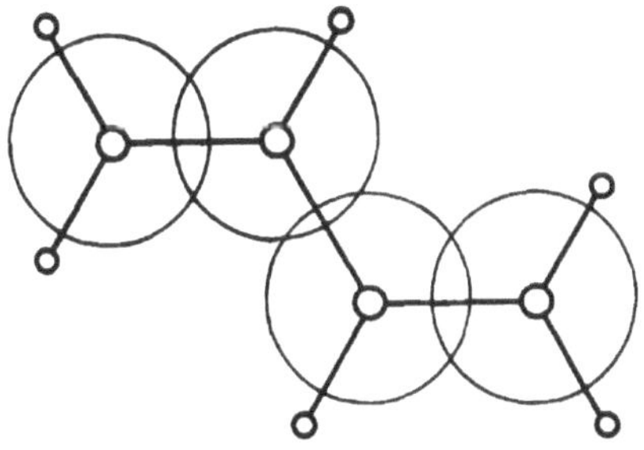

Fig. 45. Überlappung der p_z-Elektronen im Butadien (Aufsicht auf die *xy*-Ebene)

gleichartige Überlappung von jedem der inneren C-Atome nach beiden Seiten, und wenn man nun versucht, den π-Bindungsanteil durch einen Valenzstrich zu kennzeichnen, so scheint es unmöglich, eine der C—C-Bindungen vor der anderen zu bevorzugen. Allein die Tatsache, daß in der angegebenen Formel eine Bindung mehr als in der anderen, ebenfalls möglichen Formel vorhanden ist, gibt der obigen Formel den Vorrang. Valenzstriche, wie sie die klassische Kohlenstoffchemie benutzt, geben hier also *weniger* Auskunft über das Molekül, als wir durch Betrachtung der Orbitale erhalten. Im besonderen tritt hier der Fall ein, daß Überlappungen sich nicht mehr eindeutig *zwei* bestimmten Atomen zuordnen lassen. Nachdem also zunächst, bei der Diskussion von Doppelbindungen, die Notwendigkeit auftrat, verschiedene Arten der klassischen Valenzstriche zu unterscheiden (σ- bzw. π-Bindungen), zeigt sich hier, daß es unsicher ist, an welche Stelle man diese Valenzstriche schreiben soll!

129. Mesomere Grenzformen

Da eine brauchbare, einfachere Symbolik bisher nicht gefunden worden ist, hilft man sich einstweilen so, daß alle nach der klassischen Valenztheorie möglichen „Grenz-Strukturen" nebeneinander geschrieben werden und mit einem Doppelpfeil versehen werden:

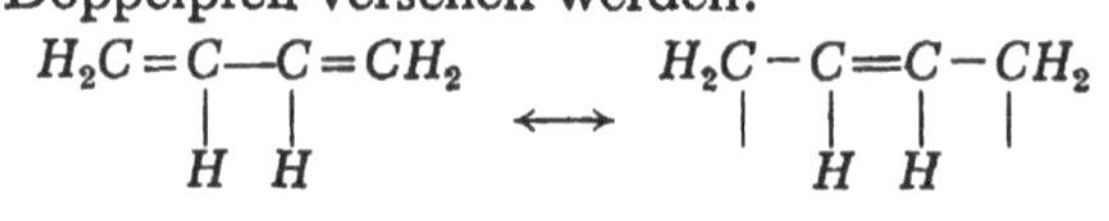

Die hingeschriebenen Formeln bezeichnet man als „mesomere" Grenzformen des Moleküls. Keine von ihnen beschreibt das Molekül richtig! Keine ist auch nur zeitweise wirklich in einem der Moleküle vorhanden! Die Bedeutung dieser Grenzformen ist allein, daß sie nach der Valenzstrich-Formulierung *denkbar* sind. Nur die Mängel der Valenzstrich-Symbolik sowie die Tendenz, diese Symbolik trotzdem beizubehalten, machen das Hinschreiben dieser mesomeren Grenzformen erforderlich!

Als mesomere Grenzformen kommen immer nur solche in Frage, die das gleiche Atomskelett besitzen. Unterschiede sind immer nur in der Elektronenverteilung vorhanden. Das unterscheidet diese (gelegentlich als Mesomerie bezeichnete) Erscheinung ganz scharf von den Begriffen Tautomerie bzw. Isomerie, die etwas grundsätzlich anderes besagen. Dort handelt es sich um die wirkliche Existenz von Molekülarten mit unterschiedlichem Atomskelett, die im Falle der Tautomerie im Gleichgewicht nebeneinander existieren.

130. Aromatische Verbindungen

bilden ein weiteres Beispiel für die Notwendigkeit, mit mesomeren Grenzformen zu operieren. So sprechen alle Erfahrungstatsachen über das chemische Verhalten des Benzols dafür, daß das Molekül völlig symmetrisch ist. Die Valenzstrich-Theorie erlaubt aber, mindestens zwei mesomere Grenzformen hinzuschreiben, die sogenannten KEKULE-Strukturen:

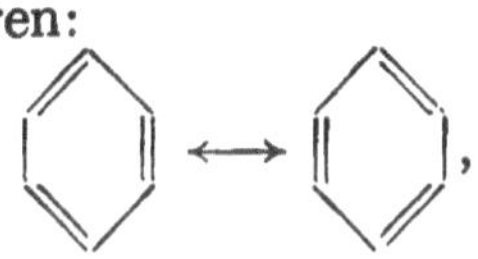

die sich wie Bild und Spiegelbild verhalten und offenbar völlig gleichberechtigt sind. Die p_z-Elektronen überlappen jeweils nach beiden Seiten völlig gleichartig. Man kommt so zu der Vorstellung, daß im Benzolring die p_z-Elektronen der π-Bindungen sich in dem zusammenhängenden Raum des ganzen Ringes überall aufhalten können, daß sie dort also frei beweglich sind.

Das führt zu einer interessanten Erweiterung. Die gleiche Sechseck-Anordnung der C-Atome wie im Benzol findet sich auch in der Graphit-Modifikation des reinen Kohlenstoff, und zwar sind dort ganze Gitterebenen derartig aufgebaut. Falls das obige Bild der Bindungen zutrifft, sollten die p_z-Elektronen, die den Zusammenhalt der Ebenen untereinander bewirken, über die ganze Gitterebene frei beweglich sein. Graphit müßte also elektrische

Leitfähigkeit zeigen, und genau das wird tatsächlich beobachtet. Das Bild der sich überlappenden Orbitale findet hier also eine weitere Bestätigung und führt darüber hinaus noch zum prinzipiellen Verständnis des dritten Bindungstyps, der metallischen Bindung.

Die elektrische Leitfähigkeit der Metalle zeigt, daß auch dort sich Elektronen frei im ganzen Metallstück bewegen können. Das Bindungsbild ist gegenüber dem Graphit nur insofern komplizierter, als die Gesamtheit der überlappenden Orbitale sich über alle drei Dimensionen erstrecken muß. Das ist deswegen möglich, weil die meisten Metalle in den äußeren Elektronen *s*-Zustände besitzen, die ja kugelförmig sind.

Wenn keine der mesomeren Grenzformen den wirklichen Zustand des Moleküls darstellt, so muß das auch für den Energieinhalt des Moleküls gelten. Und zwar muß man erwarten, daß das wirkliche Molekül stabiler ist als jede der Grenzformen, daß sein Energieinhalt also kleiner als derjenige irgendeiner Grenzform ist.

Ähnlich wie bei Ableitung des *EN*-Begriffes die Energie von Einfachbindungen ermittelt wurde, kann man auch bei Doppel- und Dreifachbindungen vorgehen. Aus Zahlenwerten, die durch Auswertung kalorimetrischer Messungen erhalten wurden, berechnet man für die Kékulé-Grenzform des Benzols, die aus sechs (C—H)-Bindungen, drei (C—C)-Einfachbindungen und drei ($C{=}C$)-Doppelbindungen aufgebaut ist, einen Betrag von $6 \cdot 87{,}3 + 3 \cdot 58{,}6 + 3 \cdot 100 = 999{,}6$ kcal. Demgegenüber liegt der für Benzol experimentell z. B. aus Verbrennungswärmen ermittelte Wert bei 1039 kcal. Das Molekül ist also um 39 kcal stabiler als die Kekule-Grenzform. Diese Energiedifferenzen (von PAULING als „Resonanzenergie" bezeichnet) sind für jede Verbindung natürlich verschieden. Sie vermitteln einen Eindruck davon, wie stark sich die wirklichen Moleküle von der gewählten Grenzform unterscheiden. Welche Grenzform man zum Vergleich heranzieht, ist dabei völlig willkürlich.

131. Doppelbindungs-Charakter

Wegen der Existenz mehrerer völlig gleichberechtigter Grenzformen läßt sich für eine aromatische Verbindung nicht mehr angeben, daß eine herausgegriffene Bindung wie z. B. diejenige zwischen den *C*-Atomen 1 und 2 des Benzols eine einfache oder eine doppelte Bindung sei. Eine solche Angabe wäre jedoch für eine Beurteilung des Reaktionsverhaltens eines Moleküls sehr wissenswert. Im Benzol wären alle sechs (*C*—*C*)-Bindungen gleichartig, wie das der Erfahrung entspricht, da in den beiden (möglichen) Grenzformen jede der Bindungen einmal als einfache und einmal als doppelte Bindung vorkommt. Man sagt dann, jede Bindung besitzt 50 % „Doppelbindungscharakter".

Bei komplizierteren Ringsystemen gibt es sehr viel mehr gleichberechtigte mesomere Grenzformen, wie das in Figur 46 für Anthracen dargestellt ist. Zählt man nun ab, wie oft eine, z. B. die 1-2-Bindung als Doppelbindung vorkommt, so folgt daraus der Doppelbindungscharakter. Er beträgt 75 %, da die Bindung in drei von vier Fällen doppelt ist. Dies läßt den Schluß zu, daß Anlagerungsreaktionen an Anthracen vorwiegend an der Bindung 1-2 bzw. 3-4 erfolgen werden, da diese den höchsten Grad an Doppelbindungscharakter besitzen. Diese theoretische Folgerung ist mit der Erfahrung in Einklang.

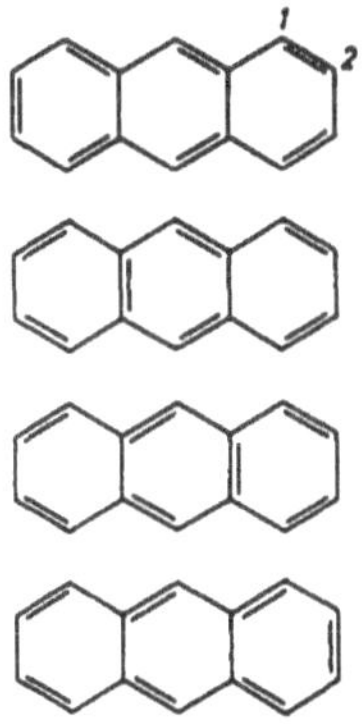

Fig. 46. Mesomere Grenzformen von Anthracen

Zusammenhänge ähnlicher Art zwischen dem Reaktionsverhalten organischer Moleküle und der aus den mesomeren Grenzformen ableitbaren Art der Elektronenverteilung in einem Kohlenstoff-Skelett lassen sich äußerst zahlreich angeben. Die Theorie liefert unter anderem das gemeinsame Prinzip für die vielen Erfahrungsregeln über den dirigierenden Einfluß von Substituenten in aromatischen Systemen. Näheres muß in den Lehrbüchern der Organischen Chemie nachgelesen werden.

132. Bindungsabstände

Es ist zu erwarten, daß die bei unterschiedlichem Bindungscharakter verschiedene Überlappung der Orbitale sich auch auf die Abstände der verknüpften Atome auswirkt. Zahlenwerte für solche Abstände sind aus Röntgenstrahlbeugung und Elektronenstrahlbeugung in großer Zahl verfügbar. Besonders hat das reichhaltige Material an der Vielzahl organischer Moleküle mit ihrem von der Einfach- bis zur Dreifachbindung variierendem Bindungscharakter dazu angeregt, Zusammenhänge zwischen Bindungsabstand und Bindungscharakter zu suchen.

Für einfache *C—C*-Bindungen findet man innerhalb der Meßgenauigkeit von $\pm 0{,}02$ Å immer den Wert 1,54 Å als Abstand der *C*-Atome. Reine *C*=*C*-Doppelbindungen zeigen demgegenüber immer den kleineren Abstand von 1,33 Å, was wegen der zusätzlichen Überlappung der *p*-Orbitale plausibel erscheint. Im Benzol liegen nach den obigen Ausführungen Bindungen mit 50% Doppelbindungscharakter vor, für die 1,39 Å als Abstand gefunden werden. Ferner läßt sich eine Gitterebene des Graphit in Valenzstrich-Schreibweise wie in Figur 47 darstellen. Man

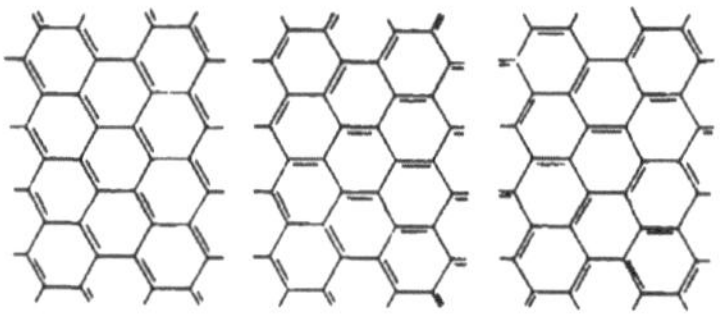

Fig. 47. Drei mögliche mesomere Grenzformen einer Graphit-Gitterebene

erkennt, daß jede dritte Bindung eine Doppelbindung ist. Die Abzählung der möglichen mesomeren Grenzformen ergibt daher 33% Doppelbindungscharakter für diese Bindungen, deren Abstand experimentell zu 1,42 Å gefunden wird.

Aus diesen 4 Punkten läßt sich bereits recht sicher eine Kurve (Figur 48) zeichnen, die einem gemessenen *C—C*-

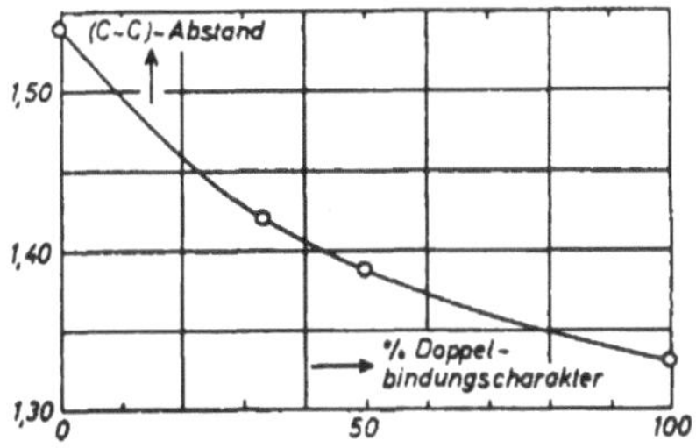

Fig. 48. (C—C)-Abstand und Doppelbindungscharakter

Abstand einen bestimmten Doppelbindungscharakter zuordnet. Am Butadien mißt man beispielsweise als Abstand der beiden mittleren *C*-Atome 1,46 Å. Das entspricht nach der Figur 18 % Doppelbindungscharakter bei dieser mittleren Bindung.

Sind an einer kovalenten Bindung zwei ungleiche Atome *A* und *B* beteiligt, so lassen sich erfahrungsgemäß die Bindungslängen additiv aus Bindungsradien der Einzelatome zusammensetzen. Eine Zuordnung von Radien zu den verknüpften Atomen hat also einen Sinn. Aus den experimentell untersuchten Bindungen läßt sich ableiten, daß diese Radien erwartungsgemäß andere sind, wenn der Bindungscharakter variiert. Die Nichtmetalle kommen am häufigsten als Einzelmoleküle vor, bei denen Bindungsabstände relativ leicht meßbar sind, und die am ehesten Kovalenzbindungen aufweisen. Tabelle 19 enthält Zahlenwerte der Bindungsradien für die Nichtmetalle bei Vorliegen einfacher, doppelter bzw. dreifacher Kovalenzbindungen, deren Zusammenstellung das Verdienst PAULINGs ist. Man kann der Tabelle entnehmen, daß regelmäßig die Doppelbindungsradien um 0,105 *Å* und die Dreifachbindungsradien um 0,17 *Å* kürzer als die betreffenden Einfachbindungsradien sind.

Aus einer Fülle experimentellen Materials folgt ferner, daß die *EN*-Differenz der verknüpften Atome einen verkürzenden Einfluß auf die Bindungslänge ausübt. Dies ist auf den stabilisierenden Einfluß des ionischen Anteils der Bindungen zurückzuführen. Man kann allgemein schreiben

$$d_{AB} = r_A + r_B - c \cdot \Delta EN,$$

Tabelle 19: Atomradien in Å für kovalente Bindung (nach PAULING)

	Bindungstyp A—A	A=A	A≡A
H	0,30		
F	0,64	0,54	
O	0,66	0,55	0,50
N	0,70	0,60	0,547
C	0,771	0,665	0,602
B	0,88	0,76	0,68
Cl	0,99	0,89	
S	1,04	0,94	0,87
P	1,10	1,00	0,93
Br	1,14	1,04	
Si	1,17	1,07	1,00
Se	1,17	1,07	
As	1,24	1,11	
Ge	1,22	1,12	
J	1,33	1,23	
Te	1,37	1,27	
Sn	1,40	1,30	
Sb	1,41	1,31	

wobei der SCHOMAKER-STEVENSON-Koeffizient c je nach der Atomart verschieden groß ist. Für einfache Bindungen gilt empirisch

$c = 0{,}08$, falls ein Atom der I. Periode beteiligt ist,

$c = 0{,}06$, falls Bindungen von *Si*, *P* bzw. *S* mit Atomen höherer *EN* vorliegen,

$c = 0{,}04$, falls Bindungen von *Ge*, *As*, *Se* mit Atomen höherer *EN* vorliegen,

$c = 0{,}02$, falls Bindungen von *Sn*, *Sb*, *Te* mit Atomen höherer *EN* vorliegen.

Die große Zahl der empirisch gefundenen Regeln über den Zusammenhang von Bindungsabstand und Bindungscharakter dient in der Strukturchemie als Grundlage bei der Interpretation des Reaktionsverhaltens fast aller Stoffe.

133. Die polare Bindung

Die polare Bindung findet ihre charakteristischen Vertreter bei den salzartigen Stoffen, wie z. B. NaCl. Diese zeichnen sich dadurch aus, daß selbst im festen und geschmolzenen Zustand ihre Zusammensetzung aus Ionen nachgewiesen werden kann. Salzschmelzen zeigen ein hohes elektrolytisches Leitvermögen, und die Gitterpunkte ihrer Kristallgitter sind mit Ionen besetzt: sie kristallisieren als Ionengitter.

Die Verbindungsbildung können wir an salzartigen Stoffen aus dem Prinzip des „Strebens zur Edelgasschale" verstehen. Natrium z. B. besitzt ein überschüssiges Elektron außerhalb der Ne-Schale, während dem Cl-Atom dies eine Elektron gerade fehlt. Also findet bei Annäherung der Atome primär ein Austausch dieses Elektrons statt, wodurch ein $Na^{\bullet}$-Ion und ein Cl'-Ion entstehen, die hinsichtlich ihrer Elektronenanordnung sehr stabil sind. Der Zusammenhalt dieser entgegengesetzt geladenen Teilchen wird nunmehr durch die elektrostatische Anziehungskraft auf Grund des Coulombschen Gesetzes bewirkt. Die polare Bindung ist also eine elektrostatische Erscheinung.

134. Bildungsenergie von Ionenmolekeln

Auf Grund des Coulombschen Gesetzes $K = -\frac{e_1 \cdot e_2}{r^2}$ läßt sich in der Tat die Bildungsenergie von Salzdämpfen berechnen. Man denkt sich die Ionen aus unendlicher Entfernung bis auf den Abstand a genähert, den sie im Gitter einnehmen. Dabei wird die Energie (= Kraft mal Weg) $E = \int_{\infty}^{a} K \cdot dr = \frac{e_1 \cdot e_2}{a}$ umgesetzt.

Ganz genau sind die so erhaltenen Werte indessen nicht, da die Ionen keine starren Kugeln sind, sondern sich gegenseitig polarisieren, was eine Verzerrung der Elektronenhülle zur Folge hat. Große Ionen sind am stärksten polarisierbar, da ihre Hülle am lockersten gebaut ist. Das ist hauptsächlich bei negativen Atomionen der Fall, die noch zusätzliche Außenelektronen enthalten und daher besonders voluminös sind. Die positiven Atomionen sind demgegenüber meist kleiner und daher nur schwächer polarisierbar, was besonders bei den Ionen der Übergangselemente (Schwermetalle) der Fall ist. Solche kleinen Ionen können an die negativen Hüllen der Anionen sehr nahe herankommen, wodurch ihre „polarisierende" Wirkung recht groß werden kann. Verbindungen wie die Oxide und Sulfide der Schwermetalle, die aus kleinen Kationen und großen Anionen bestehen, müssen daher starke Polarisationserscheinungen aufweisen und demzufolge von der idealen polaren Bindung erheblich abweichen. In diesen Fällen sind die in der Verbindung enthaltenen Ionen nicht mehr als entgegengesetzt geladene, starre Kugeln aufzufassen, vielmehr tritt eine starke Verzerrung der Elektronenhülle der Anionen ein.

In vielen Fällen hat man unter Berücksichtigung der aus Messungen der Molrefraktion erhaltenen Polarisierbarkeiten recht gute Werte für die Bildungsenergien von Ionenmolekeln berechnen können.

135. Gittertypen bei polarer Bindung

Die physikalischen Eigenschaften von Verbindungen sind wesentlich bestimmt durch die Art der Kräfte, die den Zusammenhalt der Stoffe im festen Zustand bewirken. Wie bei der Polarisierbarkeit der Ionen ist auch für den Bau der Kristallgitter und für die zwischen den Kristallbausteinen wirkenden Kräfte die Größe der in einer Verbindung enthaltenen Ionen bestimmt. Betrachten wir z. B. die Reihe der Chloride $NaCl$, $MgCl_2$, $AlCl_3$, $SiCl_4$. Die elektrostatische Anziehungskraft z. B. des $Na^{\bullet}$-Ions ist durch die Bindung eines Cl'-Ions keineswegs abgesättigt.

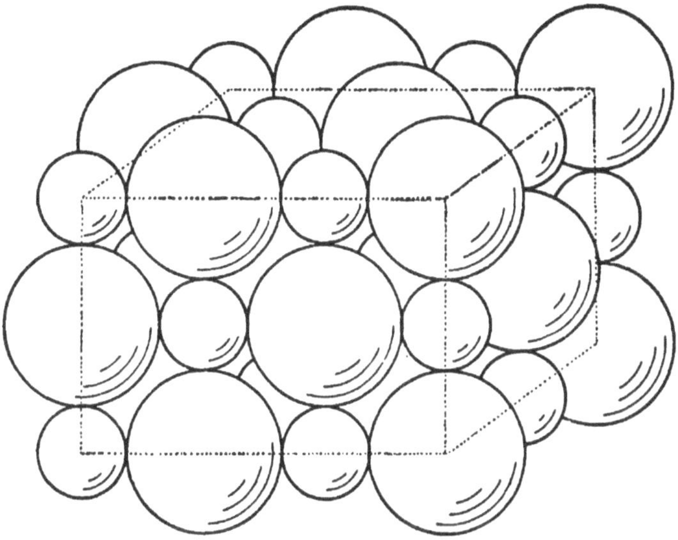

Fig. 49. NaCl-Kristall

Es können vielmehr noch weitere negative Ionen vom positiven Na-Ion angezogen werden. Bei Zusammentritt der gasförmigen NaCl-Molekeln zum Kristall macht sich diese Möglichkeit bemerkbar. Man hat nämlich aus Messungen der Röntgenstrahlbeugung gefunden, daß ein NaCl-Kristall in der aus Fig. 49 ersichtlichen Weise aufgebaut ist. Um jedes Na-Ion gruppieren sich 6 Cl-Ionen und jedes Cl-Ion ist umgekehrt auch von 6 Na-Ionen umgeben. Diese Zahl 6 der nächsten Nachbarn bezeichnet man als *Koordinationszahl* des Gitters und nennt den Gittertyp ein Ionengitter oder Koordinationsgitter. Wirkliche Molekeln sind also im festen NaCl überhaupt nicht vorhanden, vielmehr bildet der gesamte Kristall eine große Molekel. Das rührt offenbar daher, daß die den Zusammenhalt der Atome in der Molekel bewirkenden Kräfte (*innermolekulare* Kräfte) die gleichen sind, wie die zwischen den Molekeln vorhandenen Kraftwirkungen.

Verbindungen, die derart kristallisieren, bezeichnet man als „salzartige" Stoffe.

Je mehr Anionen sich nun in der Reihe NaCl, $MgCl_2$, $AlCl_3$, $SiCl_4$ um das Kation herum lagern, um so mehr wird die vom Kation ausgehende elektrostatische Kraft nach außen abgeschirmt. Es ist daher verständlich, daß beim Zusammentritt von gasförmigen $SiCl_4$-Molekeln zum Kristallverband die Molekeln als solche erhalten bleiben; denn die zwischenmolekularen Kräfte sind infolge der Abschirmung durch die 4 großen Cl-Ionen viel schwächer als die innermolekularen Kräfte. Man nennt solche Verbindungen, wie $SiCl_4$ und auch $AlCl_3$, „umhüllte" Verbindungen. Sie kristallisieren in Form von Molekelgittern, deren Bausteine im Gegensatz zum Ionengitter Molekeln sind.

Von dem Grad der Umhüllung einer Molekel hängen eine ganze Reihe von Eigenschaften der polaren Verbindungen ab, die in dem Unterschied zwischen der Größe der innermolekularen und zwischenmolekularen Kräfte begründet sind. Da die elektrostatischen Kräfte zwischen den Ionen der Ionengitter sehr groß sind, besitzen die betreffenden Stoffe hohe Schmelz- und Siedepunkte und auch große mechanische Festigkeit. Im

Tabelle 20. Schmelzpunkte von Halogeniden des Mg, Al und Si (in °C)

$MgCl_2$	718	$AlCl_3$	193	$SiCl_4$	—69
$MgBr_2$	711	$AlBr_3$	97	$SiBr_4$	5
MgJ_2	650	AlJ_3	191	SiJ_4	120

Gegensatz dazu sind die umhüllten Verbindungen leicht schmelzbar und verdampfbar. Die in Tab. 20 angegebenen Schmelzpunkte der Halogenide von *Mg*, *Al* und *Si* zeigen demzufolge beim Übergang von *Mg*-Salzen zu den entsprechenden *Al*- und *Si*-Verbindungen einen großen Sprung. Weiterhin ist der Unterschied zwischen Ionengitter und Molekelgitter besonders gut aus der Größe des elektrolytischen

Leitvermögens z. B. der geschmolzenen Chloride erkennbar, deren Zahlenwerte in Tab. 21 zusammengestellt sind. Stoffe,

Tabelle 21. Äquivalentleitvermögen von Chloriden beim Schmelzpunkt

LiCl	166	$BeCl_2$	0,086	BCl_3	0	CCl_4	0
NaCl	133,5	$MgCl_2$	28,8	$AlCl_3$	$15 \cdot 10^{-6}$	$SiCl_4$	0
KCl	103,5	$CaCl_2$	51,9	$ScCl_3$	15	$TiCl_4$	0
RbCl	78,2	$SrCl_2$	55,7	YCl_3	9,5	$ZrCl_4$	90
CsCl	66,7	$BaCl_2$	64,6	$LaCl_3$	29,0	$HfCl_4$	?
	—		—		—	$ThCl_4$	16

die in Ionengittern kristallisieren, zerfallen beim Schmelzvorgang in Ionen, weswegen die Schmelzen ziemlich gut leitend sind. Die Schmelzen der umhüllten Verbindungen enthalten demgegenüber überwiegend elektrisch neutrale Molekeln und leiten den elektrischen Strom daher nur schlecht.

Die Vollständigkeit der Umhüllung hängt bei gleichem Kation von der Größe der umhüllenden Anionen ab. Z. B. ist das $Al^{\cdots}$ im $AlCl_3$ völlig umhüllt, weswegen ein Molekelgitter gebildet wird. Drei Fluorionen, die einen kleineren Radius als die Cl-Ionen besitzen, reichen hingegen nicht zur Umhüllung aus, was aus dem salzartigen Charakter des AlF_3 hervorgeht. — Ebenso versteht man, daß drei Cl-Ionen zwar die kleinen Kationen $B^{\cdots}$ und $Al^{\cdots}$ abzuschirmen vermögen, nicht aber das größere $La^{\cdots}$-Kation. $LaCl_3$ ist daher ein salzartiger Stoff. Wesentlich für die Umhüllung und damit für die physikalischen Eigenschaften der polaren Verbindungen ist also das *Radienverhältnis* von Anionen und Kationen.

136. Koordinationszahl von Ionengittern

Liegt ein als Ionengitter kristallisierender Stoff (also ein Salz) vor, so ist durch dies Radienverhältnis auch noch die Koordinationszahl des Gitters bestimmt (V. M. Goldschmidt). CsCl z. B. kristallisiert in einem Ionengitter mit der Koordinationszahl 8. Die Anordnung der einem Cs-Ion benachbarten Cl-Ionen ist also derart, daß 8 Cl-Ionen in den Ecken eines Würfels sitzen, in dessen Mittelpunkt sich das Cs-Ion befindet. NaCl kristallisiert indessen, wie in Fig. 49 angegeben ist, in einem Ionengitter mit der Koordinationszahl 6. Die Nachbarn eines Na-Ions sind also in den Mitten der 6 Würfelflächen um das im Zentrum des Würfels liegende Na-Ion gruppiert. Durch geometrische Berechnungen kann man leicht zeigen, daß infolge des kleineren Ionenradius des Na-Ions keine 8 Cl-Ionen mehr als direkte Nachbarn möglich sind. Allgemein erhält man für die räumlich möglichen Anordnungen von Verbindungen des Typus AB bei verschiedenen Radienverhältnissen von Anion und Kation folgende Gesetzmäßigkeiten, die auch experimentell bestätigt werden konnten:

Tabelle 22: Koordinationszahl bei Verbindungen vom Typ *AB*

Koordinationszahl	Radienverhältnis r_A / r_K von	bis
8	1,0	0,73
6	0,73	0,41
4	0,41	0,23
3	< 0,23	

Wegen der Wichtigkeit der Ionenradien sind in Tab. 23 eine Anzahl Werte zusammengestellt, die meist von Goldschmidt mittels röntgenographischer Verfahren gefunden wurden.

Man entnimmt der Tabelle die schon erwähnte Tatsache, daß die Anionen meist größer sind als die Kationen, und daß der Ionenradius in einer Senkrechten des periodischen Systems mit zunehmender Atomnummer ansteigt. Aus der Möglichkeit, solche Ionenradien anzugeben, erkennt man, daß eine ganze Reihe von Eigenschaften der polaren Verbindungen durch die Auffassung erklärt werden können, daß die Ionen starre Kugeln sind. Durch

Tabelle 23: Ionenradien in Angström

O''	1,32	F'	1,33	Li·	0,78	Be··	0,34	Al···	0,57
S''	1,74	Cl'	1,81	Na·	0,98	Mg··	0,78		
Se''	1,91	Br'	1,96	K·	1,33	Ca··	1,06	Sc···	0,83
Te''	2,11	J'	2,20	Rb·	1,49	Sr··	1,27	Y···	1,06
				Cs·	1,65	Ba··	1,43		

C^{4+}	0,2	N^{5+}	0,1—0,2	Ag·	1,13	Ga^{3+}	0,62
Si^{4+}	0,39	P^{5+}	0,3—0,4	Zn··	0,83	In^{3+}	0,92
Ti^{4+}	0,64	V^{5+}	0,4	Cd··	1,03	Ge^{4+}	0,44
Zr^{4+}	0,87	Nb^{5+}	0,69	Hg··	1,12	Sn^{4+}	0.74
Ce^{4+}	1,02	Cr^{6+}	0,3—0,4			Pb^{4+}	0,84

Polarisationseinflüsse wird dieses Bild etwas verwischt, was darin zum Ausdruck kommt, daß diese Ionenradien nur dann in verschiedenen Verbindungen einen konstanten Wert besitzen, wenn die Koordinationszahl in den untersuchten Gittern die gleiche ist. Die Zahlen der Tab. 23 gelten in Gittern mit der Koordinationszahl 6.

Primär erhält man aus Röntgenmessungen immer nur den Abstand zweier Gitterpunkte, also die Summe der Radien zweier Ionen und muß daher e i n e n Radius zunächst auf anderem Wege (z. B. aus optischen Daten) bestimmen.

137. Schichtengitter

Zwischen Ionengitter und Molekelgitter läßt sich noch eine als Schichtengitter bezeichnete Zwischenstufe einordnen, die sich bei solchen Verbindungen ausbildet, die nicht allseitig umhüllt sind, wie dies z. B. beim CdJ_2 der Fall ist. Die Anordnung der Bausteine ist dann derart, daß sich Schichten ausbilden, die beidseitig von den großen J-Ionen begrenzt sind.

J'   J'   J'   J'

Cd··   Cd··   Cd··   Cd··

J'   J'   J'   J'

Zwischen den Schichten wirken daher nur schwache elektrostatische Kräfte, während innerhalb einer Schicht der Zusammenhalt weit stärker ist. Stoffe, die in Schichtengittern kristallisieren, sind infolgedessen leicht spaltbar. Sie finden sich hauptsächlich bei den Jodiden, Bromiden, Sulfiden und Seleniden der Schwermetalle.

138. Kristallbau unpolarer Verbindungen

Die gleichen Gitterformen, die wir bei polaren Verbindungen fanden, treten auch bei unpolar verbundenen Stoffen auf. Statt der Ionen sind in den entsprechenden Koordinationsgittern natürlich Atome als Gitterbausteine vorhanden, wie z. B. im Diamantkristall. Der Zusammenhalt der Atome in diesen *Atomgittern* wird durch die Kräfte der unpolaren Bindung bewirkt. Aus der großen Härte dieser Kristalle erkennt man, daß die zusammenhaltenden Kräfte sehr stark sein müssen. — Ähnlich wie der Diamant sind auch Si, SiC, BN, AlN und BeO sehr hart und schwer schmelzbar. In allen diesen Stoffen sind pro Atom 4 Außenelektronen vorhanden, so daß man schließen muß, daß diese Elektronenzahl die Bildung eines besonders festen Atomgitters bedingt.

Im Gegensatz dazu besitzen die in *Molekelgittern* kristallisierenden Stoffe (CO_2, CH_4, Harnstoff) gänzlich andere mechanische Eigenschaften. CO_2 und CH_4 sind bei gewöhnlicher Temperatur sogar Gase und haben also einen sehr tiefen Schmelzpunkt, was auf sehr schwache zwischenmolekulare Kräfte schließen läßt.

Treten die Kovalenzkräfte nicht wie im Diamant nach allen Richtungen des Raumes auf, sondern nur nach 2 Dimensionen, so werden *Schichtengitter* erhalten, für die der Graphit ein typisches Beispiel darstellt. Im Graphitkristall sind dem Benzolring ähnliche, flächenhaft angeordnete Sechsringe vorhanden, deren π-Elektronen weit über die Flächen hinausgreifen und daher eine Verminderung der Anziehungskräfte zwischen den Schichten bewirken.

Bei unpolaren Bindungen ist noch als dritte Möglichkeit das alleinige Vorhandensein dieser Kräfte in e i n e r Richtung des Raumes zu berücksichtigen, was deswegen eintreten kann, weil die Kovalenzkräfte eine Absättigung der vom Atomverband ausgehenden Kräfte bewirken, während im Gegensatz dazu die elektrostatischen Kräfte der polaren Bindung nur abgeschirmt werden können. Ein Beispiel für einen „linearen" Kristall bietet die Cellulose, deren Cellobiose-Bausteine in Fadenform durch normale, starke Kovalenzkräfte zusammengehalten werden, während ein Bündel solcher „Fasern" durch die weit schwächeren zwischenmolekularen Kräfte zu einer Einheit vereinigt ist.

139. Metallische Bindung

Bei den Metallen und ihren Legierungen beobachtet man eine besondere Form der Bindung. Diese Stoffe zeichnen sich dadurch aus, daß in ihnen die Elektronen frei beweglich sind (metallische Leitfähigkeit), also offenbar allen Atomen des Gitters gemeinsam angehören, wie dies auch für die π-Elektronen z. B. des Graphits charakteristisch ist. Man hat sich vorzustellen, daß sich die Elektronen nach Art eines Gases in einem festen Gitter aus positiven Atomrümpfen frei bewegen können. Tatsächlich hat man durch diese „Elektronengas-Theorie" eine ganze Reihe metallischer Eigenschaften erklären können.

Charakteristisch für Metalle sind ferner die von ihnen bevorzugten Gittertypen, die meist hohe Koordinationszahlen (12 oder 8) besitzen. Kovalenzkräfte können den Zusammenhalt in solchen Gittern nicht bewirken, da die Zahl der vorhandenen Valenzelektronen zur Herstellung einer so großen Zahl von Bindungen nicht ausreichend ist.

Die Verbindungen der Metalle untereinander (intermetallische Verbindungen) zeigen ferner nicht die den normalen Wertigkeiten der Atome entsprechende Zusammensetzung. Vielmehr ist in vielen Fällen nach einer von Hume-Rothery gefundenen Regel das Verhältnis der Zahl der Valenzelektronen zur Zahl der Atome in der Molekel für die Zusammensetzung der Verbindungen maßgebend; und zwar bilden sich besonders häufig Legierungen, in denen dies Verhältnis die Werte 21 : 14, 21 : 13

oder 21 : 12 besitzt. Bemerkenswert ist hierbei, daß jedem solchen Verhältnis immer der gleiche Gittertyp entspricht. Als Beispiele solcher Legierungen seien angeführt:

$$CuZn\ \left(\frac{1+2}{2} = 21:14\right),\quad Cu_5Zn_8\ \left(\frac{5\cdot 1+8\cdot 2}{5+8} = 21:13\right),$$

$$CuZn_3\left(\frac{1+3\cdot 2}{4} = 21:12\right),\quad Cu_{31}Sn_8\ \left(\frac{31\cdot 1+8\cdot 4}{31+8} = 21:13\right)$$

Dabei ist Cu als einwertig, Zn als zweiwertig und Sn als vierwertig angenommen.

140. Übergänge zwischen den Bindungstypen

Die obige Dreiteilung der Bindungsarten ist natürlich willkürlich gewählt, und man kennt alle überhaupt möglichen Übergänge zwischen ihnen. Steigende Polarisation in polaren Verbindungen bewirkt z. B. einen Übergang zur unpolaren Bindung (Fajans), während das Vorhandensein von π-Elektronen einem Stoff Metallcharakter verleihen kann (Beispiel: Graphit). Umgekehrt kennt man eine ganze Reihe intermetallischer Verbindungen (wie die Legierungen der Alkalien und Erdalkalien untereinander), in denen die Atome nicht mehr der Hume-Rotheryschen Regel folgen, sondern normale Wertigkeiten betätigen (Mg_2Sn, Mg_3Bi_2). Auch der Gittertyp dieser Stoffe ist derjenige, der für Salze charakteristisch ist, so daß man annehmen muß, daß außer der metallischen Bindung die beiden anderen Typen der chemischen Bindung an der Molekelbildung beteiligt sind.

Prinzipiell haben wir im letzten Kapitel gesehen, daß mittels des Feinbaues der Atome viele chemische Eigenschaften der Stoffe auf eine gemeinsame Wurzel zurückgeführt werden können. Dies Gebiet der physikalischen Chemie ist ungeheuer umfangreich, und man kennt eine große Anzahl physikalischer Verfahren, mit deren Hilfe man weitere Aufschlüsse über den räumlichen Bau von Molekeln, ihre Bildungswärmen, das Vorhandensein bestimmter Gruppen oder Bindungsarten erhalten kann. Der große Vorzug dieser Methoden liegt darin, daß einerseits bei der Untersuchung eine Änderung der Struktur der Molekel entweder überhaupt nicht oder doch nur in geringem Maße eintritt, und daß man andererseits absolute Zahlenangaben über z. B. energetische oder geometrische Daten der Molekeln erhält, während die Chemie auf Grund von Analogieschlüssen (z. B. innerhalb homologer Reihen) nur zu relativen Werten gelangt. (Vgl. hierzu: Samml. Göschen, Bd. 786, Molekülbau.)

Sachregister

Sammlung Göschen

Gesamtverzeichnis

Jeder Band DM 3,60 · Doppelband DM 5,80
Dreifachband DM 7,80

Herbst 1967

Walter de Gruyter & Co · Berlin 30

Die Bände der **Sammlung Göschen** vermitteln in konzentrierter Form den grundlegenden Stoff für das Studium der einzelnen wissenschaftlichen Disziplinen. Sie sind nicht nur Hilfsmittel für die Arbeit an Universitäten und Hochschulen, sondern auch vorzüglich geeignet für Fachschulen, Arbeitskreise und zum Selbststudium. Die Fülle des Materials hat sich besonders für die Vorbereitung zu Examina und Prüfungen bewährt. Auch eine schnelle Orientierung geht hier niemals auf Kosten der Gründlichkeit.

Inhaltsübersicht

Geisteswissenschaften

Philosophie

Einführung in die Philosophie von H. Leisegang †. 6. Aufl. 146 S. 1966. (281)

Hauptprobleme der Philosophie von G. Simmel †. 8., unveränd. Aufl. 177 S. 1964. (500)

Geschichte der Philosophie

I: Die griechische Philosophie von W. Capelle. 1. Tl. Von Thales bis Leukippos. 3., erw. Aufl. Etwa 135 S. In Vorb. (857)

II: Die griechische Philosophie von W. Capelle. 2. Tl. Von der Sophistik bis zum Tode Platons. 3., stark erw. Aufl. Etwa 144 S. In Vorb. (858)

III: Die griechische Philosophie von W. Capelle. 3. Tl. Vom Tode Platons bis zur Alten Stoa. 2., stark erw. Aufl. 132 S. 1954. (859)

IV: Die griechische Philosophie von W. Capelle. 4. Tl. Von der Alten Stoa bis zum Eklektizismus im 1. Jh. v. Chr. 2., stark erw. Aufl. 132 S. 1954. (863)

V: Die Philosophie des Mittelalters von J. Koch. In Vorb. (826)

VI: Von der Renaissance bis Kant von K. Schilling. 234 S. 1954. (394/394a)

VII: Immanuel Kant von F. Kaulbach. In Vorb. (536)

VIII: Die Philosophie des 19. Jahrhunderts von G. Lehmann. 1. Tl. 151 S. 1953. (571)

IX: Die Philosophie des 19. Jahrhunderts von G. Lehmann. 2. Tl. 168 S. 1953. (709)

X: Die Philosophie im ersten Drittel des 20. Jahrhunderts 1. Tl. von G. Lehmann. 128 S. 1957 (845)

XI: Die Philosophie im ersten Drittel des 20. Jahrhunderts 2. Tl. von G. Lehmann. 114 S. 1960. (850)

Die geistige Situation der Zeit (1931) von K. Jaspers. 6. Abdr. der im Sommer 1932 bearb. 5. Aufl. 211 S. 1965. (1000)

Formale Logik von P. Lorenzen. 3., durchges. u. erw. Aufl. 184 S. 1967. (1176/1176a)

Philosophisches Wörterbuch von M. Apel †. 5., völl. neu bearb. Aufl. von P. Ludz. 315 S. 1958. (1031/1031a)

Philosophische Anthropologie. Menschliche Selbstdeutung in Geschichte und Gegenwart von M. Landmann. 2., durchges. Aufl. 223 S. 1964. (156/156a)

Pädagogik, Psychologie, Soziologie

Geschichte der Pädagogik von Herm. Weimer. 17., neubearb. Aufl. von Heinz Weimer 205 S. 1967. (145/145a)

Therapeutische Psychologie. Ihr Weg durch die Psychoanalyse von W. M. Kranefeldt M. e. Einf. von C. G. Jung. 3. Aufl. 152 S. 1956. (1034)

Allgemeine Psychologie von Th Erismann†. 4 Bde.
- I: Grundprobleme. 3. Aufl. 146 S. 1965. (831)
- II: Grundarten des psychischen Geschehens. 2., neubearb. Aufl. 248 S. 1959. (832/832a)
- III: Experimentelle Psychologie und ihre Grundlagen. 1. Tl. 2., neubearb. Aufl. 112 S., 7 Abb. 1962. (833)
- IV: Experimentelle Psychologie und ihre Grundlagen. 2. Tl. 2., neubearb. Aufl. 199 S. 20 Abb. 1962. (834/834a)

Soziologie. Geschichte und Hauptprobleme von L. von Wiese. 8. Aufl. 183 S. 1967. (101/101a)

Ideengeschichte der sozialen Bewegung des 19. und 20. Jh. von W. Hofmann. 2. Aufl. In Vorb (1205/1205a)

Sozialpsychologie von P.R. Hofstätter. 3. Aufl. 191 S., 18 Abb. 1967. (104/104a)

Psychologie des Berufs und Wirtschaftslebens von W. Moede†. 190 S. 48 Abb. 1958. (851/851a)

Industrie- und Betriebssoziologie von R. Dahrendorf. 4. Aufl. 142 S., 3 Fig. 1967 (103)

Wirtschaftssoziologie von F. Fürstenberg. 122 S. 1961. (1193)

Einführung in die Sozialethik von H.-D. Wendland. 144 S. 1963. (1203)

Religion

Jesus von M. Dibelius†. 4. Aufl. m. e. Nachtr. von W. G. Kümmel. 140 S. 1966. (1130)

Paulus von M. Dibelius†. Nach dem Tode des Verf. hrsg. u. zu Ende gef. von W. G. Kümmel. 3., durchges. Aufl. 156 S. 1964. (1160)

Luther von F. Lau. 2., verb. Aufl. 153 S. 1966. (1187)

Melanchthon von R. Stupperich. 139 S. 1960. (1190)

Zwingli von F. Schmidt-Clausing. 119 S. 1965. (1219)

Schleiermacher. Leben und Werk von M. Redeker. In Vorb. (1177/1177a)

Sören Kierkegaard. Leben u. Werk von H. Gerdes. 134 S. 1966. (1221)

Einführung in die Konfessionskunde der orthodoxen Kirchen von K. Onasch. 291 S. 1962. (1197/1197a)

Geschichte des christlichen Gottesdienstes von W. Nagel. 215 S. 1962. (1202/1202a)

Geschichte Israels. Von den Anfängen bis zur Zerstörung des Tempels (70 n. Chr.) von E. L. Ehrlich. 2. Aufl. In Vorb. (231/231 a)

Römische Religionsgeschichte von F. Altheim. 2 Bde. 2., umgearb. Aufl.
I: Grundlagen und Grundbegriffe. 116 S. 1956. (1035)
II: Der geschichtliche Ablauf. 164 S. 1956. (1052)

Die Religion des Buddhismus von D. Schlingloff. 2 Bde.
I: Der Heilsweg des Mönchstums. 122 S., 11 Abb., 1 Kte. 1962. (174)
II: Der Heilsweg für die Welt. 129 S., 9 Abb., 1 Kte. 1963. (770)

Musik

Musikästhetik von H. J. Moser. 180 S. M. zahlr. Notenbeisp. 1953. (344)

Systematische Modulation von R. Hernried. 2. Aufl. 136 S. M. zahlr. Notenbeisp. 1950. (1094)

Der polyphone Satz von E. Pepping. 2 Bde.
I: Der cantus-firmus-Satz. 2. Aufl. 233 S. Mit zahlr. Notenbeisp. 1950. (1148)
II: Übungen im doppelten Kontrapunkt und im Kanon. 137 S. M. zahlr. Notenbeisp. 1957. (1164/1164 a)

Allgemeine Musiklehre von H. J. Moser. 2., durchges. Aufl. 155 S. M. zahlr. Notenbeisp. 1955. (220/220 a)

Harmonielehre von H. J. Moser. 2 Bde.
I: 109 S. M. 120 Notenbeisp. 1954. (809)
II: In Vorb. (810)

Die Musik des 19. Jahrhunderts von W. Oehlmann. 180 S. 1953. (170)

Die Musik des 20. Jahrhunderts von W. Oehlmann. 312 S. 1961. (171/171 a)

Technik der deutschen Gesangskunst von H. J. Moser. 3., durchges. u. verb. Aufl. 144 S., 5 Fig., sowie Tab. u. Notenbeisp. 1954. (576/576 a)

Die Kunst des Dirigierens von H. W. von Waltershausen†. 2., verm. Aufl. 138 S. M. 19 Notenbeisp. 1954. (1147)

Die Technik des Klavierspiels aus dem Geiste des musikalischen Kunstwerkes von K. Schubert†. 3. Aufl. 110 S. M. Notenbeisp. 1954. (1045)

Kunst

Stilkunde von H. Weigert. 2 Bde.
I: Vorzeit, Antike, Mittelalter. 4. Aufl. Etwa 136 S., 94 Abb. In Vorb. (80)
II: Spätmittelalter und Neuzeit. 3., durchges. u. erg. Aufl. 150 S., 88 Abb. 1958. (781)

Archäologie von A. Rumpf. 3 Bde.
I: Einleitung, historischer Überblick. 143 S., 6 Abb., 12 Taf. 1953. (538)
II: Die Archäologensprache. Die antiken Reproduktionen. 136 S., 7 Abb., 12 Taf. 1956. (539)
III: In Vorb. (540)

GEISTESWISSENSCHAFTEN

Geschichte

Einführung in die Geschichtswissenschaft von P. Kirn. 5., bearb. u. erg. Aufl. von J. Leuschner. 127 S. 1968. (270/270a)

Einführung in die Zeitgeschichte von B. Scheurig. 101 S. 1962. (1204)

Zeitrechnung der römischen Kaiserzeit, des Mittelalters und der Neuzeit für die Jahre 1—2000 n. Chr. von H. Lietzmann†. 3. Aufl., durchges. von K. Aland. 130 S. 1956. (1085)

Kultur der Urzeit von F. Behn. 3 Bde. 4. Aufl. der Kultur der Urzeit Bd. 1—3 von M. Hoernes.
- I: Die vormetallischen Kulturen. (Die Steinzeiten Europas. Gleichartige Kulturen in anderen Erdteilen.) 172 S., 48 Abb. 1950. (564)
- II: Die älteren Metallkulturen. (Der Beginn der Metallbenutzung, Kupfer- und Bronzezeit in Europa, im Orient und in Amerika.) 160 S., 67 Abb. 1950. (565)
- III: Die jüngeren Metallkulturen. (Das Eisen als Kulturmetall, Hallstatt-Latène-Kultur in Europa. Das erste Auftreten des Eisens in den anderen Weltteilen.) 149 S. 60 Abb. 1950. (566)

Vorgeschichte Europas von F. Behn. Neuaufl. In Vorb. (42)

Der Eintritt der Germanen in die Geschichte von J. Haller†. 3. Aufl., durchges. von H. Dannenbauer. 120 S. 6 Kartensk. 1957. (1117)

Von den Karolingern zu den Staufern. Die altdeutsche Kaiserzeit (900—1250) von J. Haller†. 5., durchges. Aufl. von H. Dannenbauer. 142 S., 4 Ktn. 1968. In Vorb. (1065)

Von den Staufern zu den Habsburgern. Auflösung des Reichs und Emporkommen der Landesstaaten (1250—1519) von J. Haller†. 2., durchges. Aufl. von H. Dannenbauer 118 S., 6 Kartensk. 1960. (1077)

Deutsche Geschichte im Zeitalter der Reformation, der Gegenreformation und des dreißigjährigen Krieges von F. Hartung. 2., durchges. Aufl. 128 S. 1963. (1105)

Deutsche Geschichte von 1648—1740. Politischer und geistiger Wiederaufbau von W. Treue. 120 S. 1956 (35)

Deutsche Geschichte von 1713—1806. Von der Schaffung des europäischen Gleichgewichts bis zu Napoleons Herrschaft von W. Treue. 168 S. 1957. (39)

Deutsche Geschichte von 1806—1890. Vom Ende des alten bis zur Höhe des neuen Reiches von W. Treue. 128 S 1961. (893)

Deutsche Geschichte von 1890 bis zur Gegenwart von W. Treue. In Vorb. (894)

Quellenkunde der Deutschen Geschichte im Mittelalter (bis zur Mitte des 15. Jahrhunderts) von K. Jacob† 3 Bde.
- I: Einleitung Allgemeiner Teil. Die Zeit der Karolinger. 6. Aufl., bearb. von H. Hohenleutner. 127 S. 1959. (279)
- II: Die Kaiserzeit (911—1250). 5. Aufl., neubearb. von H. Hohenleutner. 141 S. 1961. (280)

III: Das Spätmittelalter (vom Interregnum bis 1500). Hrsg. von F. Weden. 152 S. 1952. (284)

Geschichte Englands von H. Preller. 2 Bde.
I: bis 1815. 4., erw. Aufl. Etwa 135 S., 7 Stammtaf., 2 Ktn. 1967. (375/375a)
II: Von 1815 bis 1910. 2., völl. umgearb. Aufl. 118 S., 1 Stammtaf., 7 Ktn. 1954. (1088)

Römische Geschichte von F. Altheim. 4 Bde. 2., verb. Aufl.
I: Bis zur Schlacht bei Pydna (168 v. Chr.). 124 S. 1956. (19)
II: Bis zur Schlacht bei Actium (31 v. Chr.). 129 S. 1956. (677)
III: Bis zur Schlacht an der Milvischen Brücke (312 n. Chr.). 148 S. 1958. (679)
IV: Bis zur Schlacht am Yarmuk (636 n. Chr.). In Vorb. (684)

Geschichte der Vereinigten Staaten von Amerika von O. Graf zu Stolberg-Wernigerode. 192 S., 10 Ktn. 1956. (1051/1051a)

Deutsche Sprache und Literatur

Geschichte der deutschen Sprache von H. Sperber. 5., neubearb. Aufl. von P. von Polenz. 136 S. 1966. (915)

Deutsches Rechtschreibungswörterbuch von M. Gottschaldt†. 2., verb. Aufl. 269 S. 1953. (200/200a)

Deutsche Wortkunde. Kulturgeschichte des deutschen Wortschatzes von A. Schirmer. 5. Aufl. von W. Mitzka. 125 S. 1965. (929)

Deutsche Sprachlehre von W. Hofstaetter. 10. Aufl. Völl. Umarb. der 8. Aufl. 150 S. 1960. (20)

Stimmkunde für Beruf, Kunst und Heilzwecke von H. Biehle. 111 S. 1955. (60)

Redetechnik. Einführung in die Rhetorik von H. Biehle. 2., erw. Aufl. 151 S. 1961. (61)

Grundlagen der Sprecherziehung von J. Jesch. 93 S., 8 Abb. 1967. (1122)

Deutsches Dichten und Denken von der germanischen bis zur staufischen Zeit von H. Naumann†. (Deutsche Literaturgeschichte vom 5.—13. Jahrhundert.) 3., verb. Aufl. In Vorb. (1121)

Deutsches Dichten und Denken vom Mittelalter zur Neuzeit von G. Müller (1270 bis 1700). 3., durchges. Aufl. In Vorb. (1086)

Deutsches Dichten und Denken von der Aufklärung bis zum Realismus (Deutsche Literaturgeschichte von 1700—1890) von K. Viëtor†. 3., durchges. Aufl. 159 S. 1958. (1096)

Deutsche Heldensage von H. Schneider. 2. Aufl., bearb. von R. Wisniewski. 148 S. 1964. (32)

Der Nibelunge Nôt in Auswahl. Mit kurzem Wörterbuch hrsg. von K. Langosch. 11., durchges. Aufl. 166 S. 1966. (1)

Kudrun und Dietrich-Epen in Auswahl mit Wörterbuch von O. L. Jiriczek. 6. Aufl., bearb. von R. Wisniewski. 173 S. 1957. (10)

Wolfram von Eschenbach, Parzifal. Eine Auswahl mit Anmerkungen und Wörterbuch von H. Jantzen. 3. Aufl., bearb. von H. Kolb. 128 S. 1966. (921)

Hartmann von Aue. Der arme Heinrich nebst einer Auswahl aus der „Klage" dem „Gregorius" und den Liedern (mit einem Wörterverzeichnis) hrsg. von F. Maurer. 2. Aufl. 96 S. 1968. Im Druck. (18)

Gottfried von Straßburg. Tristan und Isolde in Auswahl hrsg. von F. Maurer. 2. Aufl. 142 S. 1965. (22)

Die deutschen Personennamen von M. Gottschaldt†. 2., verb. Aufl. 151 S. 1955. (422)

Althochdeutsches Elementarbuch. Grammatik und Texte von H. Naumann† u. W. Betz. 4., verb. u. verm. Aufl. 183 S. 1967. (1111/1111 a)

Mittelhochdeutsche Grammatik von H. de Boor u. R. Wisniewski. 5., durchges. Aufl. 150 S. 1967. (1108)

Indogermanisch, Germanisch

Indogermanische Sprachwissenschaft von H. Krahe. 2 Bde.
I: Einleitung und Lautlehre. 5. Aufl. 110 S. 1966. (59)
II: Formenlehre. 4., neubearb. Aufl. 100 S. 1963. (64)

Sanskrit-Grammatik mit sprachvergleichenden Erläuterungen von M. Mayrhofer. 2., völl. neu bearb. Aufl. 110 S. 1965. (1158/1158a)

Altirische Grammatik von J. Pokorny. 2. Aufl. 1968. (896/896a)

Gotisches Elementarbuch. Grammatik. Texte mit Übersetzung und Erläuterungen von H. Hempel. 4., neubearb. Aufl. 169 S. 1966. (79/79a)

Altnordisches Elementarbuch. Einführung, Grammatik, Texte (zum Teil mit Übersetzung) und Wörterbuch von F. Ranke. 3., völl. umgearb. Aufl. von D. Hofmann. 205 S. 1967. (1115/1115a/1115b)

Germanische Sprachwissenschaft von H. Krahe. 3 Bde.
I: Einleitung und Lautlehre. 6. Aufl. 147 S. 1966. (238)
II: Formenlehre. 6. Aufl. 149 S. 1967. (780)
III: Wortbildungslehre von W. Meid. 270 S. 1967. (1218/1218a/1218b)

Englisch, Romanisch

Altenglisches Elementarbuch. Einführung, Grammatik, Texte mit Übersetzung und Wörterbuch von M. Lehnert. 6., verb. Aufl. 178 S. 1965. (1125)

Mittelenglisches Elementarbuch von H. Weinstock. 1967. In Vorb. (1226/1226 a/1226 b)

Historische neuenglische Laut- und Formenlehre von E. Ekwall. 4., verb. Aufl. 150 S. 1965. (735)

Englische Phonetik von H. Mutschmann†. 2. Aufl., bearb. von G. Scherer. 127 S. 1963. (601)

Englische Literaturgeschichte von F. Schubel. 4 Bde.
I: Die alt- und mittelenglische Periode. 2., neubearb. Aufl. 189 S. 1967. (1114/1114a)
II: Von der Renaissance bis zur Aufklärung. 160 S. 1956. (1116)
III: Romantik und Viktorianismus. 160 S. 1960. (1124)

Beowulf. Eine Auswahl mit Einführung, teilweiser Übersetzung, Anmerkungen und etymologischem Wörterbuch von M. Lehnert. 4., verb. Aufl. 135 S. 1967. (1135)

Shakespeare von P. Meißner†. 2. Aufl., neubearb. von M. Lehnert. 136 S. 1954. (1142)

Romanische Sprachwissenschaft von H. Lausberg. 4 Bde.
I: Einleitung und Vokalismus. 2., durchges. Aufl. 211 S. 1963. (128/128a)
II: Konsonantismus. 2., durchges. Aufl. 95 S. 1967. (250)
III: Formenlehre. 1. Teil. 99 S. 1962. (1199)
III: Formenlehre. 2. Teil. S. 99—260. 1962. (1200/1200a)
IV: Wortlehre. In Vorb. (1208)

Griechisch, Lateinisch

Griechische Sprachwissenschaft von W. Brandenstein. 3 Bde.
I: Einleitung, Lautsystem, Etymologie. 160 S. 1954. (117)
II: Wortbildung und Formenlehre. 192 S. 1959. (118/118a)
III: Syntax I. Einleitung. Die Flexibilien. 145 S. 1966. (924/924a)

Geschichte der griechischen Sprache. 2 Bde.
I: Bis zum Ausgang der klassischen Zeit von O. Hoffmann und A. Debrunner. 4., neubearb. Aufl. von A. Scherer. 1968. (111/111a)
II: Grundfragen und Grundzüge des nachklassischen Griechisch von A. Debrunner. 2. Aufl., bearb. von A. Scherer. 1968. (114/114a)

Geschichte der griechischen Literatur von W. Nestle. 2 Bde. 3. Aufl., bearb. von W. Liebich.
I: 144 S. 1961. (70)
II: 149 S. 1963. (557)

Grammatik der neugriechischen Volkssprache von J. Kalitsunakis. 3., wes. erw. u. verb. Aufl. 196 S. 1963. (756/756a)

Neugriechisch-deutsches Gesprächsbuch von J. Kalitsunakis. 2. Aufl., bearb. von A. Steinmetz. 99 S. 1960. (587)

Geschichte der lateinischen Sprache von F. Stolz u. A. Debrunner†. 4., stark umgearb. Aufl. von W. P. Schmid. 145 S. 1966. (492/492a)

Geschichte der römischen Literatur von L. Bieler. 2., verb. Aufl. 2 Bde.
I: Die Literatur der Republik. 160 S. 1965. (52)
II: Die Literatur der Kaiserzeit. 133 S. 1965. (866)

Orientalistik, Slavistik

Die Keilschrift von B. Meissner. 3. Aufl., neubearb. von K. Oberhuber. Etwa 150 S. 1967. (708/708a/708b)

Die Hieroglyphen von A. Erman. 3. Aufl., neu bearb. von O. Krückmann. 1968. In Vorb. (608/608a/608b)

Hebräische Grammatik von R. Meyer. 3 Bde.
- I: Einleitung, Schrift- und Lautlehre. 3., neubearb. Aufl. 120 S. 1966. (763/763a/763b)
- II: Formenlehre und Flexionstabellen. 3. Aufl. In Vorb. (764/764a/764b)
- III: Satzlehre. In Vorb. (765/765a/765b)

Hebräisches Textbuch zu G. Beer-R. Meyer, Hebräische Grammatik von R. Meyer. 170 S. 1960. (769/769a)

Slavische Sprachwissenschaft von H. Bräuer. 2 Bde.
- I: Einleitung, Lautlehre. 221 S. 1961 (1191/1191a)
- II: Formenlehre. 1. Tl. 1968. (1192/1192a)

Vergleichende Geschichte der slavischen Literaturen von D. Tschižewskij. 2 Bde. In Vorb.
- I: Einführung. Anfänge des slavischen Schrifttums bis zum Klassizismus. (1222/1222a)
- II: Romantik bis zur Moderne. (1223/1223a)

Russische Grammatik von E. Berneker†. 6., verb. Aufl. von M. Vasmer†. 155 S. 1961. (66)

Polnische Grammatik von N. Damerau. 139 S. 1967. (942/942a)

Erd- und Länderkunde, Kartographie

Afrika von F. Jaeger. Ein geographischer Überblick. 2 Bde. 3. Aufl.
- I: Der Lebensraum. 179 S., 18 Abb. In Vorb. (910)
- II: Mensch und Kultur. 155 S., 6 Abb. In Vorb. (911)

Australien und Ozeanien von H. J. Krug. 176 S., 46 Sk. 1953. (319)

Kartographie von V. Heissler. 2. Aufl. 213 S., 125 Abb., 8 Anl. 1966. (30/30a)

Wirtschaft, Statistik, Publizistik

Allgemeine Betriebswirtschaftslehre von K. Mellerowicz. 4 Bde. 11. u. 12. durchges. Aufl.
- I: 224 S. 1964. (1008/1008a)
- II: 188 S. 1966. (1153/1153a)
- III: 260 S. 1967. (1154/1154a)
- IV: 209 S. 1963. (1186/1186a)

Allgemeine Volkswirtschaftslehre von A. Paulsen. 4 Bde.
- I: Grundlegung, Wirtschaftskreislauf. 7. Aufl. 159 S., 11 Abb. 1966. (1169)
- II: Haushalte, Unternehmungen, Marktformen. 7. Aufl. 172 S., 31 Abb. 1966. (1170)

III: Produktionsfaktoren. 5., neubearb. u. erg. Aufl. 228 S., 24 Abb. 1967. (1171/1171 a)
IV: Gesamtbeschäftigung, Konjunkturen, Wachstum. 4., neubearb. u. erg. Aufl. 188 S. 1966. (1172)

Übungsaufgaben mit Lösungen zu A. Paulsen, Allgemeine Volkswirtschaftslehre I/II von W. Wedig. 177 S. 1967. (1227/1227 a)

Geschichte der Volkswirtschaftslehre von S. Wendt. 2., neubearb. Aufl. Etwa 182 S. 1968. (1194/1194 a)

Allgemeine Volkswirtschaftspolitik von H. Ohm. 2 Bde.
I: Systematisch-Theoretische Grundlegung. 2., verb. u. erg. Aufl. 137 S., 6 Abb. 1965. (1195)
II: Der volkswirtschaftliche Gesamtorganismus als Objekt der Wirtschaftspolitik. 180 S. 1967. (1196/1196 a)

Finanzwissenschaft von H. Kolms. 4 Bde.
I: Grundlegung, Öffentliche Ausgaben. 3., verb. Aufl. 165 S. 1966. (148)
II: Erwerbseinkünfte, Gebühren und Beiträge, Allgemeine Steuerlehre. 3., verb. Aufl. 154 S. 1966. (391)
III: Besondere Steuerlehre. 2., verb. u. erg. Aufl. 205 S. 1967. (776/776 a)
IV: Öffentlicher Kredit. Öffentlicher Haushalt. Finanzausgleich. 191 S. 1964. (782/782 a)

Finanzmathematik von M. Nicolas. 2., verb. Aufl. 192 S., 11 Taf., 8 Tab. u. 72 Beisp. 1967. (1183/1183 a)

Programmierung von Datenverarbeitungsanlagen von H. J. Schneider u. D. Jurksch. 111 S., 8 Tab., 11 Abb. 1967. (1225/1225 a)

Lineare Programmierung von H. Langen. Etwa 200 S. (1206/1206 a)

Buchhaltung und Bilanz von E. Kosiol. 2., überarb. u. veränd. Aufl. 186 S. 1967. (1213/1213 a)

Industrie- und Betriebssoziologie von R. Dahrendorf. 4. Aufl. 142 S., 3 Fig. 1967. (103)

Wirtschaftssoziologie von F. Fürstenberg. 122 S. 1961. (1193)

Psychologie des Berufs- und Wirtschaftslebens von W. Moede†. 190 S. 48 Abb. 1958. (851/851 a)

Einführung in die Arbeitswissenschaft von H. H. Hilf. 169 S., 57 Abb. 1964. (1212/1212 a)

Allgemeine Methodenlehre der Statistik von J. Pfanzagl. 2 Bde.
I: Elementare Methoden unter besonderer Berücksichtigung der Anwendungen in den Wirtschafts- und Sozialwissenschaften. 4., verb. Aufl. 266 S., 51 Abb. 1967. (746/746 a)
II: Höhere Methoden unter besonderer Berücksichtigung der Anwendungen in Naturwissenschaften, Medizin und Technik. 3., verb. Aufl. 315 S., 41 Abb. 1968. (747/747 a)

Zeitungslehre von E. Dovifat. 2 Bde. 5., neubearb. Aufl.
I: Theoretische und rechtliche Grundlagen — Nachricht und Meinung —Sprache und Form. 162 S. 1967 (1039/1039 a)
II: Redaktion — Die Sparten: Verlag und Vertrieb, Wirtschaft und Technik — Sicherung der öffentlichen Aufgabe. 179 S. 1967. (1040/1040 a)

Naturwissenschaften

Mathematik

Geschichte der Mathematik von J. E. Hofmann. 4 Bde.
I: Von den Anfängen bis zum Auftreten von Fermat und Descartes. 2., verb. u. verm. Aufl. 251 S. 1963. (226/226 a)
II: Von Fermat und Descartes bis zur Erfindung des Calculus und bis zum Ausbau der neuen Methoden. 109 S. 1957. (875)
III: Von den Auseinandersetzungen um den Calculus bis zur französischen Revolution. 107 S. 1957. (882)
IV: Geschichte der Mathematik der neuesten Zeit von N. Stuloff. In Vorb. (883)

Mathematische Formelsammlung von F. O. Ringleb. 8., verb. Aufl. 322 S., 40 Fig. 1967. (51/51 a)

Vierstellige Tafeln und Gegentafeln für logarithmisches und trigonometrisches Rechnen in zwei Farben zusammengestellt von H. Schubert und R. Haussner. 3. neubearb. Aufl. von J. Erlebach. 158 S. 1960. (81)

Fünfstellige Logarithmen mit mehreren graphischen Rechentafeln und häufig vorkommenden Zahlenwerten von A. Adler. 4. Aufl., überarb. von J. Erlebach. 127 S., 1 Taf. 1962. (423)

Arithmetik von P. B. Fischer†. 3. Aufl. von H. Rohrbach. 152 S., 19 Abb. 1958. (47)

Höhere Algebra von H. Hasse. 2 Bde. 5., neubearb. Aufl.
I: Lineare Gleichungen. 150 S. 1963. (931)
II: Gleichungen höheren Grades. 158 S., 5 Fig. 1967. (932)

Aufgabensammlung zur höheren Algebra von H. Hasse u. W. Klobe. 3., verb. Aufl. 183 S. 1961. (1082)

Elementare und klassische Algebra vom modernen Standpunkt von W. Krull. 2 Bde.
I: 3., erw. Aufl. 148 S. 1963. (930)
II: 132 S. 1959. (933)

Algebraische Kurven und Flächen von W. Burau. 2 Bde.
I: Algebraische Kurven der Ebene. 153 S., 28 Abb. 1962. (435)
II: Algebraische Flächen 3. Grades und Raumkurven 3. und 4. Grades. 162 S., 17 Abb. 1962. (436/436 a)

Einführung in die Zahlentheorie von A. Scholz†. Überarb. u. hrsg. von B. Schoeneberg. 4. Aufl. 128 S. 1966. (1131)

Formale Logik von P. Lorenzen. 3., durchges. u. erw. Aufl. 184 S. 1967. (1176/1176 a)

Topologie von W. Franz. 2 Bde.
I: Allgemeine Topologie. 2., verb. Aufl. 144 S., 9 Fig. 1965. (1181)
II: Algebraische Topologie. 153 S. 1965. (1182/1182a)

Elemente der Funktionentheorie von K. Knopp†. 7. Aufl. 144 S., 23 Fig. 1966. (1109)

Funktionentheorie von K. Knopp†. 2 Bde. 11. Aufl.
I: Grundlagen der allgemeinen Theorie der analytischen Funktionen. 144 S., 8 Fig. 1965. (668)
II: Anwendungen und Weiterführung der allgemeinen Theorie. 130 S., 7 Fig. 1965. (703)

Aufgabensammlung zur Funktionentheorie von K. Knopp†. 2 Bde.
I: Aufgaben zur elementaren Funktionentheorie. 7. Aufl. 135 S. 1965. (877)
II: Aufgaben zur höheren Funktionentheorie. 6. Aufl. 151 S. 1964. (878)

Differential- und Integralrechnung von M. Barner. (Früher Witting). 4 Bde.
I: Grenzwertbegriff, Differentialrechnung. 2., durchges. Aufl. 176 S., 39 Fig. 1963. (86)

Gewöhnliche Differentialgleichungen von G. Hoheisel. 7., neubearb. u. erw. Aufl. 142 S. 1965. (920/920a)

Partielle Differentialgleichungen von G. Hoheisel. 5., durchges. Aufl. Etwa 128 S. In Vorb. (1003)

Aufgabensammlung zu den gewöhnlichen und partiellen Differentialgleichungen von G. Hoheisel. 4., neubearb. Aufl. 153 S. 1964. (1059/1059a)

Integralgleichungen von G. Hoheisel. 2., neubearb. u. erw. Aufl. 112 S. 1963. (1099)

Mengenlehre von E. Kamke. 5. Aufl. 194 S., 6 Fig. 1965. (999/999a)

Gruppentheorie von L. Baumgartner. 4., erw. Aufl. 190 S., 3 Taf. 1964. (837/837a)

Ebene und sphärische Trigonometrie von G. Hessenberg†. 5. Aufl. durchges. von H. Kneser. 172 S., 60 Fig. 1957. (99)

Darstellende Geometrie von W. Haack. 3 Bde.
I: Die wichtigsten Darstellungsmethoden. Grund- und Aufriß ebenflächiger Körper 6. Aufl. 113 S., 120 Abb. 1967. (142)
II: Körper mit krummen Begrenzungsflächen. Kotierte Projektionen. 5., durchges. Aufl. 129 S., 86 Abb. 1967. (143)
III: Axonometrie und Perspektive. 3. Aufl. 129 S., 100 Abb. 1965. (144)

Analytische Geometrie von K. P. Grotemeyer. 3., neubearb. Aufl. 218 S., 73 Abb. 1964. (65/65a)

Nichteuklidische Geometrie. Hyperbolische Geometrie der Ebene von R. Baldus†. 4. Aufl., bearb. u. erg. von F. Löbell. 158 S., 75 Fig. 1964. (970/970a)

Differentialgeometrie von K. Strubecker. 3 Bde.
- I: Kurventheorie der Ebene und des Raumes. 2., erw. Aufl. 253 S., 45 Fig. 1964. (1113/1113a)
- II: Theorie der Flächenmetrik. 195 S., 14 Fig. 1958. (1179/1179a)
- III: Theorie der Flächenkrümmung. 254 S., 38 Fig. 1959. (1180/1180a)

Variationsrechnung von L. Koschmieder. 2 Bde. 2., neubearb. Aufl.
- I: Das freie und gebundene Extrem einfacher Grundintegrale. 128 S., 23 Fig. 1962. (1074)
- II: Anwendung klassischer Verfahren auf allgemeine Fragen des Extrems. — Neuere unmittelbare Verfahren. In Vorb. (1075)

Einführung in die konforme Abbildung von L. Bieberbach. 6., neubearb. Aufl. 184 S., 41 Zeichng. 1967. (768/768a)

Vektoren und Matrizen von S. Valentiner. 4. Aufl. (11., erw. Aufl der „Vektoranalysis"). Mit Anh.: Aufgaben zur Vektorrechnung von H. König. 205 S., 35 Fig. 1967. (354/354a)

Wahrscheinlichkeitstheorie und Grundzüge der Maßtheorie von H. Bauer. 2 Bde.
- I: 154 S. 1964. (1216/1216a)
- II: In Vorb. (1217)

Kinematik von H. R. Müller. 171 S., 75 Fig. 1963. (584/584a)

Versicherungsmathematik von F. Böhm. 2 Bde.
- I: Elemente der Versicherungsrechnung. 4. Aufl. In Vorb. (180)
- II: Lebensversicherungsmathematik. Einführung in die technischen Grundlagen der Sozialversicherung. 2., verb. u. verm. Aufl. 205 S. 1953. (917/917a)

Finanzmathematik von M. Nicolas, 2., verb. Aufl. 192 S., 11 Taf., 8 Tab. u. 72 Beisp. 1967. (1183/1183a)

Lineare Programmierung von H. Langen. Etwa 200 S. (1206/1206a)

Progammierung von Datenverarbeitungsanlagen von H. J. Schneider u. D. Jurksch. 111 S., 8 Tab., 11 Abb. 1967. (1225/1225a)

Physik

Einführung in die theoretische Physik von W. Döring. 5 Bde.
- I: Mechanik. 3., verb. Aufl. 125 S., 23 Abb. 1965. (76)
- II: Das elektromagnetische Feld. 3., umgearb. Aufl. Etwa 135 S., 15 Abb. 1968. (77/77a)
- III: Optik. 2., verb. Aufl. 117 S., 32 Abb. 1963. (78)
- IV: Thermodynamik. 2., verb. Aufl. 107 S., 9 Abb. 1964. (374)
- V: Statistische Mechanik. 2., umgearb. Aufl. 117 S., 10 Abb. 1966. (1017)

Mechanik deformierbarer Körper von M. Päsler. 199 S., 48 Abb. 1960. (1189/1189a)

Atomphysik von K. Bechert, Ch. Gerthsen† u. A. Flammersfeld. 4 Bde. 4., durchges. Aufl.
- I: Allgemeine Grundlagen. 1. Teil von A. Flammersfeld. Neuaufl. in Vorb. (1009)

II: Allgemeine Grundlagen. 2. Teil von A. Flammersfeld. Neuaufl. in Vorb. (1033)
III: Theorie des Atombaus. 1. Teil von K. Bechert. 148 S., 16 Abb. 1963. (1123/1123 a)
IV: Theorie des Atombaus. 2. Teil von K. Bechert. 170 S., 14 Abb. 1963. (1165/1165 a)

Differentialgleichungen der Physik von F. Sauter. 4., durchges. u. erg. Aufl. 147 S., 16 Fig. 1966. (1070)

Physikalische Formelsammlung von G. Mahler†. Fortgef. von K. Mahler. Neubearb. von E. Sohr. 12. Aufl. 167 S., 69 Fig. 1967. (136/136 a)

Physikalische Aufgabensammlung mit Ergebnissen von G. Mahler†. Fortgef. von K. Mahler. Neubearb. von H. Graewe. 12. Aufl. 141 S. 1964. (243)

Chemie

Geschichte der Chemie in kurzgefaßter Darstellung von G. Lockemann. 2 Bde. 2. Aufl.
I: Vom Altertum bis zur Entdeckung des Sauerstoffs. 142 S., 4 Bildn. In Vorb. (264)
II: Von der Entdeckung des Sauerstoffs bis zur Gegenwart. 151 S., 16 Bildn. In Vorb. (265/265 a)

Anorganische Chemie von W. Klemm. 14. Aufl. 255 S., 34 Abb. 1967. (37/37 a)

Organische Chemie von W. Schlenk jun. 10., erw. Aufl. 273 S., 16 Abb. 1965. (38/38 a)

Physikalische Methoden in der Organischen Chemie von G. Kresze. 2 Bde.
I: 119 S., 65 Abb. 1962. (44)
II: 164 S. 1962. (45/45 a)

Allgemeine und physikalische Chemie von W. Schulze. 2 Bde.
I: 6., verb. Aufl. 139 S., 10 Fig. 1964. (71)
II: 6., erw. Aufl. Etwa 178 S. 49 Fig. 1968. (698/698 a)

Molekülbau. Theoretische Grundlagen und Methoden der Strukturermittlung von W. Schulze. 123 S., 43 Fig. 1958. (786)

Einfache Versuche zur allgemeinen und physikalischen Chemie von E. Dehn. 371 Versuche m. 40 Abb. 272 S. 1962. (1201/1201 a)

Physikalisch-chemische Rechenaufgaben von E. Asmus. 4., verb. Aufl. 96 S. 1967. (445)

Maßanalyse. Theorie und Praxis der klassischen und der elektrochemischen Titrierverfahren von G. Jander und K. F. Jahr. 11., durchges. Aufl., mitbearb. von H. Knoll. 359 S., 56 Fig. 1966. (221/221 a)

Qualitative Analyse von H. Hofmann u. G. Jander. 3., durchges. u. verb. Aufl. 308 S., 5 Abb. 1967. (247/247 a)

Stöchiometrische Aufgabensammlung von W. Bahrdt† u. R. Scheer. Mit den Ergebnissen. 9., durchges. Aufl. 119 S. 1967. (452/452 a)

Elektrochemie von K. Vetter. 2 Bde.
I: In Vorb. (252)
II: In Vorb. (253)

Geochemie von K. H. Wedepohl. 221 S., 26 Abb., 37 Tab. 1967. (1224/1224a/1224b)

Kristallchemie von J. Zemann. 144 S., 90 Abb. 1966. (1220/1220a)

Technologie

Die Chemie der Kunststoffe von K. Hamann. 2., neu überarb. Aufl. unt. Mitarb. von W. Funke u. K. Nollen. 177 S. 1967. (1173/1173a)

Warenkunde von K. Hassak u. E. Beutel†. 2 Bde.
I: Anorganische Waren sowie Kohle und Erdöl. 8. Aufl. Neubearb. von A. Kutzelnigg. 119 S., 18 Fig. 1958. (222)
II: Organische Waren. 8. Aufl. Vollst. neu bearb. von A. Kutzelnigg. 157 S., 32 Fig. 1959. (223)

Die Fette und Öle von Th. Klug. 6., verb. Aufl. 143 S. 1961. (335)

Die Seifenfabrikation von K. Braun†. 3., neubearb. u. verb. Aufl. von Th. Klug 116 S., 18 Abb. 1953. (336)

Thermische Verfahrenstechnik von H. Bock. 3 Bde.
I: Eigenschaften und Verhalten der realen Stoffe. 184 S., 28 Abb. 1963. (1209/1209a)
II: Funktion und Berechnung der elementaren Geräte. 195 S., 54 Abb. 1964. (1210/1210a)
III: Fließbilder, ihre Funktion und ihr Zusammenbau aus Geräten. 224 S., 67 Abb. 1965. (1211/1211a)

Textilindustrie von A. Blümcke.
I: Spinnerei und Zwirnerei. 111 S., 43 Abb. 1954. (184)

Biologie

Einführung in die allgemeine Biologie und ihre philosophischen Grund- und Grenzfragen von M. Hartmann. 2., unveränd. Aufl. 132 S., 2 Abb. 1965. (96)

Hormone von G. Koller. 2., neubearb. u. erw. Aufl. 187 S., 60 Abb., 19 Tab. 1949. (1141)

Fortpflanzung im Tier- und Pflanzenreich von J. Hämmerling. 2., erg. Aufl. 135 S., 101 Abb. 1951. (1138)

Geschlecht und Geschlechtsbestimmung im Tier- und Pflanzenreich von M. Hartmann. 2., verb. Aufl. 116 S., 61 Abb., 7 Tab. 1951. (1127)

Symbiose der Tiere mit pflanzlichen Mikroorganismen von P. Buchner. 2., verb. u. verm. Aufl. 130 S., 121 Abb. 1949. (1128)

Grundriß der allgemeinen Mikrobiologie von W. u. A. Schwartz. 2 Bde. 2., verb. u. erg. Aufl.
I: 147 S., 25 Abb. 1960. (1155)
II: 142 S., 29 Abb. 1961. (1157)

Botanik

Entwicklungsgeschichte des Pflanzenreiches von H. Heil. 2. Aufl. 138 S., 94 Abb., 1 Tab. 1950. (1137)

Morphologie der Pflanzen von L. Geitler. 3., umgearb. Aufl. 126 S., 114 Abb. 1953. (141)

Pflanzengeographie von L. Diels†. 5., völl. neu bearb. Aufl. von F. Mattick. 195 S., 2 Ktn. 1958. (389/389a)

Die Laubhölzer. Kurzgefaßte Beschreibung der in Mitteleuropa gedeihenden Laubbäume und Sträucher von F. W. Neger† und E. Münch†. 3., durchges. Aufl., hrsg. von B. Huber. 143 S., 63 Fig., 7 Tab. 1950. (718)

Die Nadelhölzer (Koniferen) und übrigen Gymnospermen von F. W. Neger† und E. Münch†. 4. Aufl., durchges. u. erg. von B. Huber. 140 S., 75 Fig., 4 Tab., 3 Ktn. 1952. (355)

Pflanzenzüchtung von H. Kuckuck. 2 Bde.
- I: Grundzüge der Pflanzenzüchtung. 3., völl. umgearb. u. erw. Aufl. 132 S., 22 Abb. 1952. (1134)
- II: Spezielle gartenbauliche Pflanzenzüchtung (Züchtung von Gemüse, Obst und Blumen). 2. Aufl. In Vorb. (1178/1178a)

Zoologie

Entwicklungsphysiologie der Tiere von F. Seidel. 2 Bde. 2. Aufl.
- I: Ei und Furchung. Etwa 160 S., 61 Abb. (1162)
- II: Körpergrundgestalt und Organbildung. In Vorb. (1163)

Vergleichende Physiologie der Tiere von K. Herter. 2 Bde. 4. Aufl. der „Tierphysiologie".
- I: Stoff- und Energiewechsel. Neu bearb. von K. Urich. 158 S., 61 Abb. 1966. (972/972a)
- II: Bewegung und Reizerscheinungen. Neu bearb. von G. Birukow. In Vorb. (973/973a)

Das Tierreich
- I: Einzeller, Protozoen von E. Reichenow. 115 S., 59 Abb. 1956. (444)
- II: Schwämme und Hohltiere von H. J. Hannemann. 95 S., 80 Abb. 1956. (442)
- III: Würmer. Platt-, Hohl-, Schnurwürmer, Kamptozoen, Ringelwürmer, Protracheaten, Bärtierchen, Zungenwürmer von S. Jaeckel. 114 S., 35 Abb. 1955. (439)
- IV, 1: Krebse von H. E. Gruner und K. Deckert. 114 S., 43 Abb. 1956. (443)
- IV, 2: Spinnentiere (Trilobitomorphen, Fühlerlose) und Tausendfüßler von A. Kaestner. 96 S., 55 Abb. 1955. (1161)
- IV, 3: Insekten von H. von Lengerken. 2., neubearb. Aufl. 140 S., 59 Abb. 1966. (594)
- V: Weichtiere. Urmollusken, Schnecken, Muscheln und Kopffüßer von S. Jaeckel. 92 S., 34 Fig. 1954. (440)

VI: Stachelhäuter. Tentakulaten, Binnenatmer und Pfeilwürmer von S. Jaeckel. 100 S., 46 Abb. 1955. (441)
VII, 1: Manteltiere, Schädellose, Rundmäuler von H. Fechter. In Vorb. (448)
VII, 2: Fische von D. Lüdemann. 130 S., 65 Abb. 1955. (356)
VII, 3: Lurche (Chordatiere) von K. Herter. 143 S., 129 Abb. 1955. (847)
VII, 4: Kriechtiere (Chordatiere) von K. Herter. 200 S., 142 Abb. 1960. (447/447 a)
VII, 5: Vögel (Chordatiere) von H.-A. Freye. 156 S., 69 Fig. 1960. (869)
VII, 6: Säugetiere (Chordatiere) von Th. Haltenorth. In Vorb. (282/282a)

Land- und Forstwirtschaft

Landwirtschaftliche Tierzucht. Die Züchtung und Haltung der landwirtschaftlichen Nutztiere von H. Vogel. 139 S., 11 Abb. 1952. (228)

Kulturtechnische Bodenverbesserungen von O. Fauser. 2 Bde. 5., verb. u. verm. Aufl.
I: Allgemeines, Entwässerung. 127 S., 49 Abb. 1959. (691)
II: Bewässerung, Ödlandkultur, Flurbereinigung. 159 S., 71 Abb. 1961. (692)

Agrikulturchemie von K. Scharrer. 2 Bde.
I: Pflanzenernährung. 143 S. 1953. (329)
II: Futtermittelkunde. 192 S. 1956. (330/330a)

Geologie, Mineralogie, Kristallographie

Geologie von F. Lotze. 3., verb. Aufl. 179 S., 80 Abb. 1965. (13/13a)

Mineral- und Erzlagerstättenkunde von H. Huttenlocher†. 2 Bde. 2., neubearb. Aufl. von P. Ramdohr.
I: 137 S., 40 Abb., 2 Tab. 1965. (1014/1014a)
II: 135 S., 41 Abb. 1965. (1015/1015a)

Allgemeine Mineralogie. 12., erw. Aufl. der „Mineralogie" von R. Brauns† neubearb. von K. F. Chudoba. 152 S., 143 Textfig., 1 Taf., 3 Tab. 1968. (29/29a)

Spezielle Mineralogie. 11., erw. Aufl. der „Mineralogie" von R. Brauns†, bearb. von K. F. Chudoba. 193 S., 127 Textfig., 6 Tab. 1964. (31/31 a)

Petrographie (Gesteinskunde) von W. Bruhns†. Neubearb. von P. Ramdohr. 6., erw. Aufl. 141 S., 21 Fig. 1966. (173)

Geochemie von K. H. Wedepohl. 221 S., 26 Abb., 37 Tab. 1967. (1224/1224a/1224b)

Kristallchemie von J. Zemann. 144 S., 90 Abb. 1966. (1220/1220a)

Kristallographie von W. Bruhns†. 6. Aufl., neubearb. von P. Ramdohr. 115 S., 164 Abb. 1965. (210)

Einführung in die Kristalloptik von E. Buchwald. 5., verb. Aufl. 128 S., 117 Fig. 1963 (619/619a)

Lötrohrprobierkunde. Mineraldiagnose mit Lötrohr und Tüpfelreaktion von M. Henglein. 4., durchges. u. erw. Aufl. 108 S., 12 Fig. 1962. (483)

Technik

Graphische Darstellung in Wissenschaft und Technik von M. Pirani. 3., erw. Aufl. bearb. von J. Fischer unt. Benutzg. der von I. Runge bes. 2. Aufl. 216 S., 104 Abb. 1957. (728/728a)

Technische Tabellen und Formeln von W. Müller. 5., verb. u. erw. Aufl. von E. Schulze. 165 S., 114 Abb., 99 Taf. 1962. (579)

Einführung in die Arbeitswissenschaft von H. H. Hilf. 164 S., 57 Abb. 1964. (1212/1212a)

Grundlagen der Straßenverkehrstechnik. Theorie der Leistungsfähigkeit von E. Engel. 101 S., 55 Abb. 1962. (1198)

Elektrotechnik

Grundlagen der allgemeinen Elektrotechnik von O. Mohr. 3. Aufl. 260 S., 136 Bild., 14 Taf. 1965. (196/196a)

Die Gleichstrommaschine von K. Humburg. 2 Bde. 3. Aufl.
I: Etwa 102 S., 59 Abb. In Vorb. (257)
II: Etwa 101 S., 38 Abb. In Vorb. (881)

Die Synchronmaschine von W. Putz. 92 S., 64 Bild. 1962. (1146)

Induktionsmaschinen von F. Unger. 3. Aufl. In Vorb. (1140)

Die komplexe Berechnung von Wechselstromschaltungen von H. H. Meinke. 3., neubearb. Aufl. 185 S., 126 Abb. 1965. (1156/1156a)

Theoretische Grundlagen zur Berechnung der Schaltgeräte von F. Kesselring. 4. Aufl. 1968. (711/711a/711b)

Einführung in die Technik selbsttätiger Regelungen von W. zur Megede. 3., überarb. u. erw. Aufl. Etwa 180 S., 86 Abb. 1968. In Vorb. (714/714a)

Elektromotorische Antriebe von W. Meyer. 223 S., 113 Abb. 1967. (827/827a/827b)

Überspannungen und Überspannungsschutz von G. Frühauf. Durchges. Neudr. 122 S., 98 Abb. 1950. (1132)

Elektrische Höchstspannungs-Schaltanlagen. Für Freiluft und Innenanordnung von G. Meiners u. K.-H. Wiesenewsky. 138 S., 58 Abb. 1964. (796/796a)

Transformatoren von W. Schäfer. 5., überarb. u. erg. Aufl. 130 S., 73 Abb. 1967. (952/952a)

Maschinenbau

Thermische Verfahrenstechnik von H. Bock. 3 Bde.
I: Eigenschaften und Verhalten der realen Stoffe. 184 S., 28 Abb. 1963. (1209/1209 a)
II: Funktion und Berechnung der elementaren Geräte. 195 S., 54 Abb. 1964. (1210/1210 a)
III: Fließbilder, ihre Funktion und ihr Zusammenbau aus Geräten. 224 S., 67 Abb. 1965. (1211/1211 a)

Technische Thermodynamik von U. Grigull. 171 S., 74 Abb. 1966. (1084/1084 a)

Metallkunde von H. Borchers. 3 Bde.
I: Aufbau der Metalle und Legierungen. 6. Aufl. 120 S., 90 Abb., 2 Tab. 1964. (432)
II: Eigenschaften, Grundzüge der Form- und Zustandsgebung. 5., erg. u. durchges. Aufl. 182 S., 107 Abb., 10 Tab. 1963. (433/433 a)
III: Die metallkundlichen Untersuchungsmethoden von E. Hanke. In Vorb. (434)

Die Werkstoffe des Maschinenbaues von A. Thum† und C. M. v. Meysenbug. 2 Bde.
I: Einführung in die Werkstoffprüfung. 3. Aufl. In Vorb. (476)
II: Die Konstruktionswerkstoffe. 132 S., 40 Abb. 1959. (936)

Dynamik von W. Müller. 2 Bde. 2., verb. Aufl.
I: Dynamik des Einzelkörpers. 128 S., 48 Fig. 1952. (902)
II: Systeme von starren Körpern. 102 S., 41 Fig. 1952. (903)

Technische Schwingungslehre von L. Zipperer. 2 Bde. 2., neubearb. Aufl.
I: Allgemeine Schwingungsgleichungen, einfache Schwinger. 120 S., 101 Abb. 1953. (953)
II: Torsionsschwingungen in Maschinenanlagen. 102 S., 59 Abb. 1955. (961/961 a)

Werkzeugmaschinen für Metallbearbeitung von K. P. Matthes. 2 Bde.
I: 100 S., 27 Abb., 11 Zahlentaf., 1 Tafelanh. 1954. (561)
II: Fertigungstechnische Grundlagen der neuzeitlichen Metallbearbeitung. 101 S., 30 Abb., 5 Taf. 1955. (562)

Das Maschinenzeichnen mit Einführung in das Konstruieren von W. Tochtermann. 2 Bde. 4. Aufl.
I: Das Maschinenzeichnen. 156 S., 75 Taf. 1950 (589)
II: Ausgeführte Konstruktionsbeispiele. 130 S., 58 Taf. 1950. (590)

Die Maschinenelemente von E. A. vom Ende†. 4., überarb. Aufl. 184 S., 179 Fig., 11 Taf. 1963. (3/3 a)

Die Maschinen der Eisenhüttenwerke von L. Engel. 156 S., 95 Abb. 1957. (583/583 a)

Walzwerke von H. Sedlaczek†. 3., neubearb. Aufl. In Vorb. (580/580 a)

Getriebelehre von P. Grodzinski†. 2 Bde. 3., neubearb. Aufl. von G. Lechner.
I: Geometrische Grundlagen. 164 S., 131 Fig. 1960. (1061)
II: Angewandte Getriebelehre. In Vorb. (1062)

Kinematik von H. R. Müller. 171 S., 75 Fig. 1963. (584/584a)

Gießereitechnik von H. Jungbluth. 2 Bde.
I. Eisengießerei. 126 S., 44 Abb. 1951. (1159)

Die Dampfkessel einschließlich Feuerungen und Hilfseinrichtungen. Physikalische und chemische Grundlagen, Berechnung und Konstruktion, Vorschriften und Beispiele von W. Marcard. 3., neubearb. Aufl. von G. Beyer 2 Bde.
I: Physikalische und chemische Grundlagen, Wärmelehre, Wärmeübertragung, Verbrennung. 133 S., 35 Bild., 26 Tab. 1964. (9/9a)
II: Berechnung und Konstruktion. Dampfkessel, Hilfseinrichtungen. Feuerungen, Berechnung. 108 S., 45 Bild. 1966. (521/521a)

Die Dampfturbinen. Ihre Wirkungsweise, Berechnung und Konstruktion von C. Zietemann. 3 Bde.
I: Theorie der Dampfturbinen. 4. Aufl. 139 S., 48 Abb. In Vorb. (274)
II: Die Berechnung der Dampfturbinen und die Konstruktion der Einzelteile. 4., verb. Aufl. 132 S. 111 Abb. In Vorb. (715)
III: Die Regelung der Dampfturbinen, die Bauarten, Turbinen für Sonderzwecke, Kondensationsanlagen. 3., verb. Aufl. 126 S., 90 Abb. 1956. (716)

Verbrennungsmotoren von W. Endres. 3 Bde.
I: Überblick. Motor-Brennstoffe, Verbrennung im Motor allgemein, im Otto- und Diesel-Motor. 2. Aufl. In Vorb. (1076/1076a)
II: Gaswechselvorgang. Aufladen, Leistung, mittl. Druck. Reibung, Wirkungsgrade und Kraftstoffverbrauch. 152 S., 62 Abb. 1966. (1184/1184a)
III: Die Einzelteile des Verbrennungsmotors. In Vorb. (1185/1185a)

Autogenes Schweißen und Schneiden von H. Niese. 5. Aufl., neubearb. von A. Küchler. 136 S., 71 Fig. 1953. (499)

Die elektrischen Schweißverfahren von H. Niese. 2. Aufl., neubearb. von H. Dienst. 136 S., 58 Abb. 1955. (1020)

Die Hebezeuge. Entwurf von Winden und Kranen von G. Tafel. 2., verb. Aufl. 176 S., 230 Fig. 1954. (414/414a)

Vermessungswesen

Vermessungskunde von W. Großmann. 3 Bde.
I: Stückvermessung und Nivellieren. 12., verb. Aufl. 156 S., 122 Fig. 1965., (468)
II: Horizontalaufnahmen und ebene Rechnungen. 10., verb. Aufl. 149 S., 101 Fig. 1967. (469/469a)
III: Trigonometrische und barometrische Höhenmessung. Tachymetrie und Absteckungen. 8., verb. Aufl. 140 S., 102 Fig. 1965. (862)

Kartographie von V. Heissler. 2. Aufl. 213 S., 125 Abb., 8 Anl. 1966. (30/30a)

Photogrammetrie von G. Lehmann. 2., neubearb. Aufl. 205 S., 135 Abb. 1966. (1188/1188a)

Wasserbau

Wasserkraftanlagen von A. Ludin unt. Mitarb. von W. Borkenstein. 2 Bde.
- I: Planung, Grundlagen und Grundzüge. 124 S., 60 Abb. 1955. (665)
- II: Anordnung und Ausbildung der Hauptbauwerke. 184 S., 91 Abb. 1958. (666/666a)

Verkehrswasserbau von H. Dehnert. 3 Bde.
- I: Entwurfsgrundlagen, Flußregelungen 103 S., 53 Abb. 1950. (585)
- II: Flußkanalisierung und Schiffahrtskanäle. 94 S., 60 Abb. 1950. (597)
- III: Schleusen und Hebewerke. 98 S., 70 Abb. 1950 (1152)

Wehr- und Stauanlagen von H. Dehnert. 134 S., 90 Abb. 1952. (965)

Talsperren von F. Tölke. 122 S., 70 Abb. 1953. (1044)

Hoch- und Tiefbau

Die wichtigsten Baustoffe des Hoch- und Tiefbaus von O. Graf†. 4., verb. Aufl. 131 S., 63 Abb. 1953. (984)

Baustoffverarbeitung und Baustellenprüfung des Betons von A. Kleinlogel. 2., neubearb. u. erw. Aufl. 126 S., 35 Abb. 1951. (978)

Festigkeitslehre. 2 Bde.
- I: Elastizität, Plastizität und Festigkeit der Baustoffe und Bauteile von W. Gehler† u. W. Herberg. Durchges. u. erw. Neudr. 159 S., 118 Abb. 1952. (1144)
- II: Formänderung, Platten, Stabilität und Bruchhypothesen von W. Herberg und N. Dimitrov. 187 S., 94 Abb. 1955. (1145/1145a)

Grundlagen des Stahlbetonbaues von A. Troche. 2., neubearb. u. erw. Aufl. 208 S., 75 Abb., 17 Bemessungstaf., 20 Rechenbeisp. 1953. (1078)

Statik der Baukonstruktionen von A. Teichmann 3 Bde.
- I: Grundlagen. 101 S., 51 Abb., 8 Formeltaf. 1956. (119)
- II: Statisch bestimmte Stabwerke. 107 S., 52 Abb., 7 Taf. 1957 (120)
- III: Statisch unbestimmte Systeme. 112 S., 34 Abb., 7 Formeltaf. 1958. (122)

Fenster, Türen, Tore aus Holz und Metall. Eine Anleitung zu ihrer guten Gestaltung, wirtschaftlichen Bemessung und handwerksgerechten Konstruktion von W. Wickop†. 5. Aufl. In Vorb. (1092)

Heizung und Lüftung von W. Körting. 2 Bde., neubearb. Aufl.
- I: Das Wesen und die Berechnung der Heizungs- und Lüftungsanlagen. 171 S., 29 Abb., 36 Zahlentaf. 1962. (342/342a)
- II: Die Ausführung der Heizungs- und Lüftungsanlagen. In Vorb. (343)

Industrielle Kraft- und Wärmewirtschaft von F. A. F. Schmidt u. A. Beckers. 167 S., 73 Abb. 1957. (318/318a)

Sammlung Göschen / Bandnummernfolge

1 Langosch, Der Nibelunge Nôt
3/3a v. Ende, Maschinenelemente
9/9a Marcard-Beyer, Dampfkessel I
10 Jiriczek-Wisniewski, Kudrun und Dietrich-Epen
13/13a Lotze, Geologie
18 Maurer, Hartmann von Aue, Der arme Heinrich
19 Altheim, Römische Geschichte I
20 Hofstaetter, Dt. Sprachlehre
22 Maurer, Gottfried von Strassburg
29/29a Brauns-Chudoba, Allgemeine Mineralogie
30/30a Heissler, Kartographie
31/31a Brauns-Chudoba, Spezielle Mineralogie
32 Schneider-Wisniewski, Deutsche Heldensage
35 Treue, Dt. Geschichte von 1648 bis 1740
37/37a Klemm, Anorgan. Chemie
38/38a Schlenk, Organische Chemie
39 Treue, Dt. Geschichte von 1713 bis 1806
42 Behn-Hoernes, Vorgeschichte Europas
44 Kresze, Physikal. Meth. in der Organ. Chemie I
45/45a Kresze, Physikal. Meth. in der Organ. Chemie II
47 Fischer-Rohrbach, Arithmetik
51/51a Ringleb, Mathem. Formelsammlung
52 Bieler, Röm. Literaturgesch. I
59 Krahe, Indogerm. Sprachwiss. I
60 Biehle, Stimmkunde
61 Biehle, Redetechnik
64 Krahe, Indogerm. Sprachwiss. II
65/65a Grotemeyer, Analyt. Geometrie
66 Berneker-Vasmer, Russische Grammatik
70 Nestle-Liebich, Gesch. d. griechischen Literatur I
71 Schulze, Allgemeine und physikalische Chemie I
76 Döring, Einf. i. d. th. Physik I
77/77a Döring, Einf. i. d. th. Physik II
78 Döring, Einf. i. d. th. Physik III
79/79a Hempel, Got. Elementarbuch
80 Weigert, Stilkunde I
81 Schubert-Haussner-Erlebach, Vierstell. Logarithmentafeln
86 Barner, Differential- u. Integralrechnung I
96 Hartmann, Einf. in die allgem. Biologie
99 Hessenberg-Kneser, Ebene und sphär. Trigonometrie
101/101a Wiese, Soziologie
103 Dahrendorf, Industrie- und Betriebssoziologie
104/104a Hofstätter, Sozialpsychologie
111/111a Hoffmann-Debrunner-Scherer, Gesch. d. griechischen Sprache I
114/114a Debrunner-Scherer, Gesch. der griechischen Sprache II
117 Brandenstein, Griechische Sprachwissenschaft I
118/118a Brandenstein, Griechische Sprachwissenschaft II
119 Teichmann, Statik der Baukonstruktionen I
120 Teichmann, Statik der Baukonstruktionen II
122 Teichmann, Statik der Baukonstruktionen III

128/128a Lausberg, Romanische Sprachwissenschaft I
136/136a Mahler-Sohr, Physikal. Formelsammlung
141 Geitler, Morphologie der Pflanzen
142 Haack, Darst. Geometrie I
143 Haack, Darst. Geometrie II
144 Haack, Darst. Geometrie III
145/145a Weimer, Gesch. der Pädagogik
148 Kolms, Finanzwissenschaft I
156/156a Landmann, Philosophische Anthropologie
170 Oehlmann, Musik des 19. Jhs.
171/171a Oehlmann, Musik des 20. Jhs.
173 Bruhns-Ramdohr, Petrographie
174 Schlingloff, Religion des Buddhismus I
180 Böhm, Versicherungsmathem. I
184 Blümcke, Textilindustrie I
196/196a Mohr, Grundlagen der allgem. Elektrotechnik
200/200a Gottschald, Dt. Rechtschreibungswörterbuch
210 Bruhns-Ramdohr, Kristallographie
220/220a Moser, Allg. Musiklehre
221/221a Jander-Jahr-Knoll, Maßanalyse
222 Hassak-Beutel-Kutzelnigg, Warenkunde I
223 Hassak-Beutel-Kutzelnigg, Warenkunde II
226/226a Hofmann, Gesch. der Mathematik I
223 Vogel, Landw. Tierzucht
231/231a Ehrlich, Geschichte Israels
233 Krahe, German. Sprachwiss. I
243 Mahler-Graewe, Physikal. Aufgabensammlung
247/247a Hofmann-Jander, Qualitative Analyse
250 Lausberg, Romanische Sprachwissenschaft II
252 Vetter, Elektrochemie I
253 Vetter, Elektrochemie II
257 Humburg, Gleichstrommaschine I
264 Lockemann, Gesch. der Chemie I
265/265a Lockemann, Geschichte der Chemie II
270/270a Kirn-Leuschner, Einführung in die Geschichtswissenschaft
274 Zietemann, Dampfturbinen I
279 Jacob-Hohenleutner, Quellenkunde der deutschen Geschichte I
280 Jacob-Hohenleutner, Quellenkunde der deutschen Geschichte II
281 Leisegang, Einführung in die Philosophie
282/282a Haltenorth, Säugetiere
284 Jacob-Weden, Quellenkunde der deutschen Geschichte III
318/318a Schmidt-Beckers, Industrielle Kraft- u. Wärmewirtschaft
319 Krug, Australien und Ozeanien
329 Scharrer, Agrikulturchemie I
330/330a Scharrer, Agrikulturchemie II
335 Klug, Fette und Öle
336 Braun-Klug, Seifenfabrikation
342/342a Körting, Heizung und Lüftung I
343 Körting, Heizung und Lüftung II
344 Moser, Musikästhetik
354/354a Valentiner-König, Vektoren und Matrizen
355 Neger-Münch-Huber, Nadelhölzer
356 Lüdemann, Fische
374 Döring, Einf. i. d. th. Physik IV
375/375a Preller, Geschichte Englands I
389/389a Diels-Mattick, Pflanzengeographie
391 Kolms, Finanzwissenschaft II
394/394a Schilling, Von der Renaissance bis Kant
414/414a Tafel, Hebezeuge
422 Gottschald, Dt. Personennamen
423 Adler-Erlebach, Fünfstellige Logarithmen
432 Borchers, Metallkunde I
433/433a Borchers, Metallkunde II
434 Borchers-Hanke, Metallkunde III
435 Burau, Algebr. Kurven und Flächen I
436/436a Burau, Algebr. Kurven und Flächen II
439 Jaeckel, Würmer
440 Jaeckel, Weichtiere
441 Jaeckel, Stachelhäuter

442 Hannemann, Schwämme und Hohltiere
443 Gruner-Deckert, Krebse
444 Reichenow, Einzeller
445 Asmus, Physikal.-chem. Rechenaufgaben
447/447 a Herter, Kriechtiere
448 Fechter, Manteltiere
452/452 a Bahrdt-Scheer, Stöchiometr. Aufgabenslg.
468 Großmann, Vermessungskunde I
469/469 a Großmann, Vermessungskunde II
476 Thum-Meysenbug, Werkstoffe des Maschinenbaues I
483 Henglein, Lötrohrprobierkunde
492/492 a Stolz-Debrunner-Schmid, Geschichte der lateinischen Sprache
499 Niese-Küchler, Autogenes Schweißen
500 Simmel, Hauptprobleme der Philosophie
521/521 a Marcard-Beyer, Dampfkessel II
536 Lehmann, Kant
538 Rumpf, Archäologie I
539 Rumpf, Archäologie II
540 Rumpf, Archäologie III
557 Nestle-Liebich, Gesch. der griech. Literatur II
561 Matthes, Werkzeugmaschinen I
562 Matthes, Werkzeugmaschinen II
564 Behn-Hoernes, Kultur der Urzeit I
565 Behn-Hoernes, Kultur d. Urzeit II
566 Behn-Hoernes, Kultur d. Urzeit III
571 Lehmann, Philosophie des 19. Jahrhunderts I
576/576 a Moser, Gesangskunst
579 Müller-Schulze, Techn. Tabellen
580/580 a Sedlaczek, Walzwerke
583/583 a Engel, Maschinen der Eisenhüttenwerke
584/584 a Müller, Kinematik
585 Dehnert, Verkehrswasserbau I
587 Kalitsunakis-Steinmetz, Neugriech.-dt. Gesprächsbuch
589 Tochtermann, Maschinenzeichnen I
590 Tochtermann, Maschinenzeichnen II
594 Lengerken, Insekten
597 Dehnert, Verkehrswasserbau II
601 Mutschmann-Scherer, Engl. Phonetik
608/608 a/608 b Erman-Krückmann, Hieroglyphen
619/619 a Buchwald, Kristalloptik
665 Ludin-Borkenstein, Wasserkraftanlagen I
666/666 a Ludin-Borkenstein, Wasserkraftanlagen II
668 Knopp, Funktionentheorie I
677 Altheim, Röm. Geschichte II
679 Altheim, Röm. Geschichte III
684 Altheim, Röm. Geschichte IV
691 Fauser, Kulturtechn. Bodenverbesserungen I
692 Fauser, Kulturtechn. Bodenverbesserungen II
698/698 a Schulze, Allgemeine u. physikalische Chemie II
703 Knopp, Funktionentheorie II
708/708 a/708 b Meissner-Oberhuber, Keilschrift
709 Lehmann, Philosophie des 19. Jahrhunderts II
711/711 a/711 b Kesselring, Berechnung der Schaltgeräte
714/714 a zur Megede, Technik selbsttätiger Regelungen
715 Zietemann, Dampfturbinen II
716 Zietemann, Dampfturbinen III
718 Neger-Münch-Huber, Laubhölzer
728/728 a Pirani-Fischer-Runge, Graph. Darstellung in Wissenschaft u. Technik
735 Ekwall, Historische neuengl. Laut- und Formenlehre
746/746 a Pfanzagl, Allg. Methodenlehre der Statistik I
747/747 a Pfanzagl, Allg. Methodenlehre der Statistik II
756/756 a Kalitsunakis, Gramm. d. Neugriech. Volksspr.
763/763 a/763 b Meyer, Hebräische Grammatik I
764/764 a/764 b Meyer, Hebräische Grammatik II
765/765 a/765 b Meyer, Hebräische Grammatik III
768/768 a Bieberbach, Einführung in die konforme Abbildung

769/769 a Beer-Meyer, Hebräisches Textbuch
770 Schlingloff, Religion des Buddhismus II
776/776 a Kolms, Finanzwissenschaft III
780 Krahe, German. Sprachwiss. II
781 Weigert, Stilkunde II
782/782 a Kolms, Finanzwissenschaft IV
786 Schulze, Molekülbau
796/796 a Meiners-Wiesenewsky, Elektr. Höchstspannungs-Schaltanlagen
809 Moser, Harmonielehre I
810 Moser, Harmonielehre II
826 Koch, Philosophie d. Mittelalters
827/827 a/827 b Meyer, Elektromotorische Antriebe
831 Erismann, Allg. Psychologie I
832/832 a Erismann, Allg. Psychologie II
833 Erismann, Allg. Psychologie III
834/834 a Erismann, Allg. Psychologie IV
837/837 a Baumgartner, Gruppentheorie
845 Lehmann, Philosophie im ersten Drittel des 20. Jhs. I
847 Herter, Lurche
850 Lehmann, Philosophie im ersten Drittel des 20. Jhs. II
851/851 a Moede, Psychologie des Berufs- und Wirtschaftslebens
857 Capelle, Griech. Philosophie I
858 Capelle, Griech. Philos. II
859 Capelle, Griech. Philos. III
862 Großmann, Vermessungskunde III
863 Capelle, Griech. Philos. IV
866 Bieler, Röm. Literaturgeschichte II
869 Freye, Vögel
875 Hofmann, Geschichte der Mathematik II
877 Knopp, Aufgabensammlung zur Funktionentheorie I
878 Knopp, Aufgabensammlung zur Funktionentheorie II
881 Humburg, Gleichstrommaschine II
882 Hofmann, Geschichte der Mathematik III
883 Stuloff, Mathematik der neuesten Zeit
893 Treue, Dt. Geschichte von 1806 bis 1890
894 Treue, Dt. Geschichte von 1890 bis zur Gegenwart
896/896 a Pokorny, Altirische Gramm.
902 Müller, Dynamik I
903 Müller, Dynamik II
910 Jaeger, Afrika I
911 Jaeger, Afrika II
915 Sperber-Polenz, Gesch. der Deutschen Sprache
917/917 a Böhm, Versicherungsmathematik II
920/920 a Hoheisel, Gewöhnliche Differentialgleichungen
921 Jantzen-Kolb, W. v. Eschenbach, Parzival
924/924 a Brandenstein, Griechische Sprachwissenschaft III
929 Schirmer-Mitzka, Dt. Wortkunde
930 Krull, Elementare und klassische Algebra I
931 Hasse, Höhere Algebra I
932 Hasse, Höhere Algebra II
933 Krull, Elementare und klassische Algebra II
936 Thum-Meysenbug, Werkstoffe d. Maschinenbaues II
942/942 a Damerau, Polnische Grammatik
952/952 a Schäfer, Transformatoren
953 Zipperer, Techn. Schwingungslehre I
961/961 a Zipperer, Techn. Schwingungslehre II
965 Dehnert, Wehr- und Stauanlagen
970/970 a Baldus-Löbell, Nichteuklidische Geometrie
972/972 a Herter-Urich, Vergleichende Physiologie der Tiere I
973/973 a Herter-Birukow, Vergleichende Physiologie der Tiere II
978 Kleinlogel, Baustoffverarbeitung und Baustellenprüfung d. Betons
984 Graf, Baustoffe des Hoch- und Tiefbaus
999/999 a Kamke, Mengenlehre
1000 Jaspers, Geistige Situat. der Zeit

1003 Hoheisel, Partielle Differentialgleichungen
1008/1008a Mellerowicz, Allgem. Betriebswirtschaftslehre I
1009 Bechert-Gerthsen-Flammersfeld, Atomphysik I
1014/1014a Huttenlocher-Ramdohr, Mineral- und Erzlagerstättenkunde I
1015/1015a Huttenlocher-Ramdohr, Mineral- und Erzlagerstättenkunde II
1017 Döring, Einf. i. d. th. Physik V
1020 Niese-Dienst, Elektrische Schweißverfahren
1031/1031a Apel-Ludz, Philosophisches Wörterbuch
1033 Bechert-Gerthsen-Flammersfeld, Atomphysik II
1034 Kranefeldt-Jung, Therapeutische Psychologie
1035 Altheim, Röm. Religionsgeschichte I
1039/1039a Dovifat, Zeitungslehre I
1040/1040a Dovifat, Zeitungslehre II
1044 Tölke, Talsperren
1045 Schubert, Technik des Klavierspiels
1051/1051a Stolberg-Wernigerode, Gesch. d. Vereinigten Staaten
1052 Altheim, Röm. Religionsgeschichte II
1059/1059a Hoheisel, Aufgabenslg. z. d. gew. u. part. Differentialgleichungen
1061 Grodzinski-Lechner, Getriebelehre I
1062 Grodzinski-Lechner, Getriebelehre II
1065 Haller-Dannenbauer, Von d. Karolingern zu den Staufern
1070 Sauter, Differentialgleichungen der Physik
1074 Koschmieder, Variationsrechnung I
1075 Koschmieder, Variationsrechnung II
1076/1076a Endres, Verbrennungsmotoren I
1077 Haller-Dannenbauer, Von den Staufern zu den Habsburgern
1078 Troche, Stahlbetonbau
1082 Hasse-Klobe, Aufgabensammlung zur höheren Algebra
1084/1084a Grigull, Techn. Thermodynamik
1085 Lietzmann-Aland, Zeitrechnung
1086 Müller, Dt. Dichten und Denken
1088 Preller, Gesch. Englands II
1092 Wickop, Fenster, Türen, Tore
1094 Hernried, System. Modulation
1096 Viëtor, Dt. Dichten und Denken
1099 Hoheisel, Integralgleichungen
1105 Hartung, Dt. Geschichte im Zeitalter der Reformation
1108 de Boor-Wisniewski, Mittelhochdeutsche Grammatik
1109 Knopp, Elemente der Funktionentheorie
1111/1111a Naumann-Betz, Althochdt. Elementarbuch
1113/1113a Strubecker, Differentialgeometrie I
1114/1114a Schubel, Engl. Literaturgeschichte I
1115/1115a/1115b Ranke-Hofmann, Altnord Elementarbuch
1116 Schubel, Engl. Literaturgeschichte II
1117 Haller-Dannenbauer, Eintritt der Germanen in die Geschichte
1121 Naumann, Dt. Dichten u. Denken
1122 Jesch, Sprecherziehung
1123/1123a Bechert-Gerthsen-Flammersfeld, Atomphysik III
1124 Schubel, Engl. Literaturgeschichte III
1125 Lehnert, Altengl. Elementarbuch
1127 Hartmann, Geschlecht u. Geschlechtsbestimmung im Tier- und Pflanzenreich
1128 Buchner, Symbiose d. Tiere
1130 Dibelius-Kümmel, Jesus
1131 Scholz-Schoeneberg, Einführung in die Zahlentheorie
1132 Frühauf, Überspannungen
1134 Kuckuck, Pflanzenzüchtung I
1135 Lehnert, Beowulf
1137 Heil, Entwicklungsgesch. Pflanzenreiches
1138 Hämmerling, Fortpflanzung im Tier- und Pflanzenreich
1140 Unger, Induktionsmaschinen
1141 Koller, Hormone

1142 Meissner-Lehnert, Shakespeare
1144 Gehler-Herberg, Festigkeitslehre I
1145/1145 a Herberg-Dimitrov, Festigkeitslehre II
1146 Putz, Synchronmaschine
1147 Waltershausen, Kunst d. Dirigierens
1148 Pepping, Der polyphone Satz I
1152 Dehnert, Verkehrswasserbau III
1153/1153a Mellerowicz, Allgem. Betriebswirtschaftslehre II
1154/1154a Mellerowicz, Allgem. Betriebswirtschaftslehre III
1155 Schwartz, Mikrobiologie I
1156/1156a Meinke, Komplexe Berechnungen v. Wechselstromschaltungen
1157 Schwartz, Mikrobiologie II
1158/1158a Mayrhofer, Sanskrit-Grammatik
1159 Jungbluth, Gießereitechnik I
1160 Dibelius-Kümmel, Paulus
1161 Kaestner, Spinnentiere
1162 Seidel Entwicklungsphysiologie der Tiere I
1163 Seidel, Entwicklungsphysiologie der Tiere II
1164/1164a Pepping, Der polyphone Satz II
1165/1165a Bechert-Gerthsen-Flammersfeld, Atomphysik IV
Paulsen, Allgemeine Volkswirtschaftslehre I
1170 Paulsen, Allgemeine Volkswirtschaftslehre II
1171/1171a Paulsen, Allgemeine Volkswirtschaftslehre III
1172 Paulsen, Allgemeine Volkswirtschaftslehre IV
1173/1173a Hamann-Funke-Nollen, Chemie der Kunststoffe
1176/1176a Lorenzen, Form. Logik
1177/1177a Redeker, Schleiermacher
1178/1178a Kuckuck, Pflanzenzüchtung II
1179/1179a Strubecker, Differentialgeometrie II
1180/1180a Strubecker, Differentialgeometrie III
1181 Franz, Topologie I
1182/1182a Franz, Topologie II
1183/1183a Nicolas, Finanzmathematik
1184/1184a Endres, Verbrennungsmotoren II
1185/1185a Endres, Verbrennungsmotoren III
1186/1186a Mellerowicz, Allgem. Betriebswirtschaftslehre IV
1187 Lau, Luther
1188/1188a Lehmann, Photogrammetrie
1189/1189a Päsler, Mechanik
1190 Stupperich, Melanchthon
1191/1191a Bräuer, Slav. Sprachwissenschaft I
1192/1192a Bräuer, Slav. Sprachwissenschaft II
1193 Fürstenberg, Wirtschaftssoziologie
1194/1194a Wendt, Gesch. d. Volkswirtschaftslehre
1195 Ohm, Allgem. Volkswirtschaftspolitik I
1196/1196a Ohm, Allgem. Volkswirtschaftspolitik II
1197/1197a Onasch, Konfessionskunde der orthod. Kirchen
1198 Engel, Straßenverkehrstechnik
1199 Lausberg, Romanische Sprachwissenschaft III, 1. Teil
1200/1200a Lausberg, Romanische Sprachwissenschaft III, 2. Teil
1201/1201a Dehn, Versuche zur allgem. u. phys. Chemie
1202/1202a Nagel, Gesch. des christl. Gottesdienstes
1203 Wendland, Sozialethik
1204 Scheurig, Zeitgeschichte
1205/1205a Hofmann, Ideengeschichte d. soz. Bewegung
1206/1206a Langen, Lineare Programmierung
1208 Lausberg, Romanische Sprachwissenschaft IV
1209/1209a Bock, Therm. Verfahrenstechnik I
1210/1210a Bock, Therm. Verfahrenstechnik II
1211/1211a Bock, Therm. Verfahrenstechnik III
1212/1212a Hilf, Arbeitswissenschaft
1213/1213a Kosiol, Buchhaltung und Bilanz

1216/1216a Bauer, Wahrscheinlichkeitstheorie I
1217 Bauer, Wahrscheinlichkeitstheorie II
1218/1218a/1218b Meid, German. Sprachwiss. III
1219 Schmidt-Clausing, Zwingli
1220/1220a Zemann, Kristallchemie
1221 Gerdes, Kierkegaard
1222/1222a Tschižewskij, Slav. Literaturen I
1223/1223a Tschižewskij, Slav. Literaturen II
1224/1224a/1224b Wedepohl, Geochemie
1225/1225a Schneider-Jurksch, Datenverarbeitungsanlagen
1226/1226a/1226b Weinstock, Mittelengl. Elementarbuch
1227/1227a Wedig, Übungsaufgaben zu A. Paulsen, Allgem. Volkswirtschaftslehre I/II

Autorenregister

Kolibri 360 GmbH
Ferdinand-Jühlke-Straße 7
99095 Erfurt, Deutschland
produktsicherheit@kolibri360.de